TURING 图灵新知

黑白之门

形式语言与自动机的奇幻冒险

[日] 川添爱——————著　刘婷婷——————译

白と黒のとびら

オートマトンと形式言語をめぐる冒険

人民邮电出版社
北京

图书在版编目（CIP）数据

黑白之门：形式语言与自动机的奇幻冒险 /（日）川添爱著；刘婷婷译. -- 北京：人民邮电出版社，2023.8

（图灵新知）

ISBN 978-7-115-61918-1

Ⅰ. ①黑… Ⅱ. ①川… ②刘… Ⅲ. ①程序语言－普及读物 Ⅳ. ①TP312-49

中国国家版本馆CIP数据核字(2023)第121256号

内 容 提 要

本书描写了一个拜入伟大的魔术师门下的平凡少年的故事。他在为了成为一名魔术师而学习的过程中，与神秘的“遗迹”和奇妙的“语言”相遇，并开始探求其中隐藏的秘密。这当然是一个虚构的故事，但在读完整个故事时，读者会在不经意间，熟习一种现实中学术上的理论——一种与信息科学、数学、认知科学相关的重要理论——的基本概念。在黑白之门邀请你进入的魔法世界中，希望你能学得开心、玩得尽兴。

◆ 著　　　　[日]川添爱
　译　　　　刘婷婷
　责任编辑　魏勇俊
　责任印制　胡　南

◆ 人民邮电出版社出版发行　　北京市丰台区成寿寺路11号
　邮编　100164　　电子邮件　315@ptpress.com.cn
　网址　https://www.ptpress.com.cn
　三河市中晟雅豪印务有限公司印刷

◆ 开本：880×1230　1/32
　印张：10.875　　　　2023年8月第1版
　字数：312千字　　　　2023年8月河北第1次印刷

著作权合同登记号　图字：01-2021-0894号

定价：89.80元

读者服务热线：(010)84084456-6009　印装质量热线：(010)81055316

反盗版热线：(010)81055315

广告经营许可证：京东市监广登字20170147号

序　幕

自离开老师的家，已经过去了两天。三天前，外出的老师寄来了一封信，信上只简要写着“到西边的森林来”。正在家中做着大扫除，满身灰尘的我，只得扔下扫除工具，慌忙打点起行装来。

拜入老师门下，是在一年前。回想起来，这一年中经历的，净是些辛劳的事。老师为人严厉又难以接近，只会指派我做洗衣服、打扫这些杂役，全然没有要教我魔法的意思。在打扫这硕大无比的宅邸时，我曾无数次产生过想要回家的念头。而支撑我留在这里的，是“只要忍过了今天，也许明天就能学到魔法了”这样的念头。值得庆幸的是，最近，老师终于开始给我上课了。

然而，这却令我失望至极。老师在课上并没有教我魔法，而是一直在讲授一种意义不明的奇妙古代语言。我想尽快学习的“能挤出更多牛奶的魔法”“不会感染流行病的魔法”都没能学到。一开始，我还能以“掌握了古代语言，就能读懂珍贵的古籍”这样的想法劝自己忍耐，但最近，我察觉到有些不对劲。

“听好，第一古代璐璐语，是过去住在西边森林的精灵们，在向神祈祷的时候才会使用的秘密语言。第一古代璐璐语，只有下面五句。

“第一句是●●○。接下来是○●○○●。”

“之后是●○○●、○●●○和○○●●。”

“根据最新的研究，惯例是规定前面四句要睁眼吟唱，而第五句要闭眼吟唱。”

“请问，●和○是什么呢?”

“是古代璐璐语系的语言使用的共通文字。文字只有两个。”

“那应该怎样念呢?”

“读法目前还不清楚。学者们为了方便，把○叫作‘白’，把●叫作‘黑’。”

“那么，这五个句子具有什么意义呢?”

“意义？嗯，这个目前也还不清楚。”

在那之后，老师又继续讲授了第二古代璐璐语、第三古代璐璐语……最后，我一直学到了第五十古代璐璐语。而从属于古代璐璐语系的语言种类好像还有很多。不同的“古代璐璐语”，根据其使用的年代和使用这种语言的精灵种族的差异，拥有不同特征。比如，第八古代璐璐语中的语句全部都是“只包含偶数个●和偶数个○的文字序列”，而第四十七古代璐璐语则是“文字序列必须以○●结束”。但是，无论哪种语言都有共通的特征，除了“只使用○和●这两个文字”外，就是“完全不能理解其表示的含义”这一点了。

像这种语义全然无法理解的语言，就算学了也没有任何意义吧，老师一定是什么都没打算教我，只把我当作做零工的杂役。一产生这样的念头，我便对所有事物都感到了厌倦。不久之前，老师说有事要办便出门去了。我打定了等老师回来就请辞的主意，搞起了大扫除，就当是最后再为老师效劳一次。谁料到现在却被老师从家中叫了出来，让我错失了离开的机会。

穿过林间小道，刚到达村子的入口，便有一位像是村民的男性走了过来。

“请问，您是否就是魔术师大人的弟子呢？”

“是的，我就是魔术师奥杜因的弟子，我的名字叫加莱德。”我把手放在胸前，低下头行了礼。

“从魔术师大人那里，已经听说了弟子大人您要来的消息。我这就带您去见长老大人。请走这边。”

“什么？长老大人是？”

一听到我这样问，村民便露出了惊讶的神情。“魔术师大人还什么都没跟您说吗？”

事实上，我的确是什么消息都没有得到。老师寄来的信上，就连去西边森林的目的都没有写明。我只好随便说点儿什么掩饰过去。

“啊，是这样，老师从来都不会和我多讲什么。凡事要亲自调查，不先入为主，这是老师的教育方针。”

“原来是这么回事。看来魔术师大人对您相当信赖呢！我来给您带路吧。”

目　录

第 1 章
遗　迹

我被引领到长老的宅邸后，长老便立刻向我说明了事情的原委。原来，长老是想让我们无论如何都要调查一下位于西边森林深处的奇妙“遗迹”。

“那处遗迹，是十分危险的不祥之所。在这个村子，虽然几乎没有人会在公开场合谈论那遗迹的事，但上点儿年纪的人其实都有耳闻。听说过的，都私下把那里称作‘食人岩’。”

这个像怪物一样的称呼，激起了我的兴趣。

“那已经是好几十年前的事情了。我儿时与兄长和朋友们一起走到森林深处，发现了那个遗迹。我们纯粹是因为感兴趣而进入了遗迹，结果从遗迹中逃出来的只有我和兄长，我的朋友们全都没能出来。他们的父母虽然拼命搜寻，但最终谁也没能找到。不仅如此，那些踏入遗迹的大人，也尽数在那里消失了。”

“也就是说……被遗迹吞噬了？”

“只是有这样的传言，但我也并不知道事情的真相。能够确定的，只有我的朋友们和他们的家人，一共八位村民都消失在那里这一事实。直到我的兄长还担任长老的一年前，靠近遗迹自不必说，就连谈论遗迹都是被禁止的事情。对于深知遗迹的恐怖的兄长来说，这是基于绝不让悲剧再次发生而做的必然判断吧。如果对遗迹的事情妄加议论，或许反而会刺激那些莽撞到无所畏惧的年轻人。

“只是，我一直都在意那遗迹的事情。那究竟是什么呢？我的朋友们又是为何无法从那里逃出？一年前兄长离世，我接任了长老一职。在服丧结束之后，我就找到了您的师傅——享有盛名的魔术师奥杜因大人商量了这事。”

“是这样啊。那么，老师怎么说？”

“魔术师大人详细询问了遗迹中的情况。我先是说明了，我经过的房间全部都装有一扇黑色的门和一扇白色的门。之后，一推开门，我就感到身体像是要被吸进去一般晕了过去……醒过来以后就发现自己已经身处其他房间了。兄长以前也说过类似的话，‘推开门的瞬间，就站在了其他房间里’。”

我一边听着长老的话，一边试着在脑海中重现踏入遗迹的画面，却一点儿也想象不出来。长老接着说了下去。

“魔术师大人接着又问我，从进入遗迹到逃出去，都经过了什么样的房间，还让我描述那时推开的是白色的门还是黑色的门。虽然是很久之前的事了，但我依然记得很清楚。

“首先，我从看起来像是入口……或者应该说是玄关样子的房间走了进去。那个遗迹如果从正面看的话，能看到巨大的石壁上，开着一个能容许一个成人通过的缝隙。从那个缝隙穿过之后，是个宽敞的四方形大厅，在入口对侧的墙壁上，装有白色和黑色两扇门。我先是打开了那扇白色的门，移动到了其他房间。那个房间里也有白色和黑色两扇门，这次我选择了黑色的门。

“之后的房间我依然选择开了黑门，再之后选择了白门，便又来到了跟入口处相似的大厅。眼前的出口处闪着耀眼的光，从那里出去之后就来到了一片满是岩石的荒地。我还记得当时因为不知自己身在何处而感到十分恐惧，虽然没过多久，兄长便从后面赶了过来。”

“但是，其他的孩子没能走出来是吧？”

“……是的，我和兄长只是走运吧。魔术师大人对当时兄长是怎样通过房间的也非常感兴趣，我把兄长留下的遗书拿给魔术师大人看了。兄长在给我留下的遗书中，记录了他自己在遗迹中的体验。”

“长老大人的兄长，和您经过的是不一样的房间吗？”

“没错。兄长在遗书中写道，他先是在入口的大厅打开了黑色的门，在之后的房间打开了白色的门，再接下来的房间打开了白色的门，在最后的房间中打开了黑色的门后，就来到了出口处的大厅。虽然中途经过的每一房间都很相似，无法分辨，但其中只有一个房间的墙壁上有一个‘眼睛’的图案。”

“‘眼睛’？是画还是其他什么？”

“是画。兄长所说的‘眼睛’，我也有印象，但是很遗憾，具体在哪个房间我全然记不起来了。兄长在遗书中也没有提到那画在经过的第几个房间里。

“魔术师大人已经前往森林深处，从外部对遗迹进行了实地观察，但不能进入遗迹内部……在这之后，魔术师大人说有想调查的事情要出去几日，然后就不知去了什么地方。为了让您学习把您叫来这里也是那时魔术师大人吩咐的。”

“也就是说，老师现在人并不在这里了？”

“是的。这里有一封信要交给您。您请看，就是这个。”

我从长老那里，接到了一封用紫色蜜蜡封住的信。

“到魔术师大人回来为止，就请您住在这个宅子里吧。另外，还有一件事有些难以启齿，为了不让您擅自行动，魔术师大人不让您离开我的视线。出于这个原因，我的一位仆人会不时来查看一下您的情况，还请您不要介意。虽然通过这次会面，我不认为对您有这种担心的必要，但实在是受托于人，不好违背。”

“我当然不会介意。若这是老师的指示，就请您这么做吧。”

话虽这样说，但我的头脑中，早已经充满了到“食人岩”去这个念头。虽然那里确实是一个恐怖的地方，但遇到如此令人兴奋的事，还是自拜入老师门下之后第一次。若是我能在老师回来之前解开遗迹之谜，不只可以得到长老和村民的赞赏，连老师也会对我刮目相看吧。

被安顿在客房的我，躺倒在床上打开了老师的信。

致加莱德：

我想你已经从长老那里听说了被委托的内容，我再向你讲一下我已经掌握的情况。

“食人岩”是千年以前，精灵们在各地修筑的遗迹之一。这类遗迹的特点是，每一个房间中都有黑与白两扇门，只有在各个房间选中那扇“正确的门”，才能到达出口。但是，正确的路线并不是只有一条。就拿这座遗迹来说，正确的选择至少有长老经过的“白黑黑白”，和长老的兄长经过的“黑白白黑”两种。至于没能选择正确的门会遭受怎样的命运，则根据遗迹而各有不同。有可能被送往再也无法返回的遥远之地，也有可能直接送命。

刚刚，我去“食人岩”实地看了看。精灵所建造的遗迹，可以靠门的形状来辨别年代。“食人岩”里的门是四方形，四个角都被削成弧形，这是最古老年代建成的遗迹的特征。下面是目前能推断出的情况。

其一，在这个遗迹中，每个房间里的两扇门必定连接着不同的地点。也就是说，从某个房间白色的门出去之后，绝对不会与从黑色的门出去后到达相同位置。其二，任一扇门只能通往一个地方。移动的终点是确定的，并不会随着时间或周遭情况而改变。

我打算一回去就带你一起去遗迹那里。在那之前，你可不要擅自行动。

奥杜因

第二天一早，我便独自向着西边的森林出发了。虽然明白应该服从老师的指示，但一想到遗迹，我就坐立不安。再说，只要能抢在老师前面解开谜题，这次擅自行动也能够获得老师的原谅吧？老师说不定还会认可我的能力，愿意教授我魔法。长老的仆人虽然会不时来我的房间查探，但溜出去轻而易举。因为已经提前问好了遗迹的大致位置，所以中午一过我便到达了。只是，老师不知何时就会回来，没工夫再磨蹭下去了。

正如长老讲的，从遗迹外面能看到一面巨大的石壁。纵向并没有那么高，但横向很长。虽然被树丛包围显得没有边际，但从一边走到另一边也不过百步左右的距离。在石壁中央，有一个狭长的长方形入口。我试着从那里走了进去。

遗迹内部非常昏暗，我花了一些时间才让眼睛适应。里面的空间十分广阔，靠近正面墙壁，就能看到两扇门被严丝合缝地嵌在里面。一扇是白门，另一扇是黑门。这就是传闻中的那两扇门。跟老师的信上描绘的一样，四方形的门上，四个角都被削成了弧形。

“那么，要怎么做呢……”

我开始自言自语。不知是不是因为受到了长老和其他村民的郑重接待，我产生了一种自己已经可以独当一面的感觉。再加上这样站在遗迹前，我更是感到自己像是一个头脑清晰又深思熟虑的学者。我思索了一会儿，决定先试一下长老曾经走过的“白黑黑白”这条路线。这样应该还算安全。

我轻轻将手放在白色的门上将门推开，门出乎意料地轻，却发出了钝重的声响。一时间，我感到像是有阵强风吹来，反应过来的时候，我已经身处一间昏暗的房间了。这里要比最初的大厅小一些，或许是因为日光照不进来，让人感到格外阴森。但是，由于墙壁和石板地面朦胧的反光，倒也不是一片漆黑。我转身看看身后，又抬头看看天花板，都找不到像是入口的地方。也就是说，我完全不清楚自己是从哪儿进入到这个房间里来的。眼前，又是和刚才相同的黑与白两扇门。我伸手推开了黑色的那扇。强风再一次扑面而来，下一瞬间我便又站在了与刚才相似的房间中央。我准备再次推开黑色的门，当我走到并列着两扇门的墙壁前时，我看到在两扇门的间隙处，画着类似下面的记号。

这个记号一定就是长老说过的“眼睛”吧。我再次打开黑色的门，接着在下一个房间把白色的门推开后，就来到了一个与一开始的大厅相似的

地方。日光从眼前的长方形出口照射了进来。从出口走到外面，就是一片延展开来、寸草不生的荒芜斜面。我小心翼翼地从右侧沿着遗迹的墙壁周遭走了起来。从出口处向右走了五十步，右转之后走了差不多一百步。再向右转，最初进入遗迹的地方便映入眼帘。

我找了一块合适的石头坐在了上面，开始思考接下来要怎么办。刚刚我只是将长老走过的路线重复了一遍，可以说是毫无新意。发现不了新的路线，不就无法向老师和长老显摆了吗？正这样想着，我渐渐恍惚起来。仿佛有人在我耳边轻声低语。

（白，黑，黑，黑……）

朦胧中我向着那个声音反问道：

“白，黑，黑，黑？”

没有传来任何回应，我却把这当成了“就是这样”的肯定。原来如此，是“白黑黑黑”啊！这和长老走过的路径前面都相同，只有最后是不同的，看来能回到外面的可能性非常大。我晃晃悠悠地站起身来，再次进入了入口的大厅。黑白两扇门渐渐向我靠近。不，是我走向了它们才对。白，黑，黑，黑，这条路径原来也能通向外面啊，一定是的……这可是个大发现……

“你这个笨蛋！”

因为这声叫喊，回过神来的我僵在了原地。萦绕在我耳边挥之不去的不明声响，感觉也在那一瞬间消失了。我转过身，在入口那边看到了人影。来人全身都被包裹在长袍之下，一头潦草生长的头发极具个性。虽然由于逆着光看不清表情，但明显带着一脸怒气。那双灰色的眼睛，一定正直直地盯着我。我叹了口气。

“您回来了啊，老师。”

老师朝我走了过来。脸上那严肃的表情现在看得更加清楚了。

“这语气听起来不是觉得挺遗憾的嘛。你可真是愚蠢透顶。我还特意在信中告诫你‘我回来之前不要擅自行动’。自己跑到遗迹这里还‘差点儿被遗迹吞噬’，真是够丢脸的。”

“什么？我差点儿被遗迹吞噬？”

“正是这样。你刚刚是想尝试哪条路线来着？”

“正准备尝试‘白黑黑黑’这条。难道这条路线是错的吗？”

“是的。你知道为什么说它是错的吗？”

虽然经过了一番思索，我还是没能明白为什么“白黑黑黑”这条路线无法通往外面。老师虽然脸色难看，可还是让我再把“信”好好看一遍。

“诶？那封信上写着线索吗？”

“正是因为写有线索才会让你看的吧。”

“写在什么位置呢？中间吗？”

“行了，你赶快读吧。”

看起来老师完全不想告诉我。我试着把信重新读了一遍，虽然说不上来原因，但直觉告诉我信的最后一部分内容非常重要。

“老师，信的最后那里写的内容很重要吧？”

“这可不能作为你的回答。别再一直观察我的表情了，自己好好找出答案如何？”

“可是……就算您这么说我也……”

老师叹了口气，再一次把我带到了遗迹的正面。

“你的坏习惯，就是没有认真思考就直接回答‘不知道’，然后说一些模棱两可的话糊弄一下就想从我这里听到答案。或许你也想拼命思考，但大多数时候由于脑子里无用的信息过多而找不到正确答案。这个时候，就应该画张图试试看。”

这样说着，老师拿起树枝给我画了下面的图。

“最上面的长方形，就是入口处的大厅。在这里打开白门的话，就会进入下一个房间。就把这个房间称作 A 吧，有了代号之后思考起来会更加容易一些。接下来，把从房间 A 打开黑色的门进入的房间称为 B。在房间 B 打开黑门后，就来到了房间 C。在房间 C 打开了白门，就能进入出口大厅。

说起来，你想要尝试的是一条什么样的路线呢？”

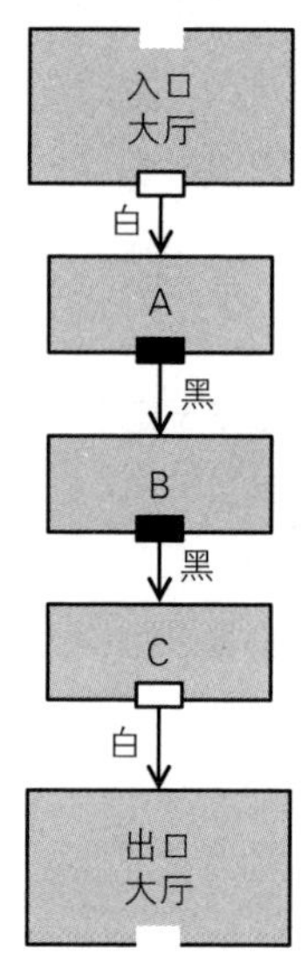

“我想想看，那条路线一直到‘白黑黑’都和之前一样，只是最后在房间 C 要打开黑色的门。”

“那如果选择了那扇门的话会怎么样呢？”

“感觉应该会和打开白色的门一样，能到达出口大厅吧。啊！”

我终于意识到了问题所在。老师在信中，早已经写明了“在这个遗迹中，每个房间里的两扇门必定连接着不同的地点”。

“你总算察觉到了啊！如果在房间 C 选择了黑色的门，那么到达的地点绝不会是出口大厅。虽然有可能会被转移到遗迹中其他的房间，但最坏的情况，便是有可能‘被遗迹吞噬’。这附近，据说还残存着一些类似建造遗迹的精灵们的执念的东西。那些家伙，应该不会给外来者正确的路线吧。会特意把错误的路线告诉你，就说明那肯定是条‘会被吞噬’的路线。刚才真是千钧一发。”

我突然觉得脊背发凉。如果那时老师没能赶到的话，我就……

“那么，也该继续进行对遗迹的调查了。你应该已经进入过遗迹一次了吧？有没有发现什么？”

“也没什么。我只不过是按照长老走过的房间顺序走了一遍，没发现什么特别的地方。”

“真的吗？既然走的是长老曾经走过的房间，那应该已经知道画着‘眼睛’的房间在哪里了吧？”

的确，我才刚刚经过了那里。

“是在第二次打开门进入的房间，也就是房间 B 那里。”

“根据长老之前说的，他的兄长也看见了‘眼睛’。虽然画着‘眼睛’的房间未必只有一间，但是可以确定，他们两个人都经过了同一个房间。最先经过那里的弟弟——也就是长老——落在那个房间中的帽子，听说被哥哥捡到了。”

“也就是说，长老的兄长也经过了房间 B，对吧？”

“是的。我们就把兄长经过的房间称为房间 D、E 和 F 吧。”

一边这样说着，老师又把之前画的图改成了下面的样子。

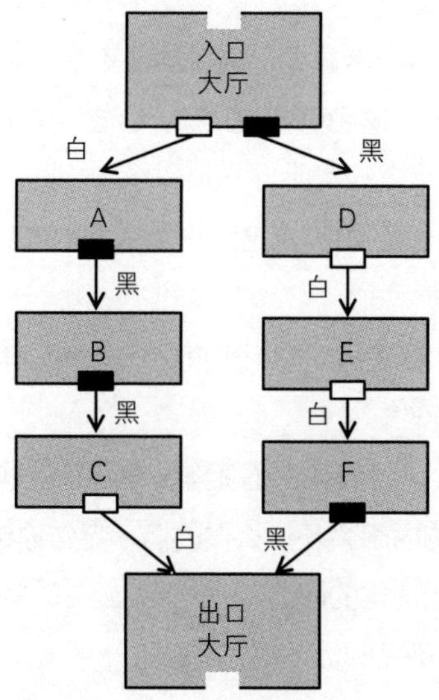

“绘有‘眼睛’图案的房间 B，应该就在 D、E、F 这几个房间当中。那

么，要是你的话会如何判断呢？”

“但是老师，就算我们不去特意考虑，只要实际把兄长走过的路线重走一遍不就能明白了吗？”

“话虽如此，但那样还是有危险的。我这么讲是因为随着进入遗迹的外来者越来越多，精灵们的怨念也会逐渐增强。尽可能在不进入遗迹的前提下把问题解决才是上策。而且，光看这张图也可以弄清楚一些情况。在 D、E、F 中，至少有一处不可能和 B 是同一个房间。”

“咦？是哪一个呢？”

“你自己想。”

老师当即打断了我的幻想。

正当我磨磨蹭蹭想不出答案的时候，老师开口了。

“你怎么又开始犯糊涂了，忘了我刚才给你讲过什么了？”

“啊，应该画图。”

“另外，还有一点也非常重要。当可能性不止一种的时候，一定要把每种情况分开，逐个检验。你必须要考虑的可能性有三种，它们分别都是什么呢？”

“我想想看。首先，是 D 和 B 是同一个房间的可能性。”

“接下来呢？”

“第二种，则是 E 和 B 是同一个房间的可能性。第三种，是剩下的 F 和 B 是同一个房间的可能性。”

“正是这样。那么，我们先来看看第一种可能性吧。如果 D 和 B 是同一个房间，那么遗迹的内部会是什么样的情形呢？你试着画图看看。”

我试着画出了下面这样的图。

“这张图上有什么不妥的地方吗？”

我又试着思索了一下，并没发现有什么问题。每一个房间的“黑白两扇门”，都各自通往不同的地点。

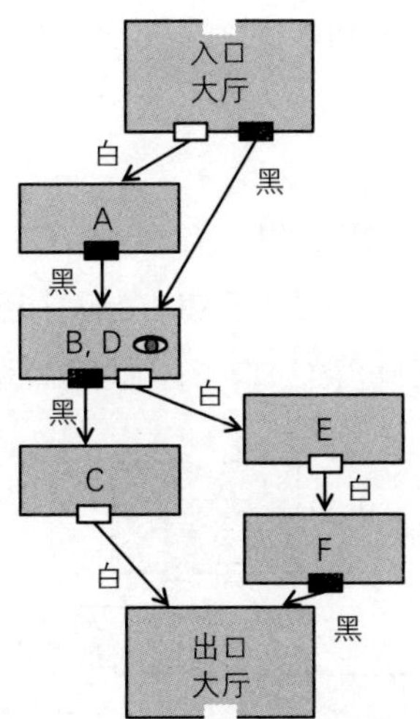

“我认为没有什么问题。”

“那接下来呢？ E 和 B 是相同房间的可能性。”

我再次画了一张图。

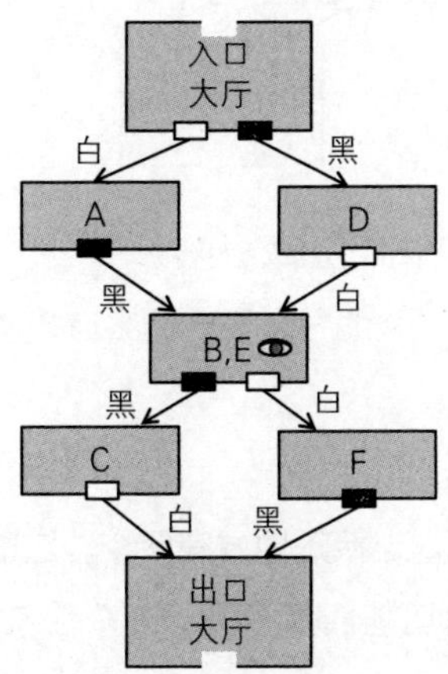

我也仔细查看了这张图，没有发现错误。

“没有问题的话，那最后，F 和 B 是同一个房间的可能性呢？”

“啊！”

我注意到了。在第三种可能性中，从房间 B 的黑门那里，伸出了两个箭头。

“这就有点儿奇怪了。”

“为什么会觉得奇怪？要把理由清楚表述出来。”

我一时语塞。这的确是一种到现在为止从未出现过的模式，但究竟为什么这样就不可以呢？老师再次开口了：“你再看看我的那封信吧。”

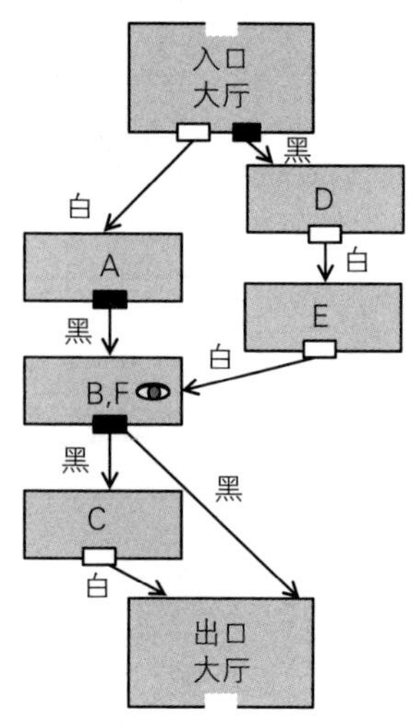

我只好照做，找到了下面这部分内容。

“任一扇门只能通往一个地方。移动的终点是确定的，并不会随着时间或周遭情况而改变。”

“没错，就是这部分。”

“房间 B 的这扇黑门，连接的地方有两个。它既连接着房间 C，也能通往出口大厅。因此，这种可能性是不存在的。”

“正是如此。这样我们就把可能性缩小到了两种。”

“但是，除此之外就得不到其他结论了吧？”

“不然，我们有最新的情报。选择‘白黑白黑’这条路线的人，被遗迹‘吞噬’了。这也就意味着，B 和 E 是同一个房间的可能性也不存在。”

“真的吗？您是怎么得到这个消息的？”

“是‘被吞噬的人’这样告诉我的。”

“老师，您该不会是……和‘被吞噬的人’见过面了吧？”

“曾经，在我游历至东方尽头的时候，听到过奇怪的传言。几十年前，据说在一个叫尼坡蓬的盆地国家，突然出现了一群怪异的人。他们说着让人听不懂的语言，唱着人们从未听闻的歌曲，穿着大家不曾见过的服饰。虽然在我听说那些人的传闻时，便觉得他们‘很像是西边森林的居民’，但过后我把这事给忘了。这次听了长老的话后，我便抱着试试看的心态去了尼坡蓬盆地。”

“那也就是说……”

“被我猜中了。当年出现在尼坡蓬盆地的人有几位还健在，能够回答我的问题。我上前用西边森林的方言搭话后，他们虽一把年纪了却不禁号啕大哭，大概本以为有生之年再也不能听到乡音了。不过这也难怪，尼坡蓬盆地位于最东面，普通人穷极一生也不可能回到家乡。当然，我不到两天就能回来。”

“但是，得亏那些人能在那人生地不熟的国家平安生活了几十年啊！”

“不幸中的万幸是，居住在尼坡蓬盆地的民族待人温和友善。据尼坡蓬人说，那些从西边森林来的人，外貌和一种叫作‘卡啪啪’的精灵十分相像，所以非常郑重地接待了他们。而且那些人现身的地方，被称为‘卡啪啪的诞生之地’。”

“从‘食人岩’到达了‘精灵的诞生之地’啊……有意思。”

我的思绪，已经飞驰到那片闻所未闻、见所未见的土地了。

“那些流落到尼坡蓬盆地的人当中，有人还记得自己当时走过怎样的路线，也就是‘白黑白黑’。到现在为止，我们已经掌握了不少关于遗迹内部的情报。”

“确实如此呢。既然‘白黑白黑’是一条‘会被吞噬的路线’，那么B

和 E 是同一个房间的可能性也消失了。这就表示，和 B 为同一个的应是房间 D。那遗迹的内部，就应该是这样了。”

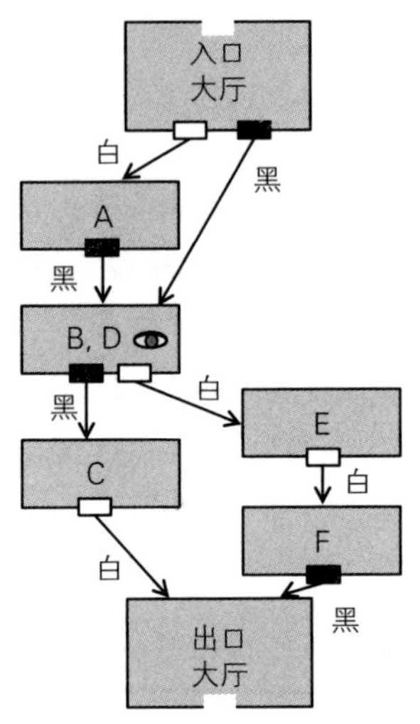

“大致就是这样了。那好，咱们回村子吧。”

“诶？目前只弄清了长老经过的房间与兄长经过的房间有什么联系而已吧？剩下的就不需要调查了吗？”

“遗迹的情况我已经大体掌握了。长老和兄长都没有经过的房间只有一个这件事，并没有必要转达给长老。长老最想弄清的，是有没有找到那些行踪不明的人的下落。”

“长老和兄长都没有经过的房间？也就是另外还有一个房间吗？”

“正是这样。那个房间的位置你知道吗？”

“怎么会？明明没有一点儿线索，不可能知道的吧？”

“果真如此吗？若是听过我的课的学生，应该能理出一些头绪吧。不过，在这里继续待下去的话搞不好会遭遇危险。我们得快点儿离开。”

站在正要起身离开的老师身旁，我再度向遗迹望去。那余下的一个房间究竟在哪里呢？可以的话，我很想确认一下。

“还磨蹭什么呢？我们要在天黑前赶回村子。”

被老师的声音催促着，我没有办法，只得离开。

第二天，我又一次站到了“遗迹”前。我瞒着老师，独自一人悄悄走出村子回到这里。因为昨日深夜我惊醒，对老师口中“那个余下的房间”的位置忽然闪现了灵感。

我进入入口大厅后，将手放在了白色的门上，接着在到达的房间里再次选择打开了白色的门。感到一阵强风吹过后，我睁开了眼睛，发觉自己来到了未曾进入过的房间。无论是长老还是他的兄长都不曾踏足这里。我环顾四周墙壁，发现在这个房间两扇门中间的墙壁上，绘有下面这样的图案。

“闭着的眼睛”。我因为自己正确的预测而兴奋起来，这一瞬间，我身体中仿佛是有什么东西“连接上了”。接下来，再选择两次“黑色的门”应该就可以走到外面。但这个时候，有什么东西在我耳边轻声呢喃。是那个“声音”。那个声音在催促我“选择那扇白色的门”。我拼命甩掉那些低语，匆忙向着房门走去。

当我确信自己伸手触碰到的是黑色的门时……回过神才发现那扇门其实是白色的。

白色的门打开了。在我有种像是被紧紧束缚的感觉后，就被放逐到了沉静的黑暗之中。好像有石头还是别的什么敲打着我的头，我失去了知觉。在意识逐渐模糊之时，我听到了轻轻的脚步声，伴随着“咔啪啪，咔啪啪”的声响。

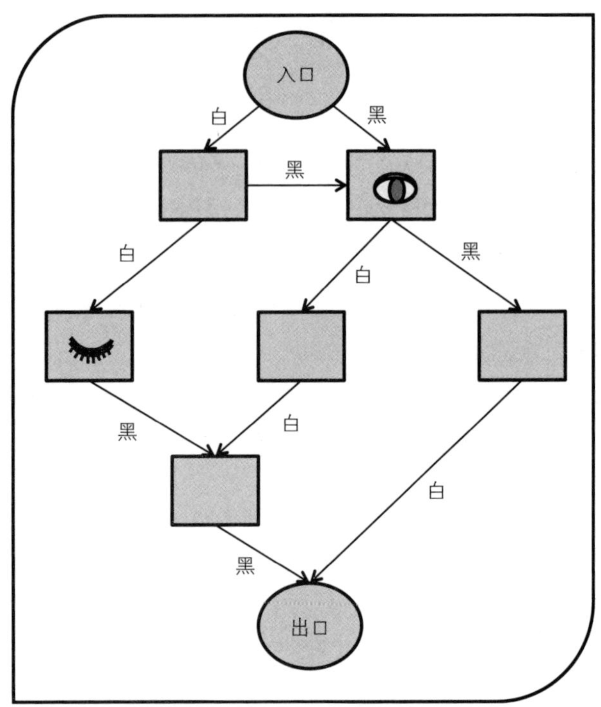

上图选自魔术师奥杜因的藏书《库修·莱赞兄弟遗稿集（上）库修的图案集》，这是语言战争后期的出版物。

第 2 章

归　乡

在我被西边森林的“食人岩”流放后到达的终点——尼坡蓬盆地，我被当地人当成了精灵。直到老师来接我的那天，我都被无微不至地照顾着。即使在我回到老师家中之后，那让我初尝冒险滋味的“食人岩”和那段意料之外的遥远国度的“旅程”依然像做梦一样。拜这些经历所赐，老师的古代璐璐语课程，比以往任何时候都让我倍感无趣。有一天，我终于忍无可忍，向老师询问道：

“老师，我是不是无论如何都必须继续学习古代璐璐语呢？”

老师有些许惊讶，但还是说了下面的话：

“你要听好，想学习魔法的人必须先学习语言。就连那位阿隆索魔术师，最初也是在老师的教导下，将语言当作‘能起死回生的魔法’而学习的。语言具有伟大的、能传递信息的能力。绘画和动作当然也能够传递信息，但这些远比不上语言在传递信息时的精细性、丰富性和适当性。”

我虽然很想认真听，但总觉得老师是在糊弄我，于是不假思索地插了句嘴：

“但是，到现在为止老师教给我的那些语言，无论哪一种都‘不知道其表示的意义’。就算学了，既不能表达自己的想法，也不能借助它读懂古籍。那不就单纯只是文字的排列而已吗？”

“是的。但是，我教给你古代璐璐语是有其他目的的，并不是只把它作为一种语言用来传达什么或是理解什么。也就是说，并不是仅仅将它作为语言来使用。”

“那究竟是为了什么呢？”

“为了不单只是会使用它，而是去知晓语言的真正意义。”

“老师，您说的我完全不能理解。能够使用一门语言，和了解一门语言的意义，难道不是同一回事吗?”

“嗯……那么，你的意思是说，你知道现在你所使用的语言的真正意义了?”

“是的，那是当然。不了解的话怎么能使用呢?”

“那么我来问你。对于你现在说的这门语言，你都知道些什么呢?”

再次被老师提问后，我一时间竟不知该如何回答才好。但我依然努力思考，好歹把我能想到的整理成答案。

“首先，我认识这门语言的文字。其次，我还知道这些文字该如何发音。”

“那其他的呢?”

“……其他的，我还明白单词的含义。之后还有……嗯……”

我已经词穷了。老师即刻开口。

“什么嘛?到此为止了吗?关于语言，你了解的理应更多。由多个单词组成的‘句子’，比如说‘我吃了一个苹果’，这样的句子有着怎样的含义，也就是它表示什么样的情况，你自然是知道的吧?”

“啊！是的。当然知道。”

“另外，根据情境不同，什么样的发言合适，什么样的发言不合适，你应该也是清楚的。”

“您是指什么呢?”

“比方说，有人一大早遇见你时对你说‘晚上好’，你会怎么想?”

“明显很奇怪啊！在那种场合应该说‘早上好’才对。”

“没错。也就是说，你了解‘晚上好’这句话在怎样的场合下使用才是最合适的。像这样，关于语言知识，人们其实了解得非常多，涉及诸多复杂的方面。在这些知识中，有些我们能够意识到自己明白，有些则意识不到自己是了解的。另外，有时候我们能轻松地把自己了解的知识通过语言向别人传达，但有时候，也会有明明知道意思却怎么也无法诉诸语言的情况。”

“明明知道意思却无法诉诸语言……”

“是啊！那些‘难以用语言表达的知识’中，就有一项用来判断一列文字‘是自己的母语’，而另一列文字‘不是自己的母语’。

“还拿‘我吃了一个苹果’这句话来举例，这句话是我和你的母语。而‘苹果一个了我吃’这一句则显然不是我们的语言。这对于和我们说相同语言的人来说是显而易见的。但是，若要明确解释为什么说前一句就是我们的语言，而后者不是，却没有那么容易。”

“是这样吗？‘苹果一个了我吃’和‘我吃了一个苹果’明显不同，前面那句话让人完全摸不着头脑。意义不明的文字便称不上句子。不就是这么单纯的问题吗？”

“喔？意义不明的文字便称不上句子，这样啊，那这句话又如何呢？‘无色的绿色思考在激烈的剑幕中沉睡。’”

“这句话的意思虽然也不明确，但具有语句的形式，所以应该可以算是句子吧？”

“哼，你刚刚跟之前的说法不一样了，你自己意识到了吗？”

“诶？是这样吗？”

“什么呀？原来你没发觉啊？最初，你的论点是‘没有意义便不能被称为语句，语句必须要让人明白其内容’，而现在，你又说‘只要具有语句的形式便可以被称为语句’。是这样吧？”

“啊……确实是。”

“那你来告诉我，什么是‘语句的形式’？”

“这……嗯……不就是有‘主语’，有‘宾语’，有‘谓语’这样的形式吗？”

“那么‘主语’是什么呢？”

“都说了……就是类似‘我’这样的词语。”

“那可不能算作一个答案。当被人问到‘～是什么’时，认为举几个例子就可以作为回答是不明智的。我问的，是它的定义，也就是对于所有情况都适用的、决定一个词是否是主语的特征。”

“就算您这么跟我说我也……”

“那，你要不要解释一下什么是‘宾语’？或者解释一下‘谓语’究竟是什么？还什么都没解释清楚呢！”

在老师连珠炮般的质问下，头脑陷入一片混乱的我根本无法作答。而且，我隐隐感到心中升起一股怒气。我明明是在询问为什么一定要学习古代璐璐语，老师却把话题引到了一个完全无关的方向上。

“怎么样？试着回答看看吧。”

“……我完全不知道。”

连我自己都能感觉到声音在颤抖，但是老师依旧自顾自地说了起来。

“哼，你不是挺厉害地说‘知道现在自己所使用的语言的真正意义’吗？我还以为你能再坚持会儿呢。但通过刚才的话，你至少能明白判断一段文字‘是一句话’，而另一段文字‘不是一句话’所需要的知识——也就是，将关于一种特定语言的‘语句形式’的知识正确地表述出来，并不是一件容易的事。然而……”

老师一句接一句地对我讲。但我的耳朵像是被扣上了盖子，老师所说的话全都没能传进去。

“……然而，到了古代璐璐语这里，事情就不一样了。古代璐璐语系的所有语言，哪些文字序列是那种语言的语句，哪些文字序列不是，在一定程度上，其判断理由是可以明确表述的。

“就像你之前学过的，第一古代璐璐语只有五个句子。因此，判断一段文字是否是第一古代璐璐语非常简单，只需要对比看是否是这五个句子中的其中一句就可以了。

“但是，从第二古代璐璐语开始，便与第一古代璐璐语有所不同，想要把全部正确的语句列举出来已经不可能了。这是因为这些语言的语句有无限多种。然而，我们可以非常严谨且明确地阐述出其特征。

“举例来说，在第三古代璐璐语中，所有以‘●○’开始的文字序列都是语句，除此之外的都不能算作语句。也就是说，要判断一段文字是不是第三古代璐璐语，只需要查看每一句话是否以‘●○’作为开头就可以了。

“或者拿第八古代璐璐语来说，所有含有偶数个○和偶数个●的文字序列都算语句，除此之外都不算。比如‘○○’‘●●’‘●○○●’‘○●○●’‘○●○○○●’这样的文字序列，都含有偶数个○和偶数个●，它们都是第八古代璐璐语中的语句。

“类似这样，对于古代璐璐语系中的每种语言，都可以明确表述出一个‘定义’，来用它判断一段文字是否是这种语言中的语句。而正因为可以被明确表述，有些情况下这些定义便能够以机械……不，是以‘单纯的装置’的形式被表现出来……”

渐渐地，我光是听着都觉得煎熬，终于开口打断了老师。

“我已经厌倦了。”

“你说什么？”

“我已经厌倦继续留在这里了。”

我是真的已经感到厌烦了。没完没了的扫除也好，被迫学习的奇妙语言也好，让老师看穿了自己的愚蠢也好，我对这些全部厌烦了。我本以为会遭到呵斥，没想到老师却沉默着，在椅子上坐下看着我。

“那，你要回到你的家乡去吗？”

“什么？”

“说起来你来这里已经一年了吧。趁这个机会，回家看看家人怎么样？尤其是你的父亲，怕是很挂念你吧。回到老家，也可以好好整理一下思绪。”

老师突然的提议让我觉得有些慌张。

“那么，我能在老家待多久呢？”

“你不是已经对留在这里感到厌倦了吗？若是不想回来的话，也可以不再回来。”

我的故乡伦浓村，是一个被当地人称为“夜长村”的小村落，处于被

一座姑且能算是高山的乌瓦雅山和奥拉姆湾包围的偏僻地方。这里被称为“夜长村”的原因众说纷纭，有人说是因为被乌瓦雅山环抱，所以日出时间较晚，有人则说是因为海边浓重的雾气总是让人难以分辨是否已经天亮。这些说法中最合我心意的，是传说很久以前，在战争席卷村子时，从海边神殿飞出了一条巨大的神龙将敌人尽数驱除，在这期间，黑暗持续了三天三夜。据我的祖父讲，那座神殿是漂泊到村子的精灵们为了守护村民们而修建的。

村中的居民几乎全都有亲缘关系，而我家就是所谓“本家”。我的祖父去世以后，父亲便成了本家的家主，管理着村中的大小事务。我是长子，有一个比我小六岁的弟弟。因为本家的男子总归有一天要统领村子，所以从小便要识字和学习简单的算术。我在成为老师的弟子之前，也曾在一个名为赛雅哈的村落跟着那里的老师学习过一段时间。

走在通往故乡的道路上，我思绪良多。老师已经放弃我了吗？已经认定我没有作为弟子培养的价值了吗？这么一想，心底隐隐不安起来。而顺口说出“已经厌倦了”的，不是别人，正是我自己。

经过乌瓦雅山脚下进入村庄，我急匆匆地向家里走去，可到家却发现家中空无一人。不仅是我家，住在附近的邻居好像也都出门去了。我有些纳闷，是怎样的活动能让附近的居民全部出席呢？是五年一次的“提玛古隐匿纪念日”，还是其他什么……对了，今天是我祖父的忌日，所以大家应该都前往“灯塔”了。我也起身向海岸走去。

祖父是在我六岁那年过世的。今年我十六岁，自祖父去世正好过去了十年。我出生的时候，祖父已经离开家，在奥拉姆湾海岸的“灯塔”上过着独居生活。那里虽然被称作“灯塔”，却并不怎么气派，只是一座不大的石造古老建筑罢了。建筑的二层有一个灯台，祖父平时就在一层起居。我经常去那里找祖父玩耍，有时候跟祖父学钓鱼，有时候听祖父讲过去的故事。我一边赶路，一边怀念祖父讲起神殿中飞出的神龙时脸上的神采。那个时候我因为很想去看看神龙栖息的神殿，于是一直央求祖父。现在想起来，那个时候自己居然那么相信传说故事，有些好笑。

到了海岸，我发现灯塔周围已经黑压压围满了人。原以为大家正在祈福，可人群却不知怎的骚动起来。我一靠近，亲戚们就“加莱德!”“尤西姆家的大少爷回来了！”这样异口同声地叫着。“哟！可达!”母亲也从人群当中露出了脸，向我喊道。那冲我喊着“加莱德!”的声音中，与其说是带着久别重逢的喜悦，不如说是充满不安，让人感觉像是在向我寻求帮助。

“母亲，发生了什么事？”

抢在母亲之前，亲戚中的一位伯父抢先答道：

“你弟弟擅自进入了灯塔的地下。现在尤西姆已经去查看情况了。”

“什么？灯塔的地下？”

母亲惊慌失措地说道：

“是这样的。因为你祖父的信上，写着‘到灯塔的地下去’……莱乌利就自己闯进去了。”

我陷入了混乱。说起来，我从来没有听说过灯塔的地下藏着什么。再说，“祖父的信”又是怎么一回事啊？

在母亲的催促下进入灯塔后，一片令人怀念的空间便即刻映入眼帘。地板上放着的古老木箱，架子上的汤勺和小刀，全部都还维持着祖父在这里居住时的模样。只有一处我以前没有见过，地板上多出了一个差不多能容许一个成年人通过的洞。走到近处，父亲从洞里露出了脸。看到我之后，父亲一脸惊讶。

“加莱德！你怎么在这里？”

“父亲！啊，是这样，老师给我放了假……”

“这样啊，详细的情况一会儿再说吧。你先跟我一起下来。”

洞那里已经搭好了梯子，我慢慢下去后，感受到了饱含盐分的潮湿空气。这下面是和上边的房间差不多大小的四方形空间。石板地上积满了沙土。瞥见其中一面墙壁后，我差点儿不敢相信自己的眼睛。有两扇门安装在墙壁上，一扇是白色的，另一扇是黑色的。跟我在西边森林中见到的一模一样，门是四方形的，四个角被削成弧形。两扇门之间还写着什么，像是一种古代语言，我读不懂。

“你先看看这个。”

父亲递过来的信上这样写道：

给我的儿子尤西姆：

在我死前，想着要做好所有的准备，但还是有几件未了之事要写在这里。

正如你所知道的，我搬到灯塔居住的理由，是要守护地下的神殿。现在虽然看起来没什么危险，但今后也不可放松警惕。决不能让图谋不轨之人靠近。

另外，我还想给你讲讲我前几年做过的一个奇妙的梦。搬来这里后不久，就有精灵出现在了我的梦里，让我进入神殿。我回答“谁也不能进入神殿”之后，精灵说：“我想把生前所持的贵重物品交给盖玛的子孙。你从这里下去后，可以从最初的房间进入神殿。如果你能用最短的路线走过这里的全部房间，且每个房间只经过一次，最后再回到起点的话，我就把东西交给你。”据说，能够进入神殿的只有盖玛的直系子孙，并且每个人每月只能进入一次。神殿里有很多房间，每一个房间都装有白色和黑色的门，无论哪扇门都通向神殿中某处的房间。我说进入神殿令我很恐惧，精灵告诉我，进入神殿本身是没有任何危险的。

所以，第二天一早我便进入地下，试着走进神殿。在第一个房间里，我先打开了黑色的门，在接下来的房间我选择了白色的。之后到达的房间中，墙壁上画着双头的龙。我在那个房间选择打开了白色的门，并在下一个房间选择了黑色的门后，一下就看见自己从一楼下来的时候使用的梯子。也就是说，我又回到了最初的房间。但是，那之后什么都没有发生。看来，我走过的路线并不是“经过了全部房间的最短路线”。

你也好加莱德也好，连同那个即将出生的婴儿，总有一天都要进入神殿的。那就在这里顺便拜托你们好了，其实我进入神殿的时候，在那里遗落了非常贵重的东西。如果你在那里面找到它的话，希望你能把它交给加莱德。

最后，关于神殿中最初的房间里，刻在两扇门之间的古代语言，我试着研究了很多年。那些文字是古赛雅哈语，意思大致是，“对我们来说最简洁的语言，既不是两种光，也不是两种暗。沉默才最恰如其分”。而这句话与神殿的关系目前尚不明确。

我读完信后一抬起头，父亲就开口了。

“我昨晚也做了一个奇怪的梦。梦中出现的精灵说是有一封信要我去读，信就在木箱最下面。我试着找了找，果真在那里。”

“父亲，说起来，盖玛是谁呢?”

“盖玛是很久以前照料过漂泊到这里的精灵，并帮助精灵建造神殿的村民，是我们的直系祖先。传说，精灵流落到村子的时候受了很重的伤，全靠盖玛的治疗才保住了性命。之后，说服了惧怕精灵的其他村民，让精灵在村里安家的也是盖玛。这次精灵说要交给我们贵重的东西，恐怕也是精灵想向盖玛表示感谢吧。”

“精灵的神殿”居然是真实的，那座“神殿”现在就在我的眼前，而这神殿居然和西边森林的遗迹是同一种建筑，这些事实无不令我惊叹。据父亲说，弟弟刚进入神殿不久。

“莱乌利那家伙，一心想着能得到宝物便冲了进去，根本听不进我的劝阻。可别在里面迷路了。我虽然也想进去，可门却怎么也打不开。应该是有一个人在神殿中时，其他人便进不去了。”

我觉得必须先把我现在掌握的情况告诉父亲，就给他讲了“食人岩”的故事。这种遗迹，如果不走正确的“路线”，也就是不选择“正确的门”打开的话，是没有办法走到外面去的。而且，要是把没有连通任何一个房间的“错误的门”打开的话，就可能遭遇可怕的后果。一直皱紧眉头听着的父亲，忽然开了口。

“嗯……根据你刚才所说的情况，目前首先能确定的，是这座神殿中并不存在‘错误的门’。”

“诶？为什么？”

“‘错误的门’是无法通向这个遗迹中任何一个房间的门，对吧？但是你看，父亲的信上是这样写的。”

我看了看信上父亲所指的那一部分，确实写着“每一个房间都装有白色和黑色的门，无论哪扇门都通向神殿中某处的房间”。这么说来，这个神殿里，并不存在像“食人岩”中那般危险的门。总之，可以肯定弟弟是平安无事了。

“你还知道其他的什么情况吗？”

我思考了一下。在不进入神殿的前提下推测神殿的内部结构——这和之前是相同的状况。我拼命回忆着不久前与老师的对话。那个时候，老师先是向我说明了遗迹的“年代”。门的形状是四方形，且四个角都被削成弧形的这类遗迹，“同一个房间的白门和黑门不会通向同一个地方”“每一扇门通向的地方是确定的，不会因为时间和状况的影响而改变”。这个神殿的门也是一样的形状，所以应该和“食人岩”是同一个年代的建筑。我在脚下的砂土上列出了目前已知的事实。

1. 每一个房间都装有白色和黑色的门，无论哪扇门都通向神殿中某处的房间（摘自祖父的信）。

2. 墙上古代语言的意义，“对我们来说最简洁的语言，既不是两种光，也不是两种暗。沉默才最恰如其分”（摘自祖父的信）。

3. 同一个房间的黑门和白门将通往不同的地方（根据遗迹的年代）。

4. 无论哪一扇门都通向确定的地点（根据遗迹的年代）。

除此之外，还有一件事我们是清楚的，那就是祖父曾走过的路线。我想起这之前，老师曾反复告诫我要“画图”，于是就试着把祖父的路线画了出来。

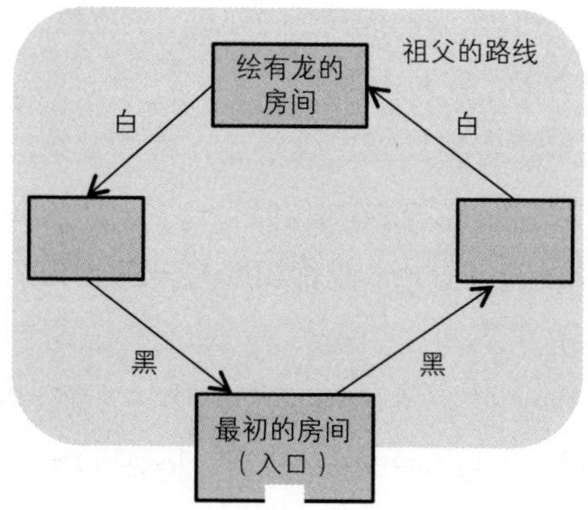

祖父从入口开始按“黑白白黑”的顺序依次打开房门，最终又回到了入口。并且，在中途的房间——也就是打开“黑白”两扇门之后进入的那个房间——见到了“拥有双头的龙”的画。这虽然是一条正确的路线，但不是精灵所说的“能经过全部房间的最短路线”。我正埋首于图间沉思，却被周围突然卷起来的砂土呛得咳嗽。砂土落下后，出现了弟弟的身影。

“莱乌利！”

弟弟一脸茫然，但看见我之后马上展露了笑容。

“哥哥！你是什么时候回来的？”

“你在这悠闲地说什么呢？我们都担心死了。”

弟弟好像完全不明白我在说什么。父亲开口道：

“你在里面很久都没有出来，我们非常担心。”

“我在里面待了那么久吗？不过我确实打开了很多扇门还是走不出来，有些焦躁，因为房间的数量多到数不清嘛。”

我大吃一惊，因为总觉得房间的数量不应该有那么多。父亲询问弟弟：

“说起来，从你进入神殿到再次回到这里，一共开了多少扇门，白门和黑门是按怎样的顺序打开的，你都有好好记录下来，对吧？”

弟弟从口袋中掏出了一块小碎片，看起来像是动物的骨头。

“我打开白门的时候，会用小刀在骨头较厚的一侧画一个记号，打开黑门的话则会在骨头较薄的一侧画一个记号。但是……”

“这样的话，虽然能够弄清推开白门和黑门的次数，但是这些门究竟是以怎样的顺序被打开的，就无从确认了。”

“对不起。我只想着要找到正确路线，获得宝物，却没能考虑到这一点。”

我凝视着弟弟给我的骨片。骨片较厚的一面上小刀的划痕有十四条，较薄的一面上划痕有八条。

“白门被打开了十四次，黑门被打开了八次。里面还真是幽深啊！”

“嗯。另外，很多房间的墙壁上都有双头龙的画。”

“很多？”

“是的。那样的房间，我经过了很多次。中途，差不多每两次里就有一次会进入画着龙的房间。”

我突然有些不知所措。如果房间数量真有那么多的话，要找到能够经过全部房间的最短路线，就绝不是一件容易的事。父亲问弟弟：

“你最初是不是打开白色的门进入里面的？那你还记不记得之后打开的是哪扇门呢？”

“让我想想。我打开的第二扇门，应该是黑色的。然后我就看到了龙的画，之后我就记不太清了。然后……”

弟弟看起来像是在拼命思考。

“嗯……就在刚刚，我还经过了画着龙的房间。在那里我打开了黑色的门……接着我选择了白门，就回到了这里。”

“也就是说，在你出来之前的再前一个房间，也是画着龙的房间。”

在我画的图的旁边，父亲又绘制了一张新图，像下面这样。

“虽然中途还不太清楚，但是莱乌利走过的路线应该就是这种感觉吧。”

父亲在考虑了一会儿后，像是下定决心一样站起来对我说：

“加莱德，这之后就只有我和你，还拥有进入神殿的权利。我先进去，尽可能探明里面的情况。之后，再由你进去找到正确的路线。我感觉你从魔术师大人那里学到了很多知识，必定能找到答案。那么，我就先进去了。”

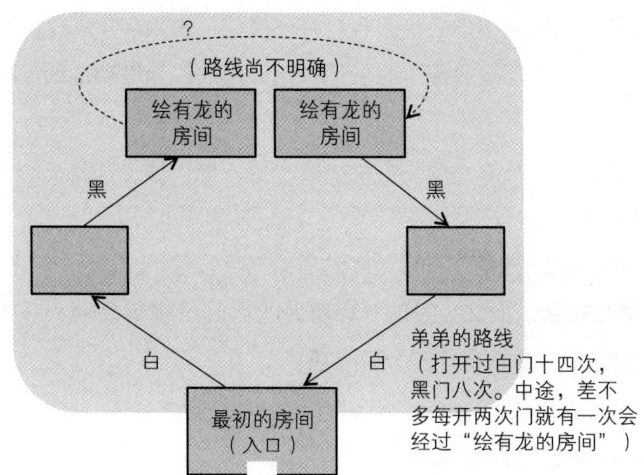

说着，父亲便打开了白门走了进去。

几分钟之后，父亲走了出来。

“我经过的路线，是‘白，黑，白，白，白，黑’。”

弟弟露出了惊讶的神情。

“真是奇怪啊！明明我走出来花了那么长时间，为什么父亲也好，爷爷也好，都那么快就走出来了呢？”

关于这一点，父亲有他的想法。

“我构想了一个假设。莱乌利之所以很久都没能出来，是不是因为他很多次经过的，其实是同一个房间呢？”

“很多次经过的其实是同一个房间？”

“是的。其实，我从父亲那里听说过这座神殿的大致规模。为了掩人耳目而被掩埋在地下的这座神殿，面积差不多是‘灯塔’的四倍左右。这样的话，莱乌利所说的‘有很多房间’就让人有些疑惑了。房间数最多应该也就五六间吧。所以，我进去之后，暂且走了和莱乌利相同的路线，在经过的房间里全都做了标记。首先，我在从这里打开白门后进入的第一个房间中放置了一加纳铜币。之后，我打开了黑门，进入了下一个，也就是画着龙的房间，我在那里放置了五加纳铜币。那时，我发现地面的一角掉了一个东西。”

父亲拿给我们看的，是一个小小的木雕人偶。那是在我小时候，为祖父制作的护身符。

“父亲所说的‘遗落在神殿之中的贵重物品’，指的就是这个吧。”

“这样说的话，祖父经过的‘画着龙的房间’和莱乌利一开始进入的‘画着龙的房间’，应该是同一个房间吧。”

弟弟从旁边探头过来看。

“啊！我也看见这个了。”

“诶？你是说这个木雕吗？”

“嗯。我清楚记得在最后一次经过画着龙的房间时，看到地面上落着什么东西。原本以为是宝物，但发现不是之后就没有将它捡起来。”

“你可真是太没礼貌了啊，这可是我小时候的‘杰作’。”

“是，这还真是对不住。”

“但是，这个东西出现在莱乌利最后通过的画着龙的房间，至少能说明，莱乌利最后经过的，和祖父曾经过的画着龙的房间，其实是同一个吧。”

父亲点了点头。

“这之后，我在画着龙的房间里打开了白色的门。在随后到达的房间中又放置了十加纳铜币。在那个房间里，我依然打开了白色的门，之后便再一次进入了‘画着龙的房间’。在那里，我看到了自己刚才放置的五加纳铜币。”

“是同一个画着龙的房间啊……”

“是的。那时我回忆起父亲在‘画着龙的房间’按照‘白黑’这样的路线回到了外面，于是便也想尝试走相同的路线。在‘画着龙的房间’打开了白门后，进入了那个放置着十加纳铜币的房间，在那里选择了黑门后，就回到了这里。”

父亲一边讲一边画了下面的图。

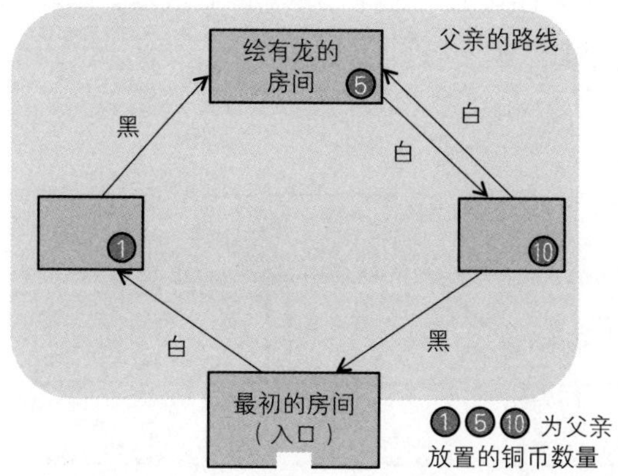

"能不能把我走过的路线，与父亲和莱乌利走过的路线整理到一起呢？"我试着画出了一张新图。

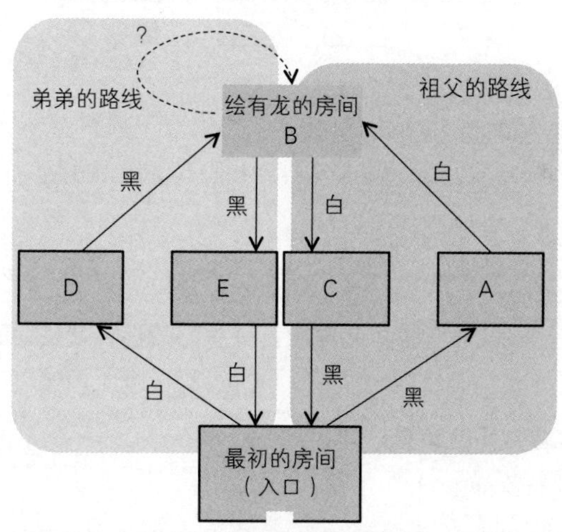

我在原始的图上又加入了祖父的路线和弟弟的路线。我想起当时在绘制西边森林遗迹的结构图时，老师把每个房间都标上了记号，于是我便也给各个房间分配了 A 到 E 的标记。想要把父亲的路线也囊括进去的话，只需要在这张图上加一个箭头就可以了。在画着龙的房间打开白门就可以进入房间 C，再次选择白门的话，应该就会再次回到画着龙的房间。父亲在房间 D 放置了一加纳铜币，在画着龙的房间 B 放置了五加纳铜币，在房间 C 放置了十加纳铜币。

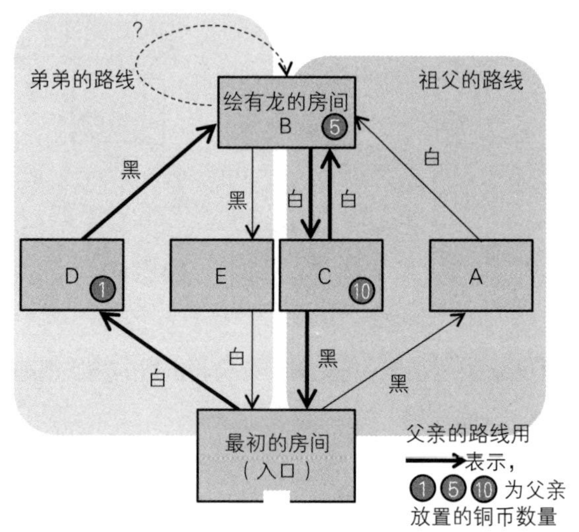

弟弟越过我的肩膀边看着图边说：

“神殿里面是这样的结构吗？那样的话，对面一侧是不是也应该改成这样？”

弟弟从画着龙的房间打开黑门便可以进入的房间 E，向画着龙的房间画了一个箭头。意思是从房间 E 再次打开黑门的话，就又会回到画着龙的房间。

“你为什么会觉得应该是这样呢？”

“嗯……就有这种感觉。”

“‘就有这种感觉’这样的说法还是没法让人理解吧？要认真说明理由。”

“嘁，哥哥可真严格啊！”

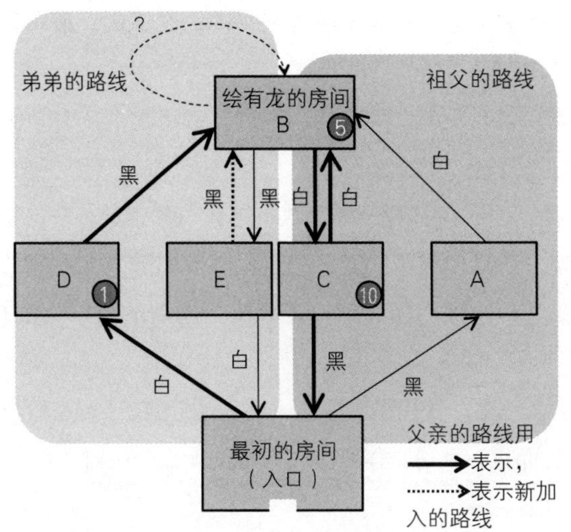

我这才发觉，我对弟弟说的，正是平日里老师时常教训我的话，立刻不好意思地笑了起来。连我自己都不擅长解释自己的想法，比我年纪还小的弟弟想要做到就更难了。弟弟肯定是想说，左右对称的话能使图看起来更加整齐吧。但是，这和现在的问题有关系吗？沉思了一会儿之后，父亲边看图边说：

“说不定还真是呢。我也赞成‘左右对称’这个想法。”

“连父亲都和莱乌利想得一样吗？为什么呢？”

“因为按这种思路考虑的话，就可以解释为什么莱乌利花费了很长时间才走出来。”

“这又是怎么回事？”

父亲做了如下解释。

“莱乌利的提议是，如果从画着龙的房间连续两次选择黑门，就会再次回到画着龙的房间。而在对侧，就像我已实际确认过的，如果从画着龙的房间连续选择两次白门的话，便会再次回到画着龙的房间。如果一直重复选择这条路线的话，必定是走不到外面来的。说不定，莱乌利就是因为这个原因才耗时许久吧。”

原来如此。这么说来，莱乌利也说过“每两次中就有一次会进入到画着龙的房间”。父亲继续说道：

“另外就是，我和莱乌利一样，总有这么一种感觉……这座神殿，该说是‘对称’呢，还是‘调和’呢，或者说是‘均衡’呢？嗯，‘二’，总觉得应该跟‘二’这个数有所关联。连墙壁上写着的文字中都有‘两种光’和‘两种暗’呢！”

经父亲这么一说，我稍稍理解了一些。说起来，“拥有双头的龙”也和“二”有关系。而且，我总觉得好像还有别的什么……对了！

黑，白，白，黑。

白，黑，白，白，白，黑。

这两行分别是祖父和父亲走过的路线。弟弟的路线虽然中间一部分尚不清楚，但全程共计打开过十四扇白门、八扇黑门。无论是白门的数量还是黑门的数量，都是偶数，也就是说是二的倍数。

我的头脑中浮现出了老师说过的话。

在我回到家乡之前，老师在课堂上确实这样讲过：

“……对于古代璐璐语系中的每种语言，都可以明确表述出一个‘定义’，来用它判断一段文字是否是这种语言中的语句。而正因为可以被明确表述，有些情况下这些定义便能够以机械……不，是以‘单纯的装置’的形式被表现出来……”

老师所说的“单纯的装置”，是不是指的就是精灵建成的遗迹呢？我这才恍然大悟，之前从西边森林的“食人岩”走出来的路线，与第一古代璐璐语是对应的。这座神殿也一定和哪一代的古代璐璐语对应吧。而那，恐怕就是第八古代璐璐语，那种要求所有构成“语句”的文字序列都含有偶数个○和偶数个●的语言。老师曾举过的例子，有○○、●●、○●○●

和●○○●。

我又看了看写在这个房间墙壁上的古代文字。这里写着的“两种光”和“两种暗”，会不会分别指代的是○○和●●呢？如果这座神殿真的对应第八古代璐璐语的话，那么“白白”“黑黑”这样的线路理应也可以通向外面。我在刚才的图上，又加上了如下的路线。

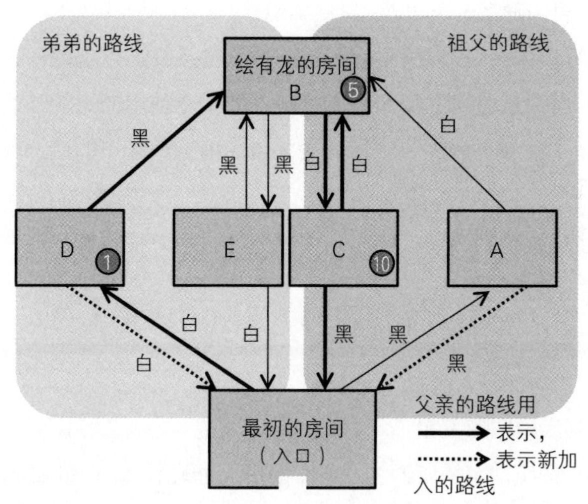

“哥哥，你是不是明白了什么？”

“的确，如果改成这样的话，就与第一项‘已知事实’没有矛盾了呢！”

经父亲这么提醒之后，我又重新阅读了一下“已知事实”的第一条：“每一个房间都装有白色和黑色的门，无论哪扇门都通向神殿中某处的房间。”图变成了现在这个样子后，神殿中所有房间中的白门与黑门，才都与神殿中的某处房间相连。另外，这张图与“已知事实”的第三条和第四条也相吻合，同时，把暗示了两种古代文字意义的“两种光”（○○）与“两种暗”（●●）也包含了进去。

老师举过的其他例子又怎么样呢？现在这张图，对应着○●○●这组文字的“白黑白黑”这条线路也可以通向外面。●○○●，也就是“黑白白黑”对应着祖父从里面走出来的路线。而○●○○○●这组文字不正是对应着父亲走过的路线吗？“看来，这样似乎是对的。”这句话从我的喉咙里蹦了出来。这时，弟弟说道：

“那，究竟要以怎样的路线走才能得到宝物呢？”

祖父在信中确实这样写道：

“……精灵说，‘我想把生前所持的贵重物品交给盖玛的子孙。你从这里下去后，可以从最初的房间进入神殿，如果你能用最短的路线走过这里的全部房间，且每个房间只经过一次，最后再回到起点的话，我就把东西交给你’……”

一次性通过全部房间，还必须用最短的路线。很遗憾，现在这张图上并不存在这样的线路。

“也就表示，这还不是正确答案。”

我们三人再次陷入沉思。

“问题到底出在哪里呢？”

“是啊！按照加莱德所说的，所有能进入神殿后再出来的路线，都应该是选择了偶数次白门和偶数次黑门的路线。从目前这张图上看，这些条件似乎都被满足了……”

弟弟小声嘟囔着：

“但是这张图，果然还是哪里有些奇怪呢！”

“奇怪？究竟是哪里怎么奇怪呢？”

“嗯，不觉得有一些杂乱无章吗？”

弟弟的话还是一如既往地只凭直觉而并不明确，但我确实也有类似的感觉。表示移动方向的箭头数量一直在增加……

“啊！”

我又审视了一下房间 D 和 E。只看这两个房间的话，无论在哪个房间中打开白门之后都会移动到我们现在所处的位置，而打开黑门的话都会移动到绘有龙的房间。也就是说，移动的目标地点是相同的。另外，对面的

A和C两个房间也是完全相同的情况。对于这两个房间，无论在哪个房间打开白门之后都会移动到绘有龙的房间，而打开黑门的话就会回到这里。

“相同的房间多出来了。也就是说，这张图上存在没用的部分。”

把这些“相同的房间”合并为一个房间又会如何呢？这就表示，要把房间D和E合并，以及把房间A和C合并。新的路线图已经在我的头脑里浮现了出来。我站起身来，对父亲和弟弟说：

“我这就进去。正确的线路是黑、白、黑、白。”

我打开了黑门。和进入西边森林遗迹的时候相同，当感觉双脚像是被强风缠住时，回过神来便已经身处下一个房间。昏暗中，我趴在地板上，搜寻着某样东西。

我果然找到了父亲刚刚放置在这里的十加纳铜币。总之，到目前为止还没有出现差错。

在这个房间要选择白门，这扇门会通向哪里我已心中有数。是那个绘有龙的房间。移动时类似麻痹的感觉消失后，那幅拥有双头龙的画就出现在我眼前。很多地方的油彩都已经剥落，颜色发黑，但在墙壁上看起来依然有种跃动感。我在脚下找了找，看到了父亲放置在这里的五加纳铜币。到这里为止，我与祖父走过的路线相同。这里放置着五加纳铜币就意味着，祖父经过的绘有龙的房间，果然与父亲和弟弟经过的绘有龙的房间是同一个。

我迫不及待地要向下一个房间前进了。如果在下一个房间中能找到一加纳铜币的话，我的想法就准确无误。我雀跃地打开了黑门，在随后进入的房间中却怎么也找不到铜币。终于，在搜寻了许久之后，我发现了那枚被夹在地面石缝中的一加纳铜币。这下总算安下心来，我叹了一口气，慎重地打开了白门。

眼前变得明朗起来，视野中出现了父亲和弟弟。两个人的脸上满是兴奋。

“哥哥！”

“加莱德！怎么样了？”

“这个……”

虽然成功回到了出发时的房间，跟我的预想完全一致，但重要的宝物在哪里呢？

“这是什么？”

莱乌利面色惊讶，看向了我的左手腕。

“怎么了？”

“哥哥，你本来就戴着那个手镯吗？”

我看向自己的左手腕，才发现不知何时那里竟出现了一个乌黑粗糙的手镯，看起来像是十分古老的物件。父亲也仔细端详着：

“这个，该不会就是精灵要交给我们的东西吧？”

弟弟的语气透露着失望：

“什么啊？我还以为是很豪华的东西呢，这玩意儿我可不需要。”

“但是，不管外表看起来怎么样，这很可能是一件非常贵重的东西呢！加莱德，你就把它带着，去给魔术师大人看看吧。”

“什么？啊，好……”

“说起来，你是如何发现正确答案的？”

我在地面的砂土上试着画出了设计图。

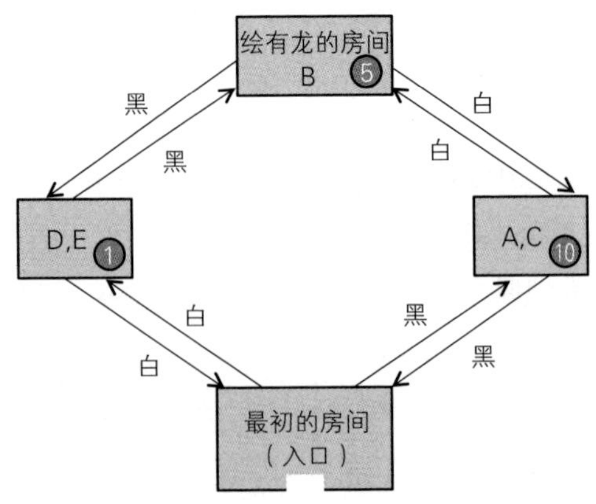

“之前的设计图上有一些房间是多余的，我把它们都合并到了一起。之后，就找到了‘从入口开始一次性经过全部房间，最后回到入口的路线’。也就是，‘黑白黑白’和‘白黑白黑’。虽然选择哪一条都可以，但因为我想确认一下祖父、父亲和莱乌利的路线的关系，所以最后选择了‘黑白黑白’。”

“原来是这样啊！干得漂亮。把这件事报告给魔术师大人的话，我想他一定会为你感到骄傲的吧。”

被父亲这样一说，我不免有些郁闷。与老师再会时我应该说些什么才好呢？说到底，我连老师会不会重新接受我都无法确定。我察觉到父亲一直在看着我，于是慌忙转移了话题。

“我说，咱们赶快出去吧。母亲还一直在等着我们呢！”

当晚，附近的居民们举行了宴会。父亲和弟弟四处宣扬“加莱德解开了神殿之谜”，我因而受到了很多人的称赞。被人夸奖自然令我十分开心，但耳边一直萦绕着“真不愧是加莱德啊”“你是夜长村的骄傲”这些赞扬，也多少让我有点儿喘不过气来。最近一段时间我都已经忘却了，作为本家的长子，我其实一直都受着这样的推崇。这曾令我觉得自己是与众不同的，直到我成了老师的弟子。

现在，我已不再认为自己很特别，因为完全找不到可以那样认为的依据。说到我在老师那里习得的技能，除了做起扫除来渐渐得心应手，和越来越少在那个奇怪的宅子里迷路之外，也就记住了一点点古代璐璐语吧。虽然我已经慢慢习惯被老师叫成“菜鸟”或“笨蛋”，但心中还是会受伤。虽然在生活上我忍耐了许多，但今后能不能和那个难伺候的老师好好相处，我完全没有把握。我独自走到外面，正望着夜空发呆时，父亲走了过来：

“你没事吧？明明已经解开了谜题，怎么你看起来一点儿也不开心啊？”

我犹豫再三，还是把从拜师到现在的经过一五一十地讲给了父亲。父亲并没有责备我的软弱和意气用事，而是一边听一边微微颔首。但同时，他也表示理解老师的心情。

“你现在可能还无法理解吧，所谓养育一个人，真的是要受尽辛劳，无论多细致的考量都是必要的。而被养育之人，却对这些考量浑然不觉。但他们光是成长就已经费尽心力了，这也是没有办法的事情。”

的确，老师会悉心照料我的场景无论如何也无法想象。

“所以我啊，哪怕只是想到是那位伟大的魔术师大人在教导你，都会觉得非常骄傲。”

“是这样吗？”

“是的。当然，如果魔术师大人真的只是在使唤你的话，我也想让你马上放弃，然后回来……但是，就今天你的表现来看，不太像是那么回事啊！”

“这话是什么意思？”

“就是说你这一年来，成长了很多啊！在你成为老师的弟子前，你一直被大家宠着，不懂何为忍耐，更不会深思熟虑后再开始行动，所以经常失败。你以前不是因为这些总是被我训斥吗？但是今天的你，能够在慎重思考后再采取合适的行动，大有进步。这都多亏了魔术师大人的教导。”

自己过去曾是一个怎样的人，现在究竟发生了怎样的变化，恐怕自己是无法察觉的。其中或许少不了父母的偏爱，但就算除却这一点，父亲的话依然让我十分开心，我感到自己胸中涌出了些许骄傲。但是……

“回到老师那里的时候……究竟该说些什么才好呢？”

父亲沉默了一阵，终于还是开口说出了下面的话：

“你首先要做的，是决定今后的计划。是要在魔术师大人那里继续学习，还是就此放弃呢？下定决心后，把你真实的想法说出来便好。”

父亲说完之后，便转身向家中走去。

我回到老师家时，老师正在书库中阅读一本堪比砖头的书。我一走近，

埋首书中的老师连头也没抬便说：

“你回来了啊？”

“是的。”

“怎么样？已经整理好心情了吗？”

“嗯……多多少少。”

“那，你是如何决定的？”

老师抬起头，向我看过来，脸上神色淡然。老师正在考虑什么，究竟期待着怎样的回答，我完全没有头绪。一时间我竟不知如何开口，只好按照父亲告诉我的，把自己心中所想如实地说了出来。

“那个……无论是在这里生活还是学习，对我来说都非常辛苦。但是，父亲说我‘成长了不少’，这让我非常开心。所以，我认为自己内心里，其实也期待着能有更多成长。”

“所以呢？”

“所以……所以说，我就要从‘即使很艰辛但还是想要进步’和‘即使停滞不前也没关系，只要轻松就好’这两种想法里选择。”

“那么，你准备选择哪一种呢？”

“嗯……可能的话，我宁愿辛苦一些也想选择继续提升。只是，我不知道自己能否坚持下去。”

“现在就做决定吧。”

“诶？”

“如果不能马上得出答案的话，就先决定‘去做’。”

“但是，明明还不确定能否做到，就先决定‘去做’吗？”

“我不会要求你现在马上就立志，‘在成为一个真正的魔术师之前，什么都能忍耐’。但是，假如将期限定为半年或一年，至少这段时间下定决心在这里继续学习如何？”

我豁然开朗。我已经在这里忍耐了一年，只要努力的话接下来的一年应该也可以忍受。不过……还是先把期限定为“半年”吧。

“我决定了。从现在开始的半年时间，我会继续留在这里学习。”

“我明白了。”

老师的回答非常简短。我不安地问道：

“老师，这样真的可以吗？”

“我这人秉持的主义是去者不追。如果你有放弃学业的打算，我本来是没打算挽留的。但既然我已经从你父亲那里接受了对你进行教导的委托，那么只要你决定继续留下，我也不可能断然拒绝。要是你这段时间能适应这里的生活，就相当于将未来的决定权握在自己手中了。”

我这才突然记起之前得到的手镯，便从怀里拿出来给老师看。出人意料的是，老师竟瞪起了双眼。

“这个是……你是从哪里得到这东西的？”

我把自己在神殿里的经历向老师讲了一遍。

“原来是这样。这个东西是‘库修的手镯’。”

“库修的手镯？”

“这诞生于几千年前，当时只有几件，这便是其中之一。那个时候，一位名叫库修的男子，出于某些原因在国内四处探寻遗迹。这个手镯就是由他制成的。”

“这手镯拥有什么特殊的力量吗？”

“它能使人在进入遗迹的时候，事先知道哪些是‘绝不能打开之门’。如果随身带着这件东西的话，调查遗迹时的危险程度就会大幅降低。”

我稍稍有些失望。原本我还期待着它能有什么更加绝妙的力量。

“总之，这件东西对于你即将开始的学业再适合不过了。你要知道，这东西非常贵重。对于那些被称为‘装置派’的学者来说，它可是一件让人望眼欲穿的宝物呢！你要好好珍惜。”

“啊！我明白了。”

“赶快把行李放回房间去。我们这就准备开始上课了。”

登上通往自己房间的楼梯时，想到又要开始那种千篇一律的生活，我不禁轻声叹息。但同时，我真切地感觉到了那个因为重新被接纳而放下心来的自己。

第 3 章
复　原

老师家所在的这片土地，被世人称为“米拉卡乌之乡”。地处寂静的丘陵地带，乡中有几座小山，山间流淌着的清澈小溪都会汇入米拉卡乌川。老师的家就建在其中一座小山的山腰上。在我从夜长村的家乡回到这里一阵子后，老师带我来到了这座小山的里侧。在一片苍郁茂密的树林间，老师吟唱了一番。之后，一座像是谷物仓库的建筑便出现在我们的眼前。

“这座建筑也是精灵建造的遗迹之一。这座遗迹现在由我负责管理，因为它十分危险。”

“十分危险……是说它和西边森林的‘食人岩’一样吗？”

“不，‘食人岩’可比不上这里。在那座遗迹中，即使失败也只不过是被放逐到一个很遥远的地方。而在这座遗迹里，如果打开了‘绝不能打开之门’，会当即死亡。”

我不禁打了个寒战。但老师接下来说的话愈发令人难以置信：

“接下来你要进入这里，这是今天课程的一部分。”

“什么？您在开玩笑吧！”

“我从不会说玩笑话，是真的要你进去。”

“但是，搞不好就会死的啊！”

“普通人的话确实谁都不能进入。但是你现在拥有‘库修的手镯’，只要把它戴在手上，‘绝不能打开之门’在你眼中就会闪着红光。即使你不小心触碰到那些门，手镯也能保证你绝对不会把门打开。”

我轻轻抚摸着戴在左手腕上的手镯。现在虽然感觉它不会松脱，但不把它戴好可不行啊！

“那么，进入这里之后我应该做些什么呢？”

“和你在西边森林和夜长村中做的事情一样，进行调查，然后绘制设计图。另外，还要彻底查明这座遗迹对应着古代璐璐语系中的哪种语言。”

精灵留下的奇妙遗迹，与只由○和●这两种文字所组成的奇妙语言之间，居然有这种神奇的对应。这一事实，与其说是作为知识，不如说是作为一种真实体验，已经印刻在了我的脑海里。

老师走近遗迹，轻轻按了按遗迹的外壁。接着，墙壁上就出现了一个四方形的入口。我跟着老师通过入口，看到了遗迹内部的白色和黑色两扇门。与至今我看到过的门有所不同，门的形状是狭长的椭圆形。

“门的形状不一样呢！”

“这座遗迹要比西边森林和夜长村中的遗迹多少新一些。这个种类的遗迹，同一个房间中的白门和黑门，有的时候也会通往相同的地点。其他的特点，和四方形的门没什么区别。你再站得离门近一些。”

我刚向着门的方向走了几步，就看到从白门中发出微弱的红光。

“能看到从白门中释放出来的红光吗？这就说明，你的手镯在告诉你，绝对不能选择这扇门。我在出口等着你。记住，不只要描绘出设计图，这座遗迹所对应的语言也要好好考虑后再出来。”

说完，老师就转身离开了。我向着那两扇门走去，推开了黑门。在下一个房间，两扇门中黑色的那扇散发着红光。我一边用余光盯着看，一边谨慎地打开了白门。

来到接下来的房间后，正对面的墙壁上有一个敞开的出口，有光隐约从外面照射进来。什么啊？这就结束了啊！我经过的路线是“黑白”，真的是异常简单。我正要走向出口时，左侧突然有什么映入了我的眼帘。我转过身，发现那边的墙上有黑白两扇门。

“出口大厅里，居然有黑色和白色的门……”

现在的我有两个选择，从出口直接出去，或者打开那两扇门中的其中一扇。当然，我会选择继续开门。这自然是因为老师只会给我这一次机会。如果现在从这里出去的话，就再也不会知道这些门会通向何方了。我接近那两扇门，但哪扇门都没有发出红光，这就意味着选择哪扇门都没有危险。我先是把手伸向了白门。

虽然感觉自己发生了移动，可我却再次回到了原地，也就是出口大厅。白门和黑门还是在我的左手边。看来选择白门的话，最后依然会回到这里。能让人回到原本房间的门，我还是第一次遇到。那么，另一扇黑门又怎么样呢？

打开黑门之后也是同样的结果，依然是回到了这个出口的房间。也就是说，这个房间中黑白两扇门连接着同一个地点。这么说起来，老师也说过，这种遗迹里“同一个房间中的白门和黑门，有的时候也会通往相同的地点”。我从怀里拿出一张纸，画出了下面的设计图。

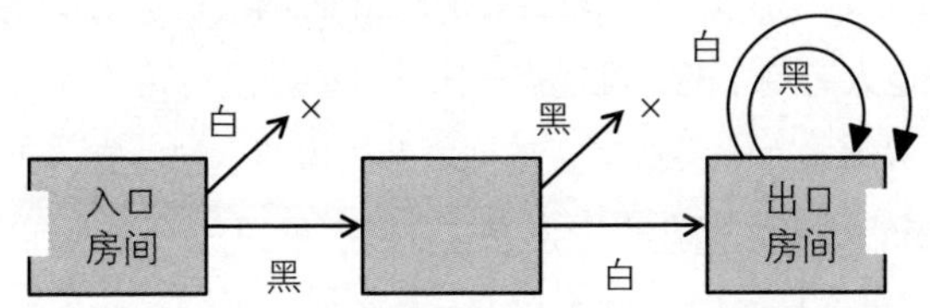

这样一来，至少先弄清了全部房间的结构，以及全部房间的门通向的地点。我满足地向出口走去。从出口望去，外面像是被雾笼罩一般，朦朦胧胧看不清楚。今天明明是晴天，真是奇怪。

穿过出口之后，我大吃一惊。本来以为是雾已经消散，没想到我已身处一座房屋之中。虽然这是一个我从未见过的房间，但我知道这里是老师的家。老师家中有很多书房，这大概是其中一个吧。坐在桌前的老师一直盯着这边。

“你出来了啊！已经弄清答案了吗？”

在回答老师的问题之前，我先转过身看了看。我才刚刚穿过的出口现在已然消失无踪了。

“很惊讶吧？你走过的遗迹，穿过了山的内部，通到了这个家中。好了，先让我看看你画的设计图吧。”

老师一边看着我画的设计图，一边深深地点头。看到这一幕，我不知为何竟感到有些欣喜。像这样的题目，我还是头一回一次就得到正确答案。但是，老师并没有夸奖我，而是提出了下一个问题：

“那么，这座遗迹对应的是哪一种语言呢？”

完了，我完全忘记要思考这个问题了。

“什么啊？忘了啊？我应该跟你说过一定要在彻底查明遗迹对应的是哪种语言之后再出来吧？就算你画出的设计图是正确的，但应该做的工作没有全部完成的话，就是零分啊！”

被这样说了之后，我感到有些不满。确实，忘记了作业的一部分是我的失误。但是，起码评价一下我已经得出正确答案的那一部分啊！

“给零分也太苛刻了吧，难道连一部分成绩都没有吗？”

“一部分成绩？你太天真了。不把该做的事情全部做完，跟什么都没做没有区别。虽然我不知道社会上是怎么样的，但以成为魔术师为目标的人，像这样在最后关头掉链子，是会有生命危险的。你就不要还嘴了，赶快回答这座遗迹对应的是哪一种语言吧。”

我重新开始考虑起答案来。

“嗯……我在入口大厅选择了黑门，在下一个房间选择了白门。在这两个房间中，无论哪个房间都没有其他选项了。之后，我在出口大厅依次打开了白门、黑门。因此，我的路线应该是‘黑白白黑’，对应着●○○●这样的文字序列。是不是就可以认为是把●○○●视为语句的语言呢？”

“其他可以被认可的文字序列呢？你还知道吗？”

“可是，老师只给了我一次进入遗迹的机会啊！”

“即使没有实际经过，也应该能从设计图中推测出来。听好了，从这座遗迹的入口大厅一直到出口大厅的所有路线，都对应着某一种古代璐璐语。你先想一下从入口到出口最短的一条路线。”

“啊！这个我已经考虑过了，是‘黑白’。”

“确实如此。依次选择了黑白门后就能看到出口了，如果那时想走出去的话完全可以出去。这就说明，这座遗迹是认可●○这样的文字序列的。那么，接下来第二短的路线是哪条呢？”

“接下来我虽然打开了白门，但是又回到了原来的房间。也就是说，那时我其实也能够直接离开，所以‘黑白白’也是连接入口和出口的路线。”

“的确。可是，第二短的路线只有这一条吗？”

老师应该是想问，“黑白黑”这条路线是否也可行。确实，如果在出口房间中选择黑门的话，同样会回到相同的房间，结果完全一样。

“‘黑白黑’也是正确的路线。”

“是的。这样的话，我们就能明白●○、●○○、●○●，再加上●○○●这些文字序列，是被遗迹所认可的。继续这样举例的话会无穷无尽。上面这些线索想必已经足够让你找到答案了吧？”

正如老师所说的，现在我已经能够大致想象出来了。在最后一个房间，无论选择哪扇门都会回到原来的地点，因此，不论以任何顺序打开多少次，都可以算作正确的路线。

“……这是不是一种，最初以●○作为开头，之后○和●无论以怎样的顺序出现几次，都会被视为正确语句的语言呢？”

“嗯，虽然说法多少有点儿笨拙，但姑且算你答对了吧。总的来说，就是‘只将以●○开头的文字序列视为语句的语言’。”

具有这种规则的语言，老师以前曾教过我。

“这是……第三古代璐璐语吧？”

老师点了点头。虽然好不容易得到了正确答案，但我记起自己只得了零分，又开始垂头丧气起来。这时，从玄关方向传来了敲门声。

来拜访老师的，是从哈曼村过来的使者。哈曼村是这附近最繁华的村子。那里有很大的市集，盐、香料、鱼干、各地的名酒、高级布匹和工艺品等，包罗万象，应有尽有。我曾经随父亲一起去过很多次。老师让我也留下，询问了使者的来意。使者说是“奉哈曼领主之命有事协商”，然后便讲了下面的事。

“现在有一件事令我们十分苦恼，还请享有盛名的魔术师大人务必助我们一臂之力。

“前几日，我们决定重建位于村子中心的会堂。因为会堂是许久以前建成的，已经腐朽得非常严重，所以我们便打算全面重建一番。还好资金充足，能够雇用足够数量的工人。

“工程开始了一段时间后，工人在会堂的地基下面发现了另一座建筑。那建筑看起来十分古老，但因妨碍了工程，我们只得将它破坏掉。可从那以后，和工程相关的人就接二连三地生病或是受伤，导致现在工程已无法进行。”

一直默默听着的老师开了口：

“有传言说，哈曼领主家的公子也生病了。”

“是的。领主家的长子萨鲁库少爷和次子塔皮哈少爷都卧病在床。这次会堂重建工作，正是由他们二人指挥的。于是就出现了传言，说兄弟俩的病是由于遭受了诅咒。我原本觉得那些传言都毫无根据，可有一天我去探望兄弟俩时……才确信了那果然不是普通病症。

“我这么说，是因为无论萨鲁库少爷还是塔皮哈少爷，都会在深夜中的某一时刻，神志不清地醒来，口中还会念叨着诡异的梦话。虽然要离得很近才能听清，可他们每晚总会在固定的时间嘟囔同样的话。那话语听起来像是诗，又像是咒语。那个情形，我想不出除了被诅咒之外还能有什么其他原因。我们束手无策。”

“能告诉我那些梦话的内容吗？”

“虽然我记不太清楚了，但萨鲁库少爷确实说过‘一次夜晚与一次白天’这样的话。”

“那句话是不是这样的呢？‘若你希望的话，夜晚和白天便如你所愿。但你最后看到的，必会是一次夜晚与一次白天。’”

“天啊！正是这样。您是怎么知道的呢？”

“果然是这样啊！那塔皮哈少爷也是念叨着同样的话吗？”

“不是。塔皮哈少爷说的有一些不同。但我记得话语里也有白天和黑夜这样的词语。”

老师稍作考虑之后，这样说道：

“若你希望的话，夜晚便如你所愿反复到来。若你不愿，夜晚将永不到来。即使你不愿，白天也会到来一次。白天会如你所愿反复到来，与一次夜晚共同终结。熬过一次的话，便会如你所愿反复。”

因过分吃惊，使者打着冷战说：

“啊，真的是这样！这就是塔皮哈少爷说的话。”

“情况我大致上已经了解了。这场灾难的原因，的确就是由于你们破坏了那座‘建筑’。但只要在那里修建一座相同的建筑，问题应该就可以解决了。所幸坐在这里的这位，我的学生加莱德，虽然年纪轻轻，但可以说是‘那个方面’的专家。只需一会儿工夫，他就能把重新建设所需要的设计图为你描绘出来。”

我禁不住“诶”地惊呼一声，但使者似乎并没有听见。

“啊，这可真是太幸运了！竟能在这里遇到一位专家！请您务必同我一起到哈曼，拯救萨鲁库少爷和塔皮哈少爷。”

被使者那像是能将人缠住一样的目光凝视，我除了点头之外别无他法。因此，老师和我在几天后，便动身前往哈曼。

我们一到哈曼，老师就立即前往重建工地，开始调查起被破坏的建筑物来。据老师说，被破坏的果然是一座精灵的遗迹。

“这些排列着的石板被留下来了呢，这就是曾建在此处的遗迹的地基。那推测起来，遗迹的地面就应该是从这里开始……”

老师拿树枝在地面上描绘着线条。

“差不多到这里吧，建筑面积没那么大，房间的数量只有三个。”

“有三个房间就是说，除去入口房间和出口房间之外，只余下一个房间了？就像米拉卡乌的遗迹一样。”

“先说一下，遗迹的入口和出口不一定要占用两个房间。”

“这是什么意思呢？”

“夜长村的‘神殿’，入口也同时兼做出口吧？”

听老师这么一说，好像确实如此。在那座遗迹里，最初的房间既是入口也是出口。

“但是这座遗迹，就像你刚才所说的，可以认为入口和出口分别在两个房间中，之后只剩下一个房间。”

“这又是根据什么判断的呢？”

“因为，我已经弄清这座遗迹对应的是哪一种古代璐璐语了。应该是第四十七古代璐璐语。这种古代璐璐语是曾经在这附近生活，被称为‘日落之民’的精灵使用的语言。”

“第四十七……是那种将所有以○●作为结尾的文字序列都视为语句的语言。”

因为最近才进行过调查，所以我对这种语言还留有印象。我还记得这种语言跟米拉卡乌遗迹对应的语言——第三古代璐璐语——正好相反。

“从我们接下这个委托开始，我便做了一些猜测。但是，表现第四十七古代璐璐语的遗迹有很多座。因此，就必须先确定建造在这里的遗迹是其中哪一座。”

“表现第四十七古代璐璐语的遗迹有很多座？这是怎么一回事？”

“不只是第四十七古代璐璐语，无论表现哪一种语言的遗迹，都不一定只有一座。数座结构不同的遗迹其实表示同一种语言的情况也为数不少。‘日落之民’也是一样，他们反复进行实验，建造了好几座不同布局的遗迹。但多亏了那些，我才能弄清这座遗迹是怎么回事。”

老师指着那些高高堆起的瓦砾。在正中间，能看到一块发白的板子。那块板子呈四方形，四个角都被削成了弧形。

“那是安装在这座遗迹上的门。四方形，角被削成弧形。可以判断，遗迹的年代应该与西边森林和夜长村的遗迹差不多。”

“嗯……”

“什么啊？怎么好像跟你没关系一样？明明说好了设计图由你来画。”

“什么？老师您不是已经知道答案了吗？既然这样，为什么还要特意让我来画？”

“你忘了我和使者说过什么了？这也是为了教导你。今天深夜之前，把对应第四十七古代璐璐语的遗迹设计图画出来，明早交给哈曼的领主。藏书馆可以借给我们用，你可不能有丝毫懈怠啊！我现在要去一趟工具室，一会儿我会去看看你进展如何。”

话音刚落，老师就不见了踪影，我被孤零零地留在了废墟中。明明是大白天，天空蔚蓝晴朗，独自站在这里之后，我却顿时感觉寒气袭来。我感到背后有什么动静，回头一看，原来是瓦砾堆砌的小山旁边一座仿照精灵姿态的雕像倒了。这是遗迹中的东西吗？本想着凑近看得更仔细些，我却被吓得大叫一声——那座精灵的雕像没有面孔。我赶紧从那里跑开，向藏书馆奔去。

在这硕大的藏书馆中，我的工作进行得意外顺利。

我以之前曾进入过的米拉卡乌的遗迹设计图作为参考，画出了下图。第四十七古代璐璐语和第三古代璐璐语拥有相反的性质。我以这一点为灵感，试着把设计图完全翻转过来。

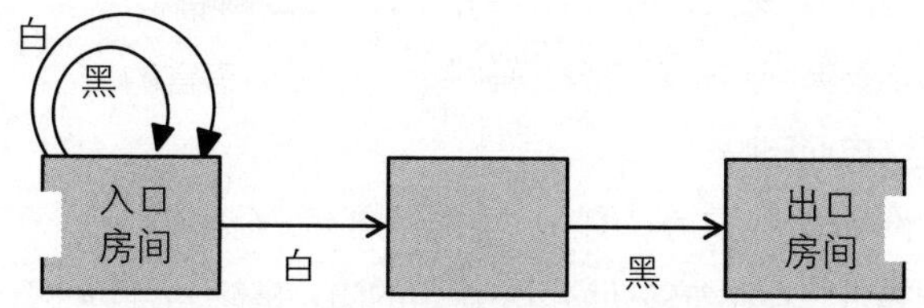

在入口房间，无论打开白门还是黑门，都会回到原来的房间。这就意味着，这两扇门，不管以什么样的顺序打开多少次都没有关系。接下来，这个房间的白门和下一个房间是连通的。移动到那个房间之后，除了打开黑门之外别无选择。打开黑门的话就能来到出口房间，走到外面。这些特点，应该可以表现“以○●作为结尾的所有文字序列”。

我满足于自己的成果，从倾注进午后灿烂阳光的藏书馆的窗口向外眺望。路上店铺林立，购物的人喧闹不已。很久都没有来过哈曼了，若能获得老师许可的话，真想去散散步。正这样考虑时，老师走了进来。我非常自信地把画好的设计图交给老师，老师却没有露出好脸色。

“这样可不行啊……”

“什么?”

我难以接受，这张设计图明明没什么问题啊!

“为什么不行呢?我的设计图，应该很清楚地把第四十七古代璐璐语表现出来了。”

“这张设计图确实表现了第四十七古代璐璐语。但是，你试着考虑一下遗迹的年代。如果把年代也考虑进去后再审视这张设计图，你应该就不会感到满意了。”

遗迹的年代。刚刚在施工现场的瓦砾堆中发现的那扇门，是四方形，四个角都被削成了弧形。这个种类的遗迹，“同一个房间的白门和黑门不会通向同一个地方”，并且“无论哪一扇门，移动的终点都是确定的，不会因为时间和状况的影响而改变”。

“我画的图，入口房间的两扇门通向了同一个地点啊!”

“是的。除此之外，还有一个条件被破坏了。假设就按你的设计图建造遗迹，在这样的遗迹入口房间中打开白门会怎么样呢?”

“难道不是会回到原来的房间吗?”

“只是这样而已吗?”

我这才察觉，入口房间的白门还能通向下一个房间。

“这就表示，存在着移动终点不确定的门。是这么回事吧?”

“是的。所以，这并不能算是被破坏的遗迹的设计图。”

我非常失落，难得以为自己顺利完成了工作。

“但是，‘日落之民’也曾建造过你的设计图中这样的遗迹。虽然目前还没有被发现，但应该就在这附近。那座遗迹里，便存在着‘移动终点并不确定的门’。‘日落之民’是一个非常热衷于研究的民族，对于自己的遗迹有惊人的执着。如果其他地方发明出了新技术，他们就盗用新技术，建造新型的遗迹。”

“建造新型的遗迹，是那么重要的事情吗？”

“是的。不只是‘日落之民’，很多精灵会认真思考，选择适当的方法建造遗迹，以节省时间和避免浪费。特别是为了尽量减少房间的数量，无论哪个民族都竭尽全力。制作‘移动终点并不确定的门’的技术一经出现，很快就被各地的精灵引进。但是，‘日落之民’马上就将这种新型的遗迹封印了起来。对于他们来说，这项技术与减少房间的数量并不存在联系，并且还非常危险。”

“危险？”

“没错。明白为什么要这样说吗？你可以想象一下有人在按你的设计图建造的遗迹中迷路的情形。”

“是因为有‘绝不能打开之门’存在，所以才会遭遇危险吧？可就算在里面迷路，按照‘白黑’这样的顺序打开门就能出来了吧？只要了解这一点，不就没关系了吗？”

“哦？你是不是觉得，在这张设计图描绘的建筑中，即使迷路，无论何时，只要选择‘白黑’这样的路线就必然能到达出口？”

“诶？难道不是这样吗？”

“你再好好思考一下。比如说，在最开始的房间选择了白门，碰巧回到了原来的房间，这之后又选择了黑门会怎么样呢？”

“啊！这样的话，明明选择了‘白黑’这条路线，但还是会留在原来的房间里呢！”

“是啊。在你的设计图中，‘就结果来说’能从遗迹中出来的人，最后都要保证能走过‘白黑’这条正确的路线。但是，进入里面的人无论如何努力寻找正确的路线，也并不一定能够出去。‘移动终点并不确定的门’，其终点是不确定的，完全无法预测。这就表示，在跟你的设计图一致的遗迹中，既有在一开始的房间打开了白门，马上就能移动到下一个房间的可能，也有打开白门几万次都会回到原来的房间，无法向下一个房间前进的可能。”

“但是，如果遇到那样的情况，直接从入口出去不就可以了吗？”

“那是不可能的。无论哪个遗迹，只要在里面打开过一扇门，除非找到正确的路线到达出口，否则是出不去的。中途如果妄图从入口出去的话，会遭遇和选择了‘错误的门’相同的后果，受到严重的惩罚。想要在遗迹中挖洞，或是想利用魔法从遗迹中出去也是一样。也就是说，这些遗迹中，除了通过寻找正确路线出去的方法外，其他方法均不被认可。”

“原来是这样的啊……”

“最后，‘日落之民’使用了最古老的那类遗迹，也就是只使用了移动终点确定的门，并且对其十分珍视。这次被破坏的，应该正是这座遗迹。把它恢复原状是你的任务，赶紧重新开始工作吧。”

我别无选择，只得走向书桌。

但是，不使用移动终点不确定的门，想设计满足同样条件的建筑就变得十分困难。刚才的设计图，把第四十七古代璐璐语“将所有以○●作为结尾的文字序列都视为语句的语言”的这个特征，“原汁原味”地表现了出来。越是这么想，越是被刚才的设计图束缚，脑子里无法出现新的思路。我正发着呆，到书库去找书的老师回来查看我的进度了。

“什么啊？这不是完全没有进展嘛！”

“老师，只利用移动终点确定的门，真的能建成和刚才一样的遗迹吗？我怎么想也想不出来。总是感觉顾此失彼，没有办法顺利进行。”

老师吃惊地说：

“你是不是又在妄图一次性解决全部问题啊？你还真是不知道自己几斤几两。你就不能谦逊一些，顺应自己的能力从小地方着手，然后积少成多吗？”

“从小地方着手，然后积少成多……”

“是啊！首先，从长度较短的文字开始思考怎么样？第四十七古代璐璐语中最短的‘句子’是什么？”

“嗯……是‘○●’吗？”

“没错。那第二短的呢？”

“是‘●○●’和‘○○●’。”

“再之后呢？”

“是‘●●○●’‘●○○●’‘○○○●’和‘○●○●’。”

“这样的话，应该先试着从这些语句开始考虑。要设想能表现上述这些，但不对应其他语句的遗迹的设计图。至少要考虑到含有六个文字的语句吧。哎，照顾学生真是累啊！我要到希恩街去喝一杯。”

目送着老师的背影离开藏书馆后，我首先就最短的语句，也就是○●思考了一下。如果只表示这个句子的话，下面的图就足够了。

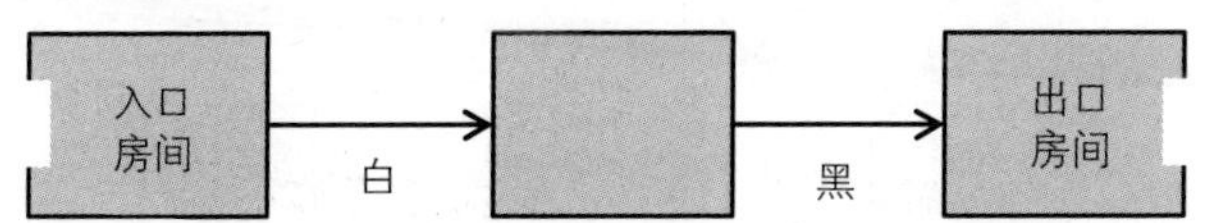

包含入口和出口的话，房间总共有三个。非常简单。但是，如果有三个文字的话，要怎么表现●○●和○○●才好呢？关于●○●，我先想出了下面的方法。

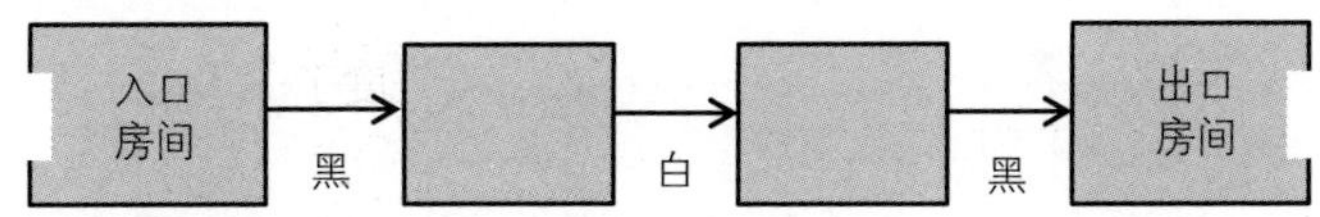

但是，这样是行不通的。在刚才的施工现场，老师说过“房间的数量，包含入口和出口房间在内只有三个”。这就是说，不能在这个数量以上继续“扩建”了。那怎样才能在不改变房间数量的前提下，表示●○●呢？我绞尽脑汁将图画成了下面的样子。

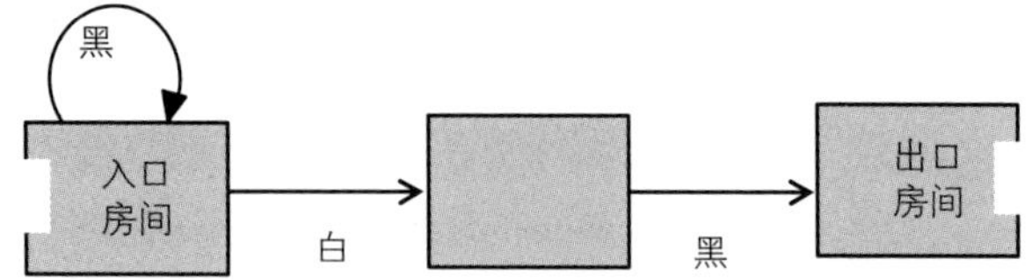

虽然只是加上了在最初的房间选择黑门的话会回到原来房间的这个设定，但我觉得这个方案还不错。这样的话，不仅能同时表现●○●和○●，在○●的前面无论再加上多少个●也都能表示。也就是说，●●○●、●●●○●、●●●●○●……这些也被表示出来了。

接下来，我开始思索○○●。首先想到的方案和刚才相同，就是在最初的房间选择白门，就会回到原来的房间。但这样的话，就和刚才被老师否定的包含'移动终点不确定的门'的设计图完全相同了。

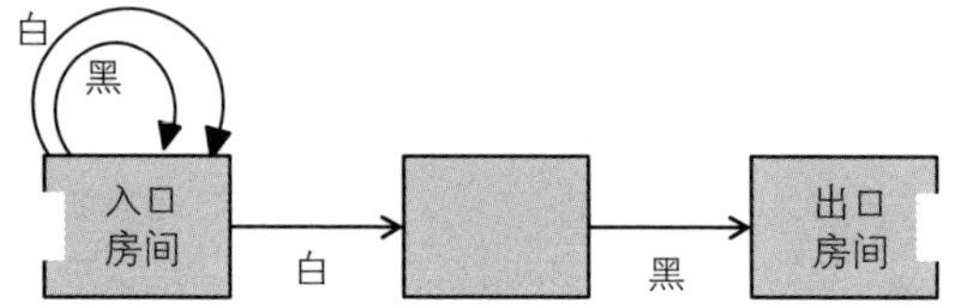

一阵冥思苦想后，下面的方案浮现在我脑中。不是最初的房间，而是设定为在中间的房间选择白门会回到原来的房间。

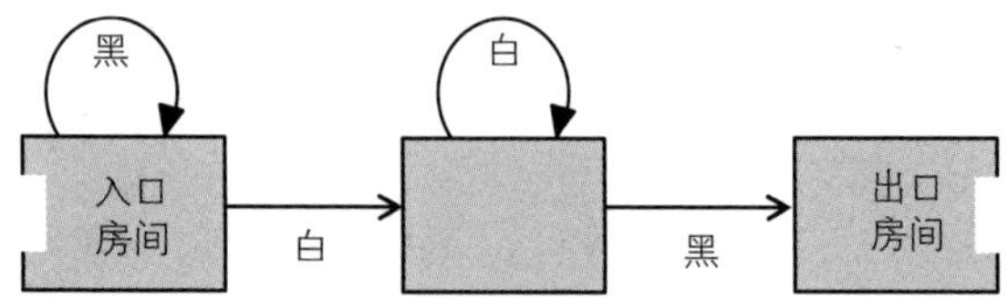

这样的话，除了刚才已经顺利解决的语句，○○●也能够被涵盖进去了。不仅如此，在○●之前无论再加上多少个○都可以。另外，还有一点就是，在○●前面，可以有任意多个●，之后也可以接上任意多个○。我对这个结果渐渐感到满意了。

那么，之后就是有四个文字的情况了。但是，像○○○●、●●○●和●○○●这些句子，现在的设计图已经可以顺利表示了，进展不错。问题在于○●○●，这个句子是现在的方案无法表现的。入口房间的两扇门，中间房间的两扇门，移动的终点都已经确定了……到目前为止都还算顺利，要卡在这里了吗？

我正望着天花板出神，突然想到了什么，思绪又回到了设计图上。说起来，像米拉卡乌遗迹那样，在出口房间装上门的情况也出现过啊！我试着从出口房间向它前面的房间画了一个箭头。如果这是经由白门移动的路线的话，那么就能表示出○●○●。虽然跟预期有点儿不同，但这下总算是将四个文字的问题都解决了。

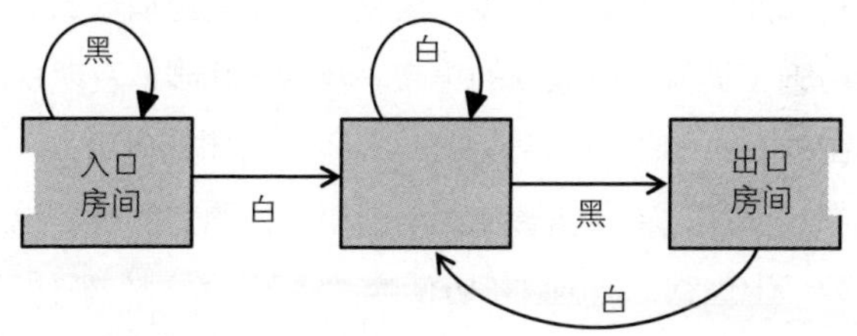

到了这一步，我感觉到了些许疲倦。这之后，还要研究文字数为五个的情况、六个的情况、七个的情况……老师让我研究到由多少个文字组成的语句来着？由于太过疲劳，我完全想不起来了。我喃喃自语道：

“想到这里应该差不多了吧……”

我这么想并不是毫无根据。说到底，以○●作为结尾的句子，只有下面这四种。

1. ○●之前什么也没有的语句。

2. 在○●的前面，还排列有一个以上●的语句：像是●○●、●●●○●等。

3. 在○●的前面，还排列有一个以上○的语句：像是○○●、○○○●等。

4. 在○●的前面，有一个以上的●和一个以上的○，按任意数量和顺序交互排列的语句：像是●○○●、○●○●、○○○●○○●、●●●○●○●、●●●○○○○●○○○●等。

现在的设计图，上面列举的这些例子不是全都可以满足吗？这样肯定就没问题了。我收拾好工具，拿着设计图离开了藏书馆。外面天色早就暗了下来，我突然被睡意笼罩，摇摇晃晃地向住所走去。

回到住处后，老师还没有回来。我耐不住困意，就先睡了。我虽然很快就进入了梦乡，那梦境却异常恐怖。

在梦中，我走在森林中的小路上。突然，路的前方变得开阔，出现了一片圆形的辽阔原野。在原野中央，矗立着一座已经崩塌的建筑。我一走近那里，就听到了类似昆虫振翅的声音。我后退几步，发现从阴影里出现了很多飘浮在空中的人影……是精灵。

精灵们向我飞扑过来。随着他们渐渐逼近，他们的身影也逐渐变得硕大。我虽想要马上逃跑，但腿脚不听使唤。终于，精灵们抓住了我的手脚，将我的身体拽向了空中。精灵们窥视着我的脸，而他们却没有面孔。正对着我的精灵开口向我说话。

（人类啊，你也是为了欺骗我们而来的吗？）

我完全不明白他在说什么，除了一直摇头之外别无他法。

（人类欺骗过我们两次。第一次，盗取了我们语言的秘密。第二次，破坏了我们建造的装置。而你，正准备在我们装置的遗迹上，建造一个冒牌货。）

我拼命否认。

（不对。我准备建造的，是和之前相同的建筑物。）

（不要说谎。我们是不会原谅你们的。那些在千年前盗取我们语言秘密的盗贼，因为提玛古神的保护，我们没法追究。但是，那些破坏我们装置的男人们，总有一天会死。然后，便会轮到你了。）

（停手啊！我明明已经认真画了设计图。为什么？）

没有面孔的精灵向着我的脖子伸出了手。我拼命挣扎，但因为手脚被紧紧按住，身体几乎无法动弹。精灵冰冷的手指马上就要碰到我的脖颈，我因为过于恐惧而叫出声来。

“老师!”

我话音未落，出现了一道强烈的光，照向了精灵们和我。

(……这家伙也被提玛古神守护着吗?)

说着这些话的精灵们的身影被光吞没，渐渐消失了。本以为我的身体会落向地面，但下面是软乎乎的床。我醒了过来。老师正盯着我的脸。

“到底发生了什么事?好不容易喝了好酒高高兴兴地回来，迎接我的却是我那不肖弟子的惨叫。”

“是老师救了我吗?”

“算是吧。但是，发生了什么?你好像吓得不轻啊!”

我起了身，平复了一下呼吸，向老师描述了梦中的情形。

“你建造了伪造的装置?精灵们真这么说的?”

“是的。我完全不明白他们在说什么，我明明认真画了设计图。”

我把设计图交给老师。老师看了之后，满脸惊讶。

“你啊，是真想把这个提交上去吗?这样的话，会激怒精灵们也是自然的。”

“究竟是怎么一回事?”

“这设计图是错的。”

“诶?究竟是哪里……”

“我都跟你说了多少次了，要‘自己思考’。”

我看着这张被认定为“错误”的设计图，不明白究竟是哪里出了错。正在我一筹莫展时，老师开口了:

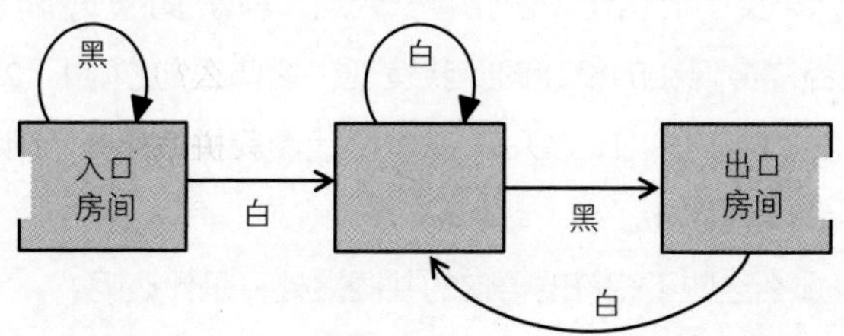

“只是盯着看的话，无论多久都弄不明白吧。先就五个文字的语句思考一下怎么样？不用说，你一定是只考虑到四个文字的语句就放弃了吧。真是的，我一直跟你强调，在最后关头掉以轻心是会有生命危险的……”

我不情不愿地开始考虑长度为五个文字的语句。句子的数量是八个。

1. ●●●○●　2. ●●○○●　3. ●○●○●　4. ●○○○●
5. ○●●○●　6. ○●○○●　7. ○○●○●　8. ○○○○●

这里面绝大多数情况，可以用已经考虑出的设计图表示出来。但是，我立刻发现，问题就出在 5 号的“○●●○●”上。这个句子用现在的设计图无法表示。

“是的，那的确就是问题所在。这句话为什么用这张设计图不能表示，你能说明吗？”

我没有头绪，只好回答“不知道”。

“再稍微多看几个例子吧。现在开始思考长度为六个文字的语句。”

1. ●●●●○●　2. ●●●○○●　3. ●●○●○●
4. ●●○○○●　5. ●○●●○●　6. ●○●○○●
7. ●○○●○●　8. ●○○○○●　9. ○●●●○●
10. ○●●○○●　11. ○●○●○●　12. ○●○○○●
13. ○○●●○●　14. ○○●○○●　15. ○○○●○●
16. ○○○○○●

长度为六个文字的语句，一共有十六句。虽然很麻烦，但我还是逐个检查它们是否符合现在的设计图。我发现，这些语句中，1、2、3、4、6、7、8、11、12、14、15、16 这几句都与设计图完美吻合。而存在问题的，是 5、9、10、13 这四句。

“没错。那么这些不相符的语句的共同之处，是什么呢？”

我盯着●○●●○●、○●●●○●、○●●○○●和○○●●○●这四句话看了一会儿，发现了一个问题。

“在一个以上的○出现后，有两个以上的●连续出现，是这一点吧？”

“是的。你所设计的遗迹，虽然可以对应出现了一个以上的○之后，●单独出现的情况，但如果有两个以上的●连续出现就无法表示了。就是说，在选择了一次白门之后，连续选择两次黑门，接着按‘白黑’这条路线，是无法走到外面的。”

“原来是这样……”

“既然你已经明白了，剩下的工作就是把正确的设计图画出来。那么，你要怎么做呢？”

我再一次看了看现在的设计图。

“你在出口房间加了一扇白门，就不再设置黑门了吗？”

说起来，我只在最后的房间加了一扇白门。可我所见过的遗迹，没有哪一座的房间中只装了一扇门，全都是两扇成对出现。但是，如果在最后的房间中加装黑门的话，移动终点设置在哪里才好呢？这个种类的遗迹，同一个房间里的两扇门必须分别通往不同的地点，因此中间的房间便不能考虑了。那么，回到出口房间这个选择又如何呢？这个选择在我稍作思考后就明白是行不通的，因为这样就意味着要接受以○●●开始、以连续的●为结尾的文字序列。这样一来，剩下的选择就只有一个了。

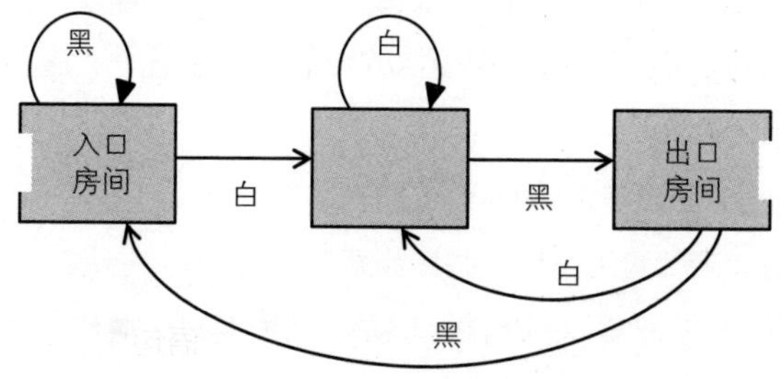

我试着将出口房间黑门的移动终点，设为了入口房间。这样的话，就可以肯定长度为五个文字和六个文字的全部语句都可以被表示出来了。

“如果用这张设计图的话，像○●●○●这样，○的后面连续出现●的文字序列也是可以表示的。”

老师扫了一眼这张图，打了个哈欠。

“你终于想出来了。那么，工作到此就结束了。睡吧，明天一早把它交上去。”

设计图交上去后，当天就开始动工。没过多久，哈曼领主家的少爷们和病倒的其他工人便开始好转。

老师和我为了确保施工的顺利进行，又在哈曼逗留了两日。镇里的居民们对我们倍加感谢，说好今后无论我们在这里购买什么都会为我们打对折。老师马上以半价购买了原本要花三千加纳的最高级的红酒，然后又购买了几瓶被叫作“圣拉乌之水”的药液，据说可以用来调制药物。老师让我也买点儿什么，一想到不知什么时候可能又要回家，我便为母亲买了一箱她一直很想要的加了香草的盐。

踏上归途之后，我就遗迹思索了一番，越想越觉得那张设计图有些许违和感。虽然老师已经表示那就是“正确答案”，诅咒也确实已被解开，理应没有任何纰漏才对，但是第四十七古代璐璐语是那种“将所有以○●作为结尾的文字序列都视为语句的语言”，我怎么也无法把这一特点和那张设计图联系在一起。我反而觉得自己最初设计的那张，存在“移动终点不确定的门”的遗迹，更能表现这种语言的特征。我把这个“违和感”和老师讲了之后，老师说道：

“哦？你已经开始考虑这种问题了啊！”

这样说着，老师脸上浮现出些许笑意。

“我也不是不能理解你的想法。但是‘将所有以○●作为结尾的文字序列都视为语句的语言’的说法，只是其中一种描述第四十七古代璐璐语的方式。表现这种语言的遗迹不止一座，同样，语言特征的表述方法也不止一种。”

“那其他的说法都是怎样的呢？”

“你其实已经听过了。”

“什么？”

“你回忆一下领主家的少爷被噩梦魇住时念叨的梦话。”

我从身上取出纸张，上面记录着两段话。

“第一段是：‘若你希望的话，夜晚和白天便如你所愿。但你最后看到的，必会是一次夜晚与一次白天。’”

硬要说的话，我对这首诗还是有些印象的。当老师说这次的遗迹对应第四十七古代璐璐语的时候，我不知为什么就会想起这首诗。我觉得这首诗是在讲述这种语言的特征。也就是说，夜晚相当于●，白天相当于○。●和○反复出现多少次都可以，只要最后以一个○和一个●作为结尾。不正是这样吗？

“这是‘日落之民’留下的诗歌之中的一首，是精灵们为了表现自己‘被隐藏的语言’而作的。”

诗还有另外一首，是领主家的次子念叨的梦话。

“若你希望的话，夜晚便如你所愿反复到来。若你不愿，夜晚将永不到来。即使你不愿，白天也会到来一次。白天会如你所愿反复到来，与一次夜晚共同终结。熬过一次的话，便会如你所愿反复。”

在我把诗朗诵了一遍之后，老师说：

“这首诗也恰当地描述了第四十七古代璐璐语的特征。”

我又开始思考。这首诗一定也是用●代表黑夜，用○代表白天。

“‘若你希望的话，夜晚便如你所愿反复到来。若你不愿，夜晚将永不到来。’这句话意味着什么呢？是不是说并列多少个●都可以，没有●也可以？”

“是的。简单来说的话，就是‘放置零个以上的●’。”

“这之后是‘即使你不愿，白天也会到来一次。白天会如你所愿反复到来，与一次夜晚共同终结。’就是说必定会出现一个○，而在这之后连续出现多少个○都可以，但最后会以一个●结束。是这么回事吧？”

“嗯，就是‘一个以上的○后面会连接一个●’。把最初的段落全部整合一下的话，你知道这是在表示什么样的文字序列吗？”

“在排列了零个以上的●之后，接着排列一个以上的○，最后以一个●收尾。是这样吧？”

“没错。然后是最后一句，是在说这样的文字序列方法可以多次反复。”

这样的叙述方法，真的可以把第四十七古代璐璐语中所有的语句都表现出来吗？但是，稍微思考一下的话，○●、○○●、●○●、○○○●、●●○●、○●○●……确实都很符合。

“其实这首诗，说不定和你绘制的设计图十分吻合。”

因为老师这样讲了，我便再次陷入了思考。

“排列了零个以上的●”，是这一部分。

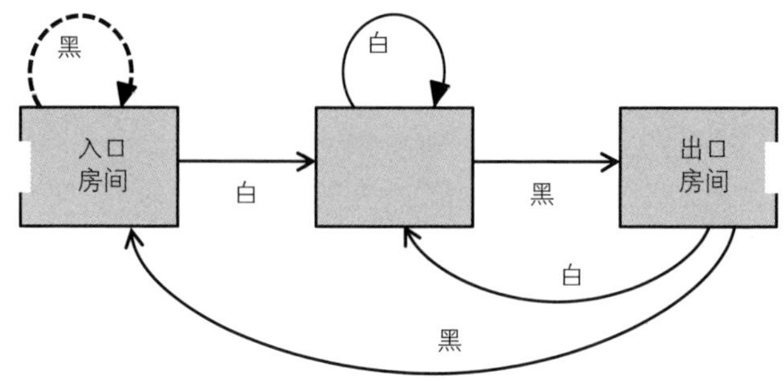

“排列一个以上的○”，是这一部分。

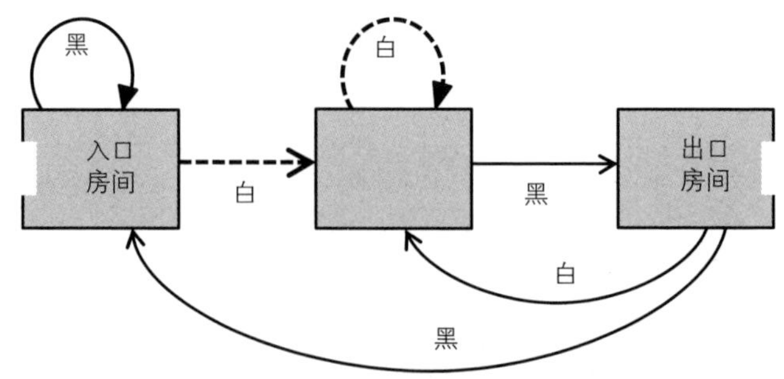

然后，“一个●”，是这一部分。

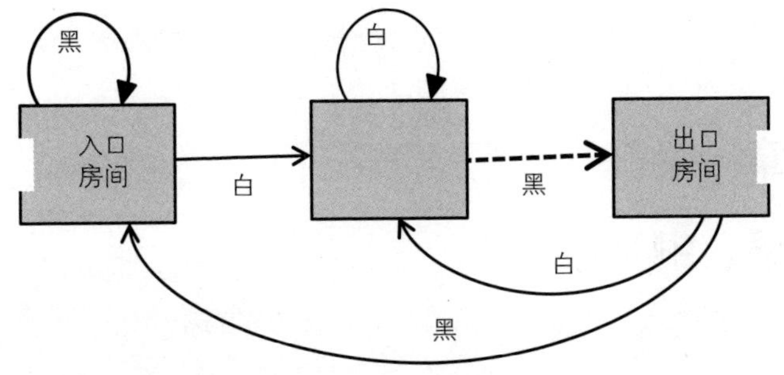

原来是这样啊……

等我回过神来，老师已经把我落下很远。太阳渐渐西沉，塞纳山留下了狭长的影子。我慌忙起身，向老师那里快步赶去。

第 4 章

金、银、铜

“我说你，是不是在哪里走错路了，在哈曼之前向东转了吧？你居然还毫无察觉地一路走到这里。既然都走到这里了，就说明你肯定已经路过希敏，之后又穿过加米亚和科加了啊！”

向路过的村民问路的我，沮丧地垂下了头。我的目的地，其实是两个月前曾去过的哈曼。我受老师之托去那里买东西。抱着半分休假心情赶路的我，虽然已经走错却一直没有察觉，也是刚刚才感到有些不对劲。明明早已经过了塞纳山脚下，却迟迟没能到达目的地。问了才知道，这里是库山附近，这不就说明已经离哈曼很远了嘛！

“从这条路一直走下去的话就到赛雅哈了。你的家在哪里呀？”

万幸，想回到米拉卡乌老师的家，似乎并不是难事。但是从这里直接回去的话，就不能买到老师嘱咐要买的东西了。话虽如此，但现在再去哈曼，时间既不充裕，我的旅费也已捉襟见肘。

“请问您知道这附近哪里有卖‘圣拉乌之水’的吗？”

我问完才觉得有些后悔，这么偏僻的地方，根本不可能买得到。但怎料，我从村民那里得到了意外的答案。

“有的啊！从那里的山路上去的地方有一座古怪的房子，那里就有卖。”

一登上村民所说的山路，我就看见了一座巨大的宅邸。居然会把房子独自建在这样的地方。这应该就是村民口中的古怪房子吧。

令我觉得稀奇的，是宅邸的门。这座宅邸的木质墙壁上并列着三扇圆形的门：一扇是金色，一扇是银色，另一扇是赤茶色的金属色——像是铜的颜色。在金色门的旁边贴着一张公告。因为使用的是赛雅哈的方言，有一部分我看不懂。勉勉强强能读懂的，是下面这部分。

“圣拉乌之水 120 特拉努。恕不找零。”

在我住的地方，通用的是一种叫作加纳的货币，特拉努这种货币我没有听说过，大概是这附近流通的货币吧。老师确实说过，圣拉乌之水大概 120 加纳就能买到。一特拉努能折合成多少加纳呢？另外，不找零又是什么意思？如果他胡乱要价，那我就向店主抱怨，然后砍价。这么决定之后，我叩响了最左边金色的门。没有得到回应。敲得更响些之后，门打开了一点儿，我便走了进去。

里面有些昏暗，伴着些许朦朦胧胧的光线。房间里既没有家具，也没铺地毯。只是，在正面的墙壁上，装着和刚才相同的三扇圆形的门。真是奇怪的屋子。我再次打开了金色的门。

之后，我来到了外面，杂草丛生。这里是后院吗？

……咔嚓。

伴着一声响，有什么东西落到我脚下。是一个透明的小瓶，里面装着泛着浅绿色的液体。这就是圣拉乌之水。这样将商品扔过来究竟是怎么回事？而且四下也没有看到像是店主的人。小瓶上用绳子系着一小片叶子，看到叶子上写着的文字之后，我有些错愕。

“账单 200 特拉努（2000 加纳）。”

我现在身上的钱加在一起是 1900 加纳。圣拉乌之水居然要 2000 加纳，简直是在骗钱。而且，我都没有说过要买，就向我要钱，这不是强买强卖吗？

我想向店主发泄一下不满，打算再次进入屋里。但发现从后院好像没有办法再回到屋内了。我没有看到类似窗户的地方，刚刚进入后院时通过的门，在外面也没有找到。我沿着墙壁再次来到了屋子的正面，这次，我推开了正中央银色的门。接下来进入的房间里依然有三扇门，我将银色的那扇打开。之后，我又来到了与刚才相同的房间。

我第三次打开银色的门之后，再次来到了后院。一个与刚刚一模一样的小瓶落到我的脚下。瓶子上系着叶子，这次写着下面的话。

“账单 150 特拉努（1500 加纳）。”

又是账单。奇怪的是跟刚才的价格有所不同，但这下总共就是 3500 加纳了。我是无论如何也支付不起的。谨慎起见，我想确认一下身上带着的钱数，就把手伸向了怀里。

……没有。钱消失了。

我正惊慌失措时，一片很大的叶子飘落下来。我拿起来仔细查看一番，叶子的背面写着下面的话。

“收据 收取了 190 特拉努（1900 加纳）。不够的部分，想怎样付清呢？

1. 寿命　一周

2. 劳动　一个月

3. 出人头地之后再付”

这是怎么回事？虽然不知道是如何办到的，但似乎我的 1900 加纳已经全部被“收取”了。所谓“不够的部分”，是我现在所持金额不够支付的部分吧。总共是 1600 加纳。但是，“一周寿命”，我可是敬谢不敏。劳动的话，还不知道会被要求做什么工作。我嘟囔着：

“只能是……出人头地之后再付了吧。”

之后，新的叶子飘落了下来。

“我要测试你是否真的能够出人头地。（如果回答不出来下面的问题，需支付的金额就会加倍。）请回答为什么会被要求支付 350 特拉努（3500 加纳）。”

“为什么会被要求支付 350 特拉努？”

最先浮现在我脑中的答案，是“那还不是你自己要求的”。但感觉不像是要我做这样的回答。我思考起来。350 特拉努，也就是 3500 加纳，确实是一个不合情理的价格。但如果说对方只是单纯想设圈套骗我钱，又有些许奇怪的违和感。这是为什么呢？

刚才的两封“账单”，第一次要求支付的金额是 200 特拉努，第二次要求支付的金额是 150 特拉努。为什么第二次减少了 50 特拉努呢？这大概就是违和感的源头。无论是第一次还是第二次，我穿过屋子来到后院，圣乌拉之水落下的地点都是相同的。但是支付金额不一样，第一次和第二次有什么区别呢？

第一次，我两次打开金色的门来到了外面。而第二次，我打开了三次银色的门。两次金色，是 200 特拉努；三次银色，是 150 特拉努。就是这样！我扯开嗓子回答道：

“最初我被要求支付 200 特拉努，是因为我打开了两次金色的门吧？一定是规定打开一次金色的门，就要支付 100 特拉努吧！圣拉乌之水的价格虽然是 120 特拉努，但入口张贴的告示上写着‘恕不找零’。因此，我被要求支付 200 特拉努。”

我继续大声回答。因为看不到，所以无法判断对方是否在认真听。

“第二次，我被要求支付 150 特拉努，是因为我打开了银色的门三次。打开银色的门一次，就意味着同意支付 50 特拉努。是这样的吧？”

我等待着对方的回答。在一阵寂静之后，叶片落了下来。

“正是这样。下一个问题。

“进入这个屋子的人，如果不同意支付 120 特拉努以上的话，就不能出去。同意支付 120 特拉努以上的人，马上就能到达后院。

“这个屋子，是我制作的艺术品。没用的房间一间都没有。

“请回答，这个屋子里有多少间房间，房间与房间是如何连通的。为了调查，进屋子一次也没有关系。”

什么啊？还没有结束啊……

我再次绕到了屋子的正面。进入屋子的机会只有一次。我必须调查的，是至今还未被我打开过的铜门。我要弄清打开一次铜门，会被要求支付多少特拉努。

我仔细确认了一下我左腕上的“库修的手镯”。这个镯子我现在一直戴在手腕上。这个房子，虽然门的颜色和数量不太一样，但与精灵的遗迹十分相近，一定具有类似的构造吧。我把身上带着的纸撕成细条，把它们分别标上 A，B，C，D，E，F……这样的记号。从现在开始经过的房间中，我准备每间都放上一张纸。这样，若是反复经过相同房间的话，我马上就可以发现。早知道，第一次、第二次进入这个屋子的时候也做上标记就好了。

我轻轻打开铜门，在进入的房间正中央附近放置了写着 A 的纸条。然后，在这个房间的三扇门中，我依然选择了铜门。在下一个房间，我放置了写着 B 的纸条，并选择了铜门。并且在接下来一直重复着相同的步骤。无论哪一个房间都有三扇门，我一直选择铜门。这一回，走到外面花了相当长的时间。

结果，我在打开了十二次铜门之后，终于走到了后院。纸条从 A 到 K，一共使用了十一张。直到最后，我都没能再次看到我自己放置的纸条，也就意味着，我经过的十一间房间，没有一间是重复的。

这次，来到后院之后又有一个瓶子落在我的脚下。我看了一下瓶子附带的账单，上面这样写道：

“账单 120 特拉努（1200 加纳）。”

这回是和“定价”完全一样的价格。打开铜门十二次，被要求支付 120 特拉努，这表示一扇铜门相当于 10 特拉努。打开一次金门需要 100 特拉努，银门需要 50 特拉努。

我找到了一片没有杂草的地方，用树枝在地面试着画图。考虑到至今我所经过的三条路线，可以判断这个屋子里面是如下结构。

打开两次金门就可以走到外面，银门的话要打开三次，铜门的话则需要十二次。这张图应该不存在矛盾的地方。画这种设计图的次数已经多到让我厌烦了。说不定，向我兜售圣拉乌之水的这家伙，也是精灵的伙伴。我正这么想着，叶子又飘了下来，这次叶片上写道：

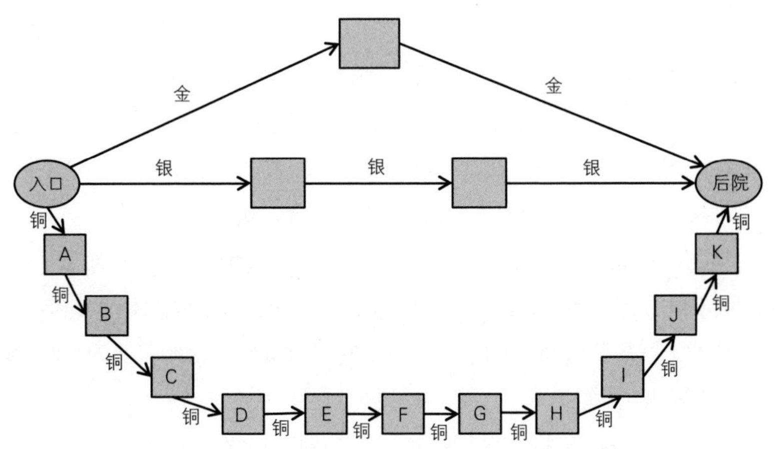

“这样真的可以吗？”

“不，请再等一下！”

我条件反射般地向看不见的对方回答道。虽然并不是对刚才绘制的图没有自信，但在哈曼的那段痛苦经历让我不自觉地作出了这样的回答。我还不至于那么不怕死，会把自己关键时刻掉链子而遭遇危险的事抛到脑后。而且，在思考现在的图是否正确的时候，我总感觉有些不对劲儿。至今为止，我走进过那个屋子三次。我要好好回忆一下那里看到过的东西，有没有什么能给我提示。

我记起来了。我至今经过的所有房间，都装有金、银、铜三扇门。

在每间房间，如果我选择其他门的话，会通到什么地方去呢？是会被放逐到遥远的地方，还是会面临生命危险？不，这恐怕不太可能。这是因为我从进入这个屋子起，就一直戴着“库修的手镯”。如果，“不连接任何房间的危险的门”存在的话，我应该马上就能通过红光分辨出来。但是，到目前为止我看到的门中，哪一扇也没有发过红光。也就是说，目前为止我见到的所有门，都会通向这个屋子中的某个地方。那么，究竟会连接到哪里？

比如说，我最后进入的房间，也就是设计图上的房间 K，除了铜门之外，确实还装有金门和银门。房间 K 的金门和银门，分别通向哪里呢？我再一次看向“写着问题的叶子”。那上面，写着下面的话。

“进入这个屋子的人，如果不同意支付 120 特拉努以上的话，就不能出去。同意支付 120 特拉努以上的人，马上就能到达后院。”

一直到我走到房间 K 为止，已经打开过十一次铜门。打开铜门一次需要支付 10 特拉努的话，打开十一次就说明，我已同意支付 110 特拉努。因为我刚刚又打开了房间 K 的铜门，所以我同意支付的金额就变为 120 特拉努，便能够来到后院。

如果我在房间 K 打开金门的话，会如何呢？打开一次金门需要支付 100 特拉努，因此如果在房间 K 打开金门的话，那就要在刚才 110 特拉努的基础上再加 100 特拉努，共计要支付 210 特拉努。根据“同意支付 120 特拉努以上的人，马上就能到达后院”这句话，就说明那时已经可以出去了。就是说，房间 K 的金门也连接着后院。

那要是在房间 K 打开银门呢？因为打开一次银门要支付 50 特拉努，所以如果在房间 K 选择了银门，那么支付金额就是 110 加上 50，总共 160 特拉努，也达到了 120 特拉努以上，因此也是可以出去的金额。那么，说明在房间 K，无论选择金门、银门，还是铜门，都可以来到后院。

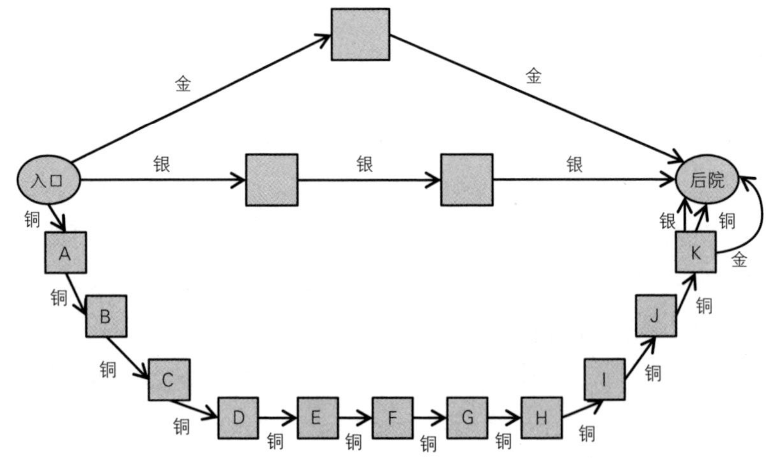

我就房间 K 前的房间，也就是只要打开十次铜门就可以进入的房间 J，也做了同样的思考。果然，在那里无论选择金门还是银门，金额都能达到 120 特拉努以上，是可以进入后院的。我依照这个思路，就房间 J 之前的房间 I 和 H 也思索了一番。想了一会儿之后，我发现直到选择七次铜门进入的房间 G 为止，都遵循这样的模式。换句话说，G ～ K 这五个房间中，无论选择什么颜色的门打开，都可以进入后院。

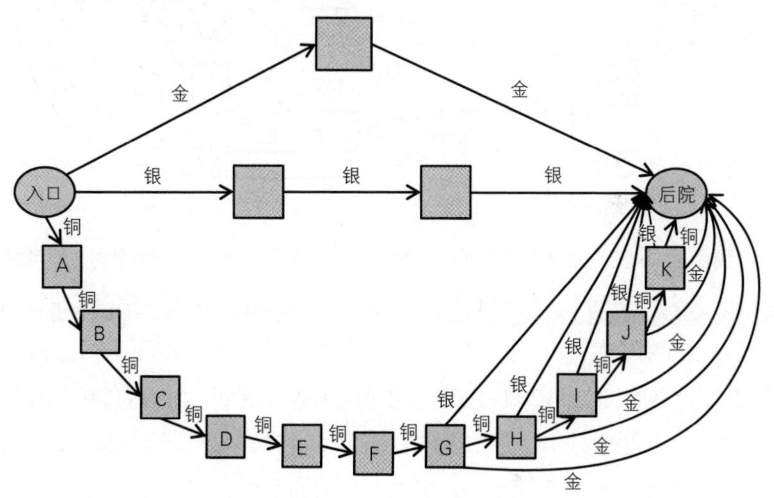

但是，当我开始思考再前一个房间（房间 F）的时候，我陷入了苦思。到房间 F，要连续打开六次铜门，因此到这里为止支付金额是 60 特拉努。如果这个时候选择金门的话，合计支付金额就达到了 160 特拉努，是可以进入后院的。但如果选择银门，支付金额是 110 特拉努，便不能满足 120 特拉努的要求。由于不能进入后院，便会被转移到这个宅子中的其他房间。可究竟会转移到哪里呢？

为研究在房间 F 选择银门后的去向，我在现有的图上，又加入了一个新的房间。

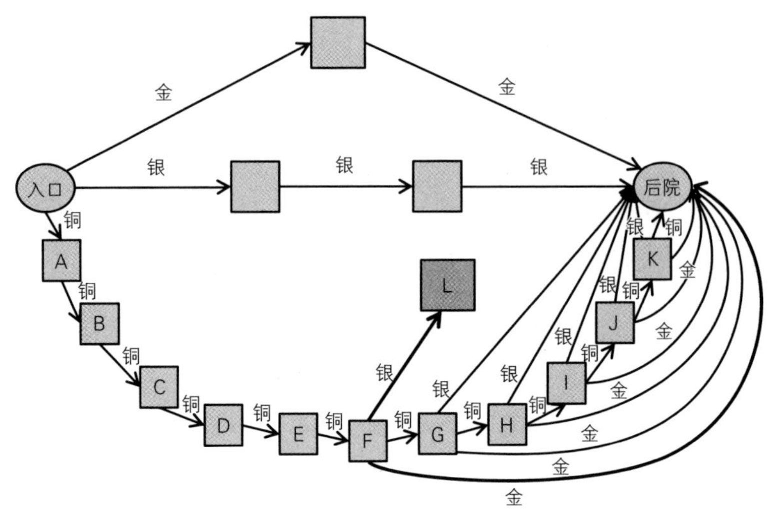

我试着假设，如果在房间 F 选择银门，就会来到这个新的房间。我把它暂时命名为房间 L。房间 L 是一个怎样的房间呢？在到达房间 L 时，便可视为已同意支付 110 特拉努。如果这个房间中也有一扇铜门，打开它之后支付金额就会达到 120 特拉努，便可以出去。另外，就算有金门和银门门，支付金额也会分别达到 210 特拉努和 160 特拉努，怎么样都超过了 120 特拉努的基准，也都可以出去。所以，在房间 L 中，不管如何选择，最终都可以出去。

……咦，我刚刚怎么好像思考过相同的情况？

对了，刚才我就房间 K 进行思索时，就曾得到过相同的结论。在那个房间中，无论选择金色、银色、铜色三扇门中的哪一扇，最终都能进入后院。而要想到达房间 K 也好房间 L 也好，之前累计的支付金额都是 110 特拉努。这么说，现在这张图上，类似的房间存在两个，这不就重复了吗？我一边回忆，一边看向“写着问题的树叶”。我找到了下面这句话：

“这个屋子，是我制作的艺术品。没用的房间一个都没有。”

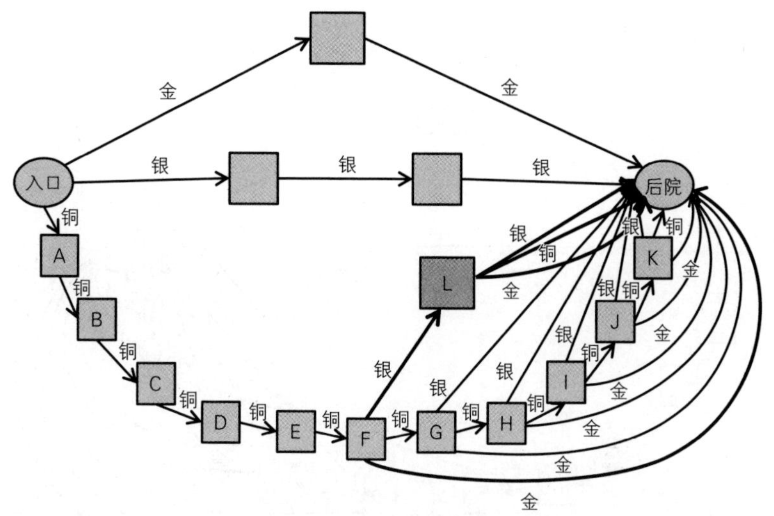

果然，在这个屋子里，应该不存在重复的房间。这样的话……我将房间 L 从图上抹去，并把房间 F 和房间 K，用下面的箭头连接了起来。

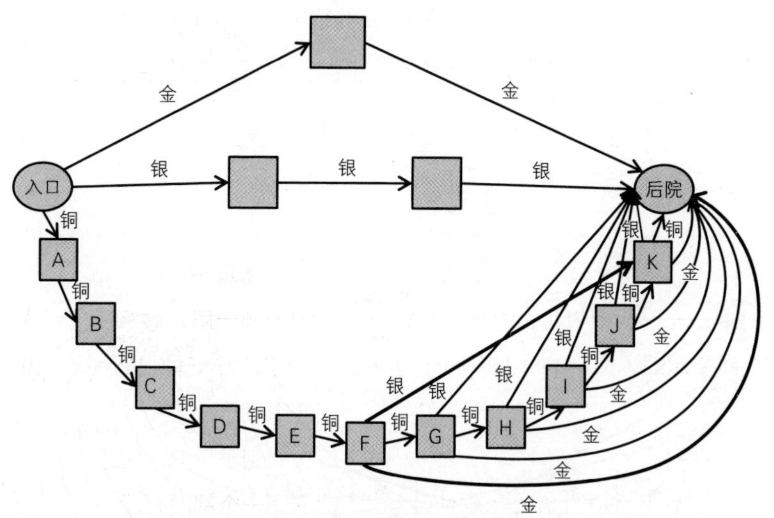

接着，我开始试着按相同的方式思考房间 E。在房间 E 中选择金门的话，合计应支付 150 特拉努，因此可以出去。而选择银门则是 100 特拉努。

至少还要 20 特拉努才能出去。我在图上加入了下面的箭头。

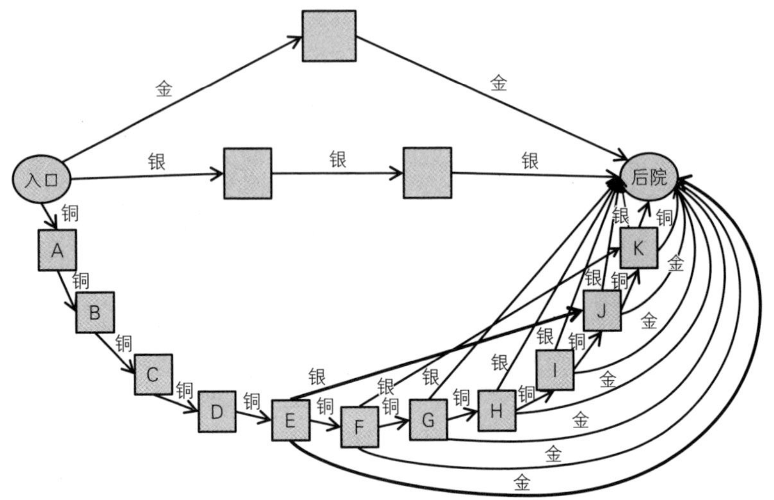

也就是说，我试想在房间 E 选择银门之后会进入房间 J，这样果然就消除了冗余。到达房间 J 之后，再支付 20 特拉努就可以出去。于是，我倒着推到入口，分别考虑了银门连接的目的地。不管是哪种情况都能按相同的方法考虑。

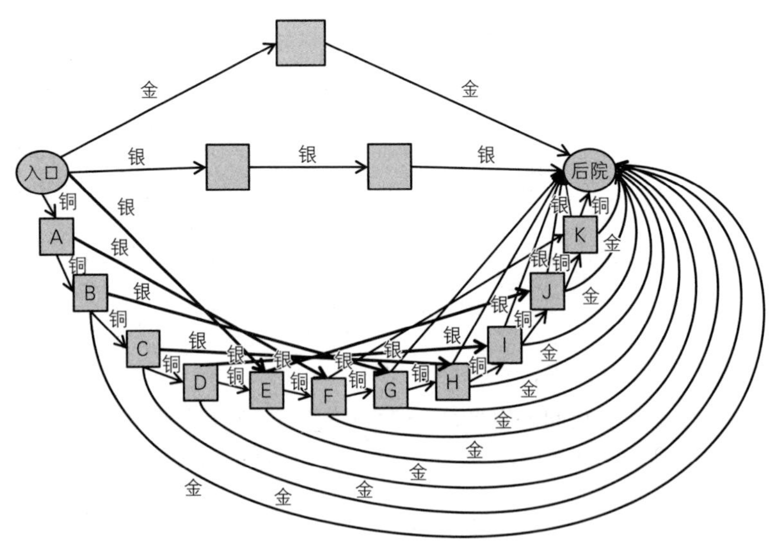

我审视着这张设计图，只是觉得它十分美丽。按图所示，无论以何种顺序打开铜门和银门，只要支付的金额相同，最终必然会进入同一个房间。举例来说，连续打开十一扇铜门的情况，和先打开六次铜门之后再打开一扇银门的情况，抑或是打开两扇铜门后打开一扇银门，再打开四扇铜门的情况，支付金额都是 110 特拉努，因此最后必然会进入房间 K。支付金额为 100 特拉努时会进入房间 J，90 特拉努时会进入房间 I，80 特拉努的话则会进入房间 H……按照这样的规律，根据目前所处的房间编号，就可以知晓目前的累计支付金额。

接着，我又意识到，画在设计图正中的两个房间并没有存在的必要。连续三次打开银门到达出口的这条路线，其实就相当于我从入口先进入房间 E，接着移动到房间 J，在那里打开银门后进入后院的这条路线。我从设计图中把重复的房间抹去了。

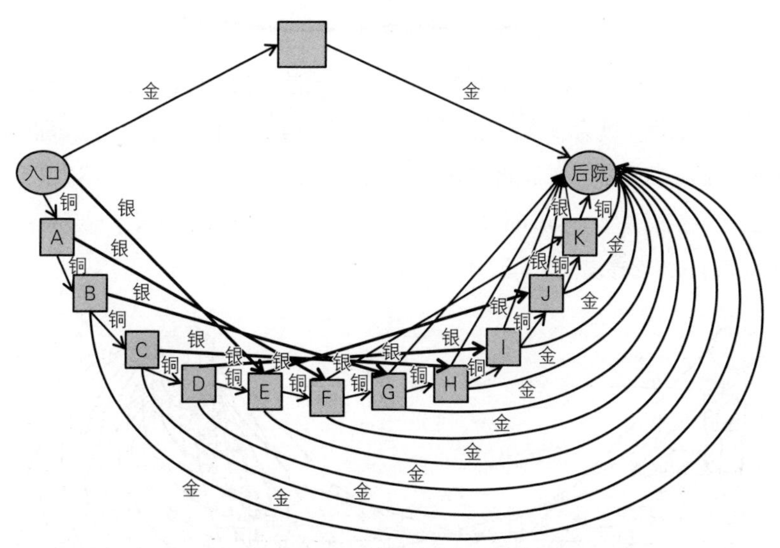

设计图充实了起来。现在依旧还未探明的，其中之一便是房间 A 中金门通向的地点。在房间 A 选择金门的话，支付金额合计为 110 特拉努，并未达到 120 特拉努的要求，所以是无法进入后院的。想要出去至少还需要再支付 10 特拉努。但是，这个情况和房间 K 其实是相同的。因此，可以认为在房间 A 选择金门后会移动到房间 K。

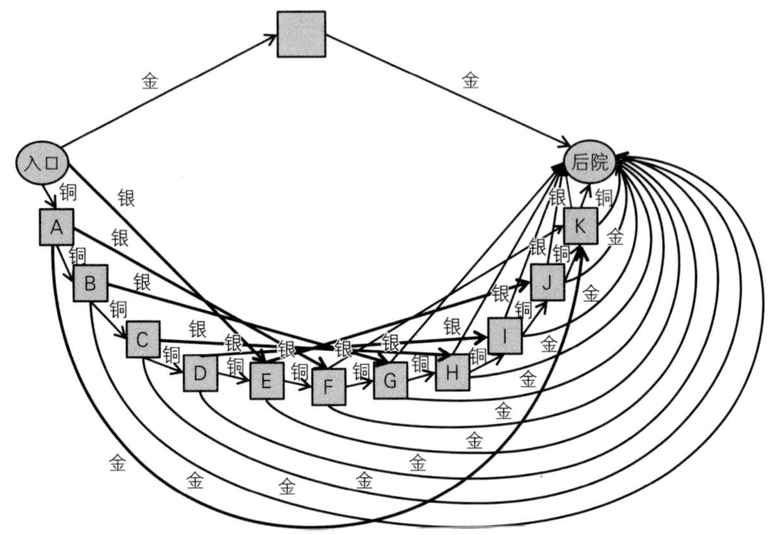

终于可以就屋子的入口处进行思考了。此前，我一直认为如果在入口处选择金门的话，就会移动到一个独立的房间。但是，单独设置一个房间的必要性已然不复存在。如果将房间 J 看作在入口处打开金门的移动终点的话，那么冗余就消失了。换句话说，只要一开始在入口处选择金门，便会先移动到房间 J，接着在房间 J 再选择一次金门就能进入后院。

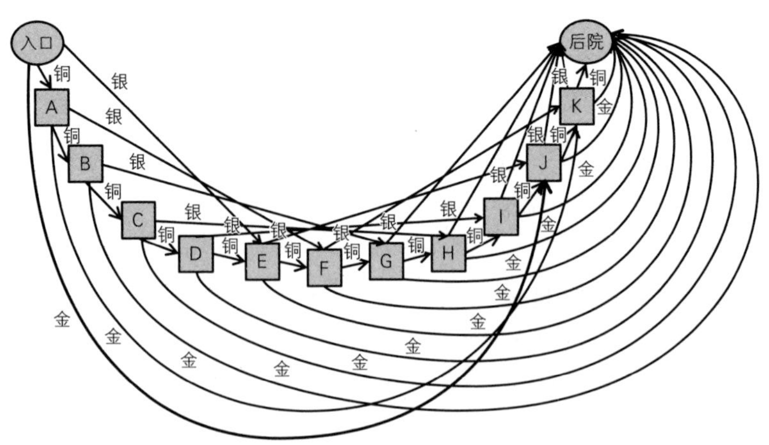

至此，我已经将全部房间中所有门的连接方式都考虑了一遍。除去入口和后院，房间的数量共有十一个，每个房间都与“行进至此需要支付的金额”完美对应。也就是说，无论以怎样的顺序打开这三种门，只要合计金额相同，就会到达相同的房间。举例来说，“金铜”“铜金”“铜银银”“银银铜”“铜铜铜铜铜铜银”几组中，不管按照怎样的顺序，同意支付金额都共计 110 特拉努，因此会移动到房间 K。

“确定是这样吗？”

叶片再次飘落下来，我倏地记起自己现在正接受着考验。我闭上双眼，这样是否真的准确无误了呢？我又花了点儿时间思索，之后，坚定地大声回答道：

“我确定就是这样。”

一瞬间，周围被光吞噬，眼前变得一片雪白。我什么也看不见，但好在这光芒不一会儿便消失了。待到眼睛适应之后，我看向周围，原本的宅邸已不见踪影。面前只有茫茫草地。

在我的脚下，放着三个盛有圣拉乌之水的瓶子。那费用的事情究竟如何了呢？

那些瓶子的旁边还有什么东西。我拾起来一看才发现，是 1900 加纳被包裹在一张大叶片之中。这应当是刚才被收走的，我身上的钱。眼下的情况令我摸不着头脑。再次详细检查叶片后，我发现叶片的里侧有这样的留言：

“你可要成功啊！”

回到老师的家中后，我向老师讲述了在库山这段不可思议的遭遇。

“这恐怕是琪努丹搞的鬼。”

“琪努丹？”

“他们长得像狗，是一种介于动物与精灵之间的存在。并且，他们从不与他人为伍，一直都在独自进行魔法修行。虽然喜欢搞些吓唬人、作弄人的恶作剧，但也不是什么坏家伙。”

我的确没有感受到什么恶意。

“但是，危险也是确实存在的。我跟你说吧，这些家伙会专挑看着好哄弄的人愚弄。你可要好好反省，会遇到这种事归根结底还是因为你自己过于大意。况且……”

老师的话戛然而止。

“况且？况且什么？”

“况且，最近一段时间，我正培养学生这件事在附近传开了。而对‘我的学生’抱有兴趣并企图接近的人，也有不少。从现在开始，你可要小心行事。”

第 5 章
坑道的深处

现在的我，正随老师一起向着伊奥岛进发。

伊奥岛以矿山闻名于世，到那里需要从比哈曼更靠南边的寇迦港乘船。据传，会去那里的人寥寥无几，我自然也不曾踏足。这次，我只知道要去岛上与一位权贵见面，其他具体事宜老师并没有向我提及。老师究竟为何要让我同行呢？

自离开米拉卡乌已经过了几天，在经过我们不久前到访过的哈曼后没多久，海浪的气息便乘风而至。寇迦港已在眼前。不知是不是大海的气息让我仿佛置身于故乡，我瞬间感觉很轻松，心情也舒畅起来。

"我们明早出发去伊奥岛，今晚先在寇迦留宿。在这之前，我们先来上会儿课吧。"

"啊，还要上课吗？"

"怎么了？感觉你的抵触情绪比平时还要严重啊！我们可不是来这里度假的。"

我被老师带到一个古老的藏书馆。在向管理员打过招呼后，管理员抱来一叠已经发黄变色的纸张。

"知道这些是什么吗？"

这些纸上，画着类似我之前画过的"遗迹设计图"。

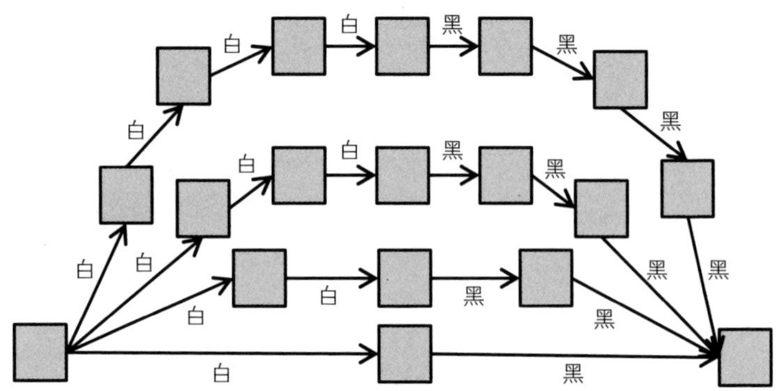

粗看之下，能通向外面的路线有四条。分别是白黑、白白黑黑、白白白黑黑黑和白白白白黑黑黑黑。换句话说，这是一种可以接受○●、○○●●、○○○●●●和○○○○●●●●这些文字序列的语言。另一张纸上绘着下面这样的图。

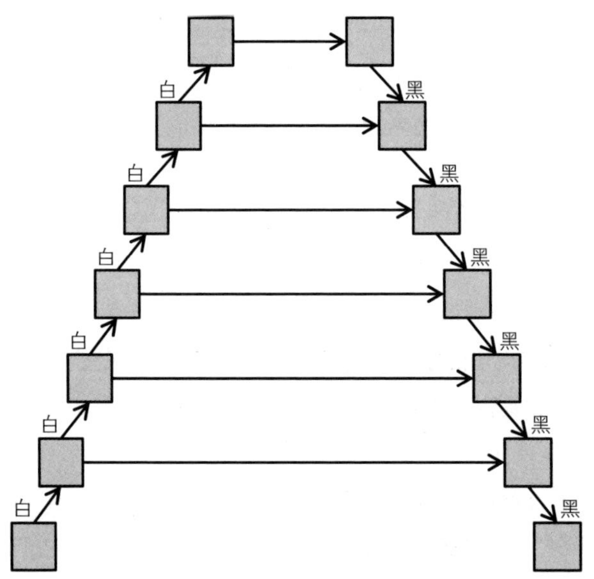

这张图看起来很奇怪。这样说是因为从左侧的所有房间指向右侧房间的六个箭头，并没有标明“黑”或“白”。

“没有任何标注的箭头，表示无须开门即可完成移动。”

“无须开门？也就是说门会自动打开吗？”

“是的。在这种情况下，不需要亲自打开门。允许这种移动方式的遗迹，在古代璐璐语系的遗迹中也发现了几座。你能从这张图上看出这是可以接受哪种文字序列的语言吗？”

可以通向外面的门，除了同刚才的遗迹相同的路线，还多出了白白白白白黑黑黑黑黑和白白白白白白黑黑黑黑黑黑这两条，即之前的遗迹可以接受的四种文字序列还要再加上○○○○○●●●●●和○○○○○○●●●●●●这两种。

“难道说，这座遗迹也好，刚刚的遗迹也罢，都是只要在打开数次白门之后，再打开相同次数的黑门就能走到出口吗？”

老师微微颔首。

“绘制这些设计图的人们虽然抱着这样的意图，但实际上并未做到。你能看出来的吧？”

的确，第一张设计图中，最多只能打开白门和黑门各四次。而在第二张中，白门和黑门也最多只能各打开六次。

“这些设计图，本意是想描绘出无论先打开白门多少次，之后只要打开相同次数的黑门就能到达出口的遗迹。但正如你所看到的，设计图中，门被打开的次数受到了限制。这一捆都是‘失败之作’。”

“那这些作品究竟是谁，在何时，为了什么而创作的呢？”

“绘制这些设计图的，是曾经在这一带很有势力的精灵。他们为了抵御来自大海彼岸的威胁，开始尝试设计遗迹。”

“威胁？”

“是指那些住在伊奥岛附近的矮人。他们本来人数寥寥，隐居在伊奥岛一带。有一次，他们挖到了一座宝石矿。自那之后，他们的势力日渐增强，渐渐对居住在内陆的精灵构成了威胁。因此，精灵就决定设计一座可以表现矮人‘隐藏的语言’的遗迹。”

“但是，光靠设计一座遗迹就能抵抗威胁吗？”

“可以，原因有两个。首先，精灵也好矮人也罢，对于他们来说，能表现他们语言的‘装置’是神圣的。他们的语言，除了第一古代璐璐语之外，语句的数量无穷无尽。把无限的语句，利用结构有限的‘装置’表示出来，在他们眼中就如同神迹无异。他们三番五次地建造出能表现敌人语言的遗迹，向敌人彰显神的意志与他们共存。”

“诶……”

“其次是基于更现实的理由，遗迹常被用以激发出精灵和矮人的语言中蕴藏的强大力量。获得能表现敌人语言的遗迹设计图，对于探知敌人的能耐来说是必需的。可反过来，己方遗迹设计图是机密，绝不能让敌人知道。若是代表己方的遗迹被敌人修建出来并肆意妄为，栖息于语言中的力量就会被夺走，也就意味着一败涂地。”

“遗迹竟还有这样的意义呢？”

“都是过去的事了。你故乡的那座遗迹，不也曾被这样使用吗？”

这么说来，我故乡的遗迹，那座位于灯塔地下的神殿，确实曾被用来驱赶外敌。

“时至今日，那些遗迹仍拥有这样的力量吗？”

“虽然有一部分仍残存着些许力量，但大多数基本上已沦为废墟。关于这一点，也许日后我会再跟你讲。不，也许再也不会跟你讲。”

到底是怎么回事？今天的老师，和平日多少有些不同。

“矮人使用的语言和古代璐璐语系相似，文字也只有○和●两个。但是，矮人使用的语言和古代璐璐语系还是有所区别。”

“明明使用的是一样的文字，难道还要特意区分开吗？”

“因为有必须加以区分的理由。我们把矮人所使用的诸多语言，统称为‘古代库普语’。”

从寇迦港出发的船只，宛若在海面上滑行一般前进。我起初异常兴奋，后来却因为一成不变的景色而感到厌倦。于是，我开始思索，昨天老师为何向我展示那些“失败的设计图”。

据老师所说，第一古代库普语，只把一个以上连续出现的○后，连接着相同数量的●这样的文字序列视为语句。我没觉得这与我至今所学到的古代璐璐语系的语言有什么区别。但曾经居住在寇迦的精灵在设计对应这种语言的遗迹时屡屡受挫。也就是说，目前我曾调查过或是设计过的遗迹——这种设有黑白两种门，单纯由数个房间构成的建筑物——是无法表现第一古代库普语的。但究竟没找到答案只是偶然，还是冥思苦想之后也毫无头绪，这我就不得而知了。

正当我胡思乱想时，船已在伊奥岛靠岸。我和老师被迎进一座巨大的宅邸。在我们被引入的房间中，一位衣着华贵的人正等候着我们。他和老师亲切地寒暄了一番。这两人想必是旧识吧。

“来，你也来打个招呼吧。这位是伊奥岛的岛主，奇诺·达·寇迦先生。”

在老师的催促下，我惴惴不安地上前行了礼。

“初次见面，你就是加莱德吧，欢迎来到伊奥岛。”

“不仅是伊奥岛，奇诺先生其实坐拥这附近的岛群——像是干珈岛、凯伊岛，以及寇迦城。当然，矿山也全部归奇诺先生所有。你知道从这里的矿脉中能开采出什么吗？”

“是钻石吧？”

荒僻如我的家乡，那里的人也知道伊奥岛盛产钻石。据传一颗雨滴大小的钻石，其价值就能买下夜长村的全部土地。奇诺先生补充道：

“确实是钻石不假，但确切来说是黑钻石更具盛名。虽然我们也开采普通的钻石，但黑钻石的价值是普通钻石的三倍。”

老师缓缓向奇诺先生问道：

“说起来，关于之前我拜托你的事……你已经准备好了吗？”

“已经准备好了。但是，你确定要实施吗？”

“当然。为此我才特意带他一同前来。”

“我还是略觉不安。至今为止进入其中的，都是我的下属中相对年长的人，他们的身心经过的历练也是有目共睹的。即使这样，他们几乎都没能通过试炼，最终被从这里驱逐而身陷窘境。把年轻人送到那样的地方去，真的妥当吗？”

奇诺先生向我投来不安的目光。难不成刚才那番话是在说我？

“我们自然还是要尊重本人的意愿。我正要开始说明事情的原委。”

◇

晚饭后，老师向我讲述了“试炼之屋”的事。原来，老师是为了确认我的意向，才特意将我带到了伊奥岛上。

“半年前，你从故乡回到我那里时，我曾说过‘反正总有机会正式决定去留’。现在，这个机会便在眼前。无论你我，差不多都应该就‘今后的打算’表明态度了。我是这样决定的：如果你能走出这座伊奥岛上代代相传的‘试炼之屋’，那么我便会继续教导你。”

“‘试炼之屋’究竟是什么呢？”

“你进去之后便自会明白。先说好，那里绝不是什么危险的地方。即使无法从‘正确的出口’中走出，自你进入那里开始的一整天后，你自会被送出来，且毫发无伤。只是，如果是那样的话，我与你就此便再无瓜葛。”

突然的进展令我惊慌失措。

“可是，我为什么非要进入那里不可呢？”

“是为了确认你的意向，除此之外没有其他原因。”

“我的意向很明确啊！这半年来，我积累了不少经验，渐渐觉得还可以继续学下去……我自己很想跟随您继续学习。”

虽然这话是第一次当着老师的面讲，但我的确是这么想的。虽然魔法连一点皮毛都没学到，但至今为止，我真切感受到老师教会我的东西让我的内心产生了变化。虽无法很好地诉诸语言，但最近一段时间，我能察觉出原本空虚的内心中，正渐渐萌生出一颗幼小却真切的“芯”来。

“请您相信我。我想继续跟随老师修行，直至成为一名能够独当一面的魔术师。”

不管我说什么，老师的表情都没有丝毫变化。

“这一切正是为了确认你的这些想法。明天一早就去，你今晚可要好好休息。”

老师是否认为我的话并非发自内心呢？我虽不满，但并没有争辩的机会了。

第二天清晨，我就被带到了伊奥岛坑道的深处。这里像是一处秘密地点，被带来的途中我一直被蒙着双眼。我接过一个连着绳子的透明细长的筒状容器，说是让我把它像首饰一样戴在身上。据说若想进入“试炼之屋”，这个东西是必需的。

此刻我的眼前是一面石墙，以及一个高度差不多到我腰间的矮小入口。还有一座立在入口旁边的，同样矮小的人像。这是否就是存在于伊奥岛的矮人呢？人像那锐利的目光令我想起了奇诺先生。细想一下，我居然会觉得高大健壮的奇诺先生与五五身的大头矮人相似，属实奇怪。

被老师催促着，我弯着腰走进了那个矮小的入口。忽然，我的视线撞上了视线凌厉的矮人像，我总感觉那石像在向我低语。

（因失去而知足者终会幸福。）

从入口进入后，便是一片整洁的空间。我眺望着这个空间，不觉间眼前渐渐朦胧起来，一会儿便什么也看不见了。再次清醒过来时，我已经移动到了完全不同的场所。这难道就是所谓“不必开门就能移动”？我想起昨日在寇迦的藏书馆中看过的提到可以“自动移动”的设计图。

我的视野中出现了白色和黑色两扇门，这场景我已司空见惯。要说与我之前所见有何不同，便是两扇门旁各自立着一座矮人像。每座矮人像都刻着圆鼓鼓的可爱眼睛，向这边伸出一只摊开的手掌，像是在向我寻求着什么。我试着向白门走近了一些，头脑中响起了阵阵细语。

（若想打开白门的话需要白色钻石，若想打开黑门的话则需要黑色钻石哦！）

我惊诧地瞥向立在白门旁边的矮人像，难道是它在向我低语？

（是呀是呀，是我在说话呢！快把白色钻石给我啊！）

（等一下！别理他，这边，快把黑色钻石拿到这里！）

接二连三地，又有其他声音冒了出来，听起来像是立在黑门旁边的那一座石像发出的。这些声音让我觉得自己像是被小孩子纠缠住了。两座石像你一嘴我一嘴地吵着讨要钻石。可恼人的是，我身上连一颗钻石也没有。像是看穿了我的心思似的，其中一座石像向我说道：

（你戴着的首饰里面，不是装着“兑换券”吗？）

我低头看了看脖子上挂着的小筒，不知何时那里面竟出现了一小片木片。木片上标注着 S。兑换券指的就是这个吗？

（就是那个。你把那个交给你后面的那个家伙，就能得到钻石了哦！）

我转过身去，身后果然立着另一座矮人像。这个矮人目光阴沉，表情诡异。我的头脑中响起了含混不清的声音。

（找我有事吗？喔，你的筒里面放着兑换券 S 啊，它的兑换方式一共有两种。）

矮人的头顶上赫然浮现出了文字。

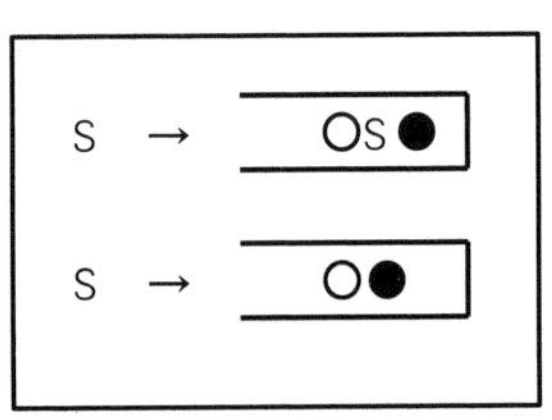

“这是什么意思呢？”

（这个啊，即是说……箭头的左侧，是你要交给我的东西；而箭头的右侧，表示这之后我要交给你的东西。“コ”形表示你身上挂着的那个透明的小筒。也就是说，你若是把兑换券 S 交给我的话，我就会按上下方案的其中之一在你的小筒中放入对应的物品。）

“嗯……就是说如果我选择了上方的‘兑换方案’的话，这个小筒中，就会被放入白色钻石、兑换券 S 和黑色钻石了？”

（正是如此。只不过，会按照从上至下依次是白色钻石、兑换券 S 和黑色钻石这样的顺序。无法以其他的顺序放入。）

如果选择上方方案的话，除了白色钻石和黑色钻石之外，还能够得到一张兑换券。与此相对的，下方的方案中是没有兑换券的。我虽然还没能完全搞懂状况，但总觉得上方的方案更好一些。

“就选上方的方案吧。”

（这样啊！不过，也在预料之中。）

要把兑换券拿给石像，就要把它从筒中取出，可我却怎么也取不出来。无论我怎么摇晃，或是把筒倒过来，里面的木片依然纹丝不动。

（喂，你这样弄可没有用啊……你是碰触不到这个筒的内部的。若想把兑换券给我，向我喊一声“把 S 给你”便是。只是，兑换券如若不是在筒的最上方，我是拿不到的。）

我依照石像教我的，试着说了一声“把 S 给你”。

（收到……那么，现在就开始交换。）

刹那间，眼前一片黑暗，我脖子上的筒中传来“哐啷”一声脆响。我定睛一看，筒中的最下方是黑色钻石，中间叠着看起来像是兑换券的木片，最上方是白色钻石。

这是我有生以来第一次见到真正的钻石。连白色钻石都十分夺目，而黑色钻石无疑更令我痴迷。那宛如夜色一般的黑色，却兼具透明感，磨制的截面闪烁着彩虹般的色泽。每一颗钻石都如我的拇指指甲般大小。

我家的村子自不必说，想必我家附近的塔米拉村，甚至连奥拉姆湾的一部分都能用这钻石轻松买下吧！而这贵重之物如今正垂挂于我的颈间。光是想想就令人头晕目眩。正当我发愣时，立在门旁的两座石像开始向我搭话。

（怎么样，你打算怎么做？要是拿着白色钻石，就赶快给我呀！）

我本想着把最上方的白色钻石取出，但失败了。说起来，刚才的石像确实告诉过我无法触碰筒的内部。我对白门旁的石像说：

“我要怎么做，才能把白色钻石交给你？”

（说句“把白色给你”便可。）

我说了句“把白色给你”后，筒中最上方的白色钻石便消失了。而后白门自己就开了，我被吸了进去。

我虽然确信自己移动了位置，但之后进入的房间与刚才别无二致。白门与黑门的旁边共立着两座睁着圆溜溜眼睛的矮人像，转过身去果然又立着一座一脸阴森的矮人像。我系在脖子上的小筒中，还有一张兑换券和那下方的一颗黑色钻石。接下来我该怎么做呢？正当我犹豫不决之时，两座眼睛溜圆的石像开了口。

（快，把白色钻石交给我吧！）

（这次该把黑色钻石给我了吧！快把黑色钻石放在这里。）

我想着要把黑色钻石交给石像，就大声说：“把黑色给你。”但之后什么事都没发生。黑门前的石像说道：

（你从那个筒中能交给我们的，只限于放在最上方的东西哦！现在黑色钻石被压在兑换券下面，所以才不行啊！）

这么说的话，我现在能使用的物品，只有最上方那张兑换券了。我为了再一次用兑换券兑换钻石，转身走近身后的矮人像。

（又要来兑换了吗？兑换的方案和刚才相同。）

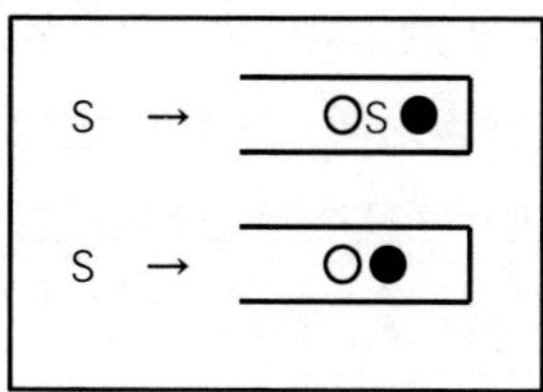

我再次选择了上方的方案。虽然我无法解释原因，可总有种必须如此的感觉。在交出了兑换券后，伴随着“哐啷”一声，再次看向筒中时，那里从上到下依次叠放着白色钻石、兑换券和两颗黑色钻石。

最上方的那颗是白色钻石，只能用它来打开白门。当我走近白门时，两座石像开始吵闹起来。

（诶？又要打开白门吗？黑色钻石呢？）

（这不是没有办法了嘛，黑色钻石又不在最上方。快，快到这边来把白色钻石交给我。）

我喊出了“把白色给你”后便再次被白门吸了进去，而等待我的又是相同的场景。

这过程究竟反复了多少次？不管打开多少扇白门，我看到的永远是一成不变的三座石像。或许我根本不曾离开过这个房间。可渐渐地，我已顾不上在意这些小事。我的注意力全在系在我脖颈上的小筒里装着的物品上。每当我重复兑换一次，黑色钻石就会多出一颗。每当黑色钻石多出一颗，我就不禁想再要一颗。我已然痴迷。

不知道第几次进入白门后，我突然感觉脖颈上的筒变重了，这才回过神来。我一看，筒中最上方是一张兑换券，而兑换券下面一共堆积着十六颗黑色钻石。我居然已经打开过白门足足十六次了。

由于得到了钻石，我意识到自己正在考虑着以往不曾想过的事情。我现在正手握着价值连城的财宝。如果能得到这些，不仅自己的家人，全村人都能生活得衣食无忧。想要得到的东西接二连三地浮现在我的脑海中。而在这之前，我本以为自己是一个无欲无求的人。现在看起来那大抵只是错觉，其实我想要的东西太多了，却因为从一开始就明白自己得不到而早早放弃罢了。但现在不同了。我想要什么便能得到什么，这些钱足够我一生享乐。

“……不再学习魔法也没关系了吧？”

我被自己说出的话吓了一跳。自己怕是有了什么不得了的想法。可仔细一想，我现在确实已经没有了继续学习魔法的理由。我不想再学习魔法了，不一会儿我就习惯了这个想法。我要用我在这里得到的财宝，开启新的人生。比起学习魔法，这个选择显然更现实。

我集中注意力思考如何才能把这些黑色钻石带到外面。如果反复进行相同的操作，恐怕我能收集到更多黑色钻石。但这样的话无论何时，我也只能不断回到这间房间，无法走到外面。要想出去，估计需要做出改变。

我能“做出的改变”，也只有在使用兑换券时选择那个至今不曾选过的方案了吧，这样大概能激起一些变化。我转过身，向着目光阴暗的矮人说：“我想用兑换券换取白色钻石和黑色钻石。我选择下方那个兑换方案。”

（这样啊，用 S 交换○●，明白。那么，请说出那句话吧……）

我说出了“把 S 给你”之后，筒里的兑换券便消失了。相对的，最上方出现了一颗白色钻石，下方的黑色钻石的数量增加到了十七颗。我用白色钻石打开了白门。这样，黑色钻石终于处于筒中的最上端了，这样我就可以使用黑色钻石了。在看见筒里装着的东西后，黑门旁边的矮人像开始叫唤。

（啊，黑色钻石终于在最上方了啊！赶快把它给我吧！）

虽说我本不愿交出黑色钻石，但想着若是打开黑门的话就有可能出去，我只得放弃。向着石像喊出“把黑色给你”之后，黑门应声而开。

但当我发现这没能让我走出去，而只是又把我送到一模一样的房间时，我失望极了。

◇

不管我打开多少次黑门，最终都是相同的结果。每次我交出黑色钻石时都如同割肉。黑色钻石越是减少，我越是不愿失去。可我却连一丝能够出去的希望都没看到。

因为我已经没有兑换券了，所以我除了不断交出黑色钻石之外别无选择。就算我转过身去，刚刚为我兑换的目光阴沉的矮人现在却缄口不语。立在白门旁的矮人也一言不发。只有那座立在黑门旁的矮人，用与外表全然不相称的略带胁迫的声音，要求更多的黑色钻石。

然而，黑色钻石只剩下最后一颗了。我能只带着它离开也好啊，就算只有这一颗，也足够我开始新的人生了。我开始在房间中四处调查起来。我试着捣弄墙壁，试着搜寻隐藏的密道，都一无所获。

我是不是只能放弃这好不容易到手的机会呢？我是不是最终仍然只得回到老师家中，日复一日地洗衣、打扫，被迫学习意义不明的古代语言，继续枯燥无味的生活呢？回到那样的生活中，我真的能在某天真正学会魔法吗？在此之前，我连老师是否真的有意教授我魔法都不晓得。相较于那些“可能性”的“不确定性”，手握黑色钻石在我看来要更“现实”。可如若不能将这颗钻石带出去，我便依然只是区区一介“魔术师的弟子”。之后，老师肯定又会要我背诵矮人使用的那什么语言。我记得叫作古代……库普语来着？

……诶？

我想起了在向伊奥岛启程的前一天，在藏书馆中见到的那些设计图，那些本想表现矮人的语言却最终失败的作品。它们想表现的，是第一古代库普语，那种视在连续个○之后，连接着相同数量的●这样的文字序列为语句的语言。而使用这种语言的，便是居住在伊奥岛上的矮人。

我看向筒中最后一颗黑色钻石。它正散发着妖冶且锐利的光芒。就这样把它交出去实在可惜，但……

我向黑门走去。刚刚还很吵闹的矮人像，不知什么时候已经闭起了嘴巴。我向着它说道：

“把黑色给你。”

◇

有那么一瞬间，我虽然又回到了之前的房间，但那之后我的身体立刻自己移动到了不知什么地方。

我感受到带着些许湿气的凉风，闻到了青草的香气。看起来我像是走出来了。天空略显暗沉。是傍晚吗？抑或是清晨？我看了看依然系在脖子上的小筒，那里已空无一物。我还是没能成为富翁。虽然多少有些遗憾，但身处这澄澈的空气之中，我自然而然觉得这样也好。

我的面前孤零零地立着一座安然微笑的小人像，它与我至今见过的矮人像都不同。我脑子里响起了平静的声音。

（你终会幸福。）

在伊奥岛的最后一个夜晚，人们举办了庆祝的宴会。我一边品尝着新鲜的海货，一边向奇诺先生打听“试炼之屋”的由来。

“伊奥岛上的矮人其实原本居住在东面的阿玛库岛上，千年前他们迁居到这个边境之地。为了躲避战乱，他们在五位长老的统领下在此过着隐秘的生活。有一天，有一个矮人在海中游玩时偶然发现了蕴藏着钻石的矿脉。最初，他们大喜过望，开始用钻石与在岛外居住的人们做起生意来。

“可渐渐地，矮人获取到的财富已经多到无法再只由少数人来管理。他们也开始意识到这些财富的价值过于巨大，已经对他们自身造成了威胁。事实上，居住在岛外的精灵中，已经有人提议要消灭矮人以夺取矿山。令境况雪上加霜的，是矮人使用的秘密语言——现在被称为第一古代库普语——的特征，也被精灵知晓了。矮人被迫紧急镇守起他们的遗迹来。万一敌人闯入，为了使他们无法顺利从正确的出口走出，矮人对遗迹进行了加工。那些无法战胜对于钻石的欲望的家伙，将永远不能靠近伊奥岛。这就是建造那间‘试炼之屋’的目的。

“在此之后，每逢有新的伙伴加入时，矮人便会利用‘试炼之屋’。无论是何种族，只要能从正确的出口中走出的人，就会被视为伙伴而受到欢迎。正因如此，我们的祖先才总是能不断获得品行端正的支持者，在那个战火纷飞的年代生存下来。”

什么？为什么说是“我们的祖先”？奇诺先生微微一笑。

“其实我身上也继承了矮人的血脉，那五位长老的其中之一便是我的祖先。”

我想起了在进入“试炼之屋”前见到的那座目光锐利的石像。

“在那个房间的入口、里面和出口处立着的几座石像，分别按五位长老的模样雕刻而成。多亏了那个房间，时至今日我们依然能辨识出正确的人选。过去也好，现在也好，祖先们一直守护着伊奥岛。”

老师对我说：

“你若是再在那个房间中犹豫五分钟的话，自你进入之时起就过去了整整一天。要是那样，你可就会被算作‘失败’了。”

我身在“试炼之屋”时，已经全然忘记了自己正经受着考验这回事。而自进入开始经过一整天后还是不能从“正确的出口”中出来的话，便会被房间自动送出来，这事也被我抛在脑后。

“如果过了一整天的话，我会怎么样呢？”

“那就因人而异了，每个人都会被送往最想‘回到的地方’。”

“你的话，估计会被送回夜长村的老家吧。”

那样的话，我是不是就能带着黑色钻石一起出来呢？像是看穿了我的想法，老师开口道：

“很遗憾，在‘试炼之屋’中得到的任何东西都不能被带到外面来。不仅如此，那些不能从正确的出口中走出的人，会被抹去有关‘试炼之屋’的记忆，自此无法靠近伊奥岛。”

奇诺先生满是赞许地看着我说：

“说起来，这么年轻就能依靠自己的力量从那个房间中走出来，可真是让人惊叹。”

“哪里，这次全靠事先获得了提示。”

“即便如此，也是因为你的求知欲战胜了来自黑色钻石的诱惑。进入那个房间中的人心灵所遭受的束缚，可是非比寻常的。”

“求知欲”这个词让我产生了违和感，我只是在一瞬间产生了“想要确认”的念头，我无法确定那能被称为求知欲。也许单纯只是这一年半中在我的内心中一点点积累起来的“什么”，驱使我做了这样的选择。那或许是一直以来虽然艰辛但坚持学习的骄傲，也或许是关于遗迹要比常人了解得更多，不，是必须要比常人了解更多的执念。不管是哪一个，都不能算作高尚的想法。况且……

“老师，我在那个房间中，曾产生了不再学习魔法的念头。我已经失去了向老师求学的资格。”

老师丝毫不为所动。

“这点儿小事我早就知道。”

“啊？”

“你听好，人的内心，要远比自己所认为的广阔深邃。自己到底意欲如何，普通人终归是无法知晓的。另外，想要生存下去就不可或缺的东西——对财富的欲望，无论对于谁，都要比自己所认为的大得多。”

现在的我，对于老师说的这番话实在是感同身受。

“对于财富充满欲望，自然是无可厚非。因为那其实植根于无论是谁都对人生抱有的‘恐惧’，实属无奈。但是，修习魔法之人，必须是能忘记那‘恐惧’的人，哪怕只有一瞬也好。”

“我呢？我属于那一类人吗？”

“那正是我们从现在起要确认的。但是，这次你能凭一己之力从‘试炼之屋’中走出，至少能说明你具有能成为那一类人的可能性。因此，我会继续对你的教育。”

如此这般，我依旧是一介“魔术师的弟子”。

第6章
庆　典

从伊奥岛回到米拉卡乌后的首次课程，是就伊奥岛“试炼之屋”而进行的说明。老师先让我说出，“试炼之屋”与我曾经进入过的其他遗迹有何异同。

“嗯，相同之处应该是都装有白门和黑门吧。另外，打开这些门，都会移动到其他地方。不同之处嘛……就是‘试炼之屋’必须佩戴着透明的小筒才能进入这一点吧。”

“没错。另外就是，筒内的物品，会根据你的行动而发生变化。”

确实如此。既能用筒中的兑换券兑换钻石，也能在开门的时候将钻石交给矮人像，筒中的物品在不断变化。

“而且，在‘试炼之屋’中，你的行动很大程度上受到筒中物品的左右。是这样没错吧？”

那个筒的奇妙之处在于，只能交出放在最上方的东西。不把上方的东西用掉，下方的东西便无法使用。如果“兑换券”位于筒的最上方，那么便可把它交给“负责兑换”的石像。只有当白色钻石位于小筒顶端的时候才能打开白门，而当黑色钻石位于小筒顶端时则可以打开黑门。这两种钻石可以说充当着开门的“钥匙”一样的角色。最后，当筒中空空如也时，我便得以脱身离开。

“迄今你进入过的遗迹，西边森林的那座也好，夜长村的那座也罢，在每个房间选择打开哪扇门决定了移动的终点。与此相对的，伊奥岛上的‘试炼之屋’中，不仅要在每个房间中选择门，筒里放有哪些物品也会决定之后的行动。”

“就是说，重要的是‘筒的状态’吧？”

“没错，它其实相当于一种记录装置。那么，你知道它具体在记录些什么吗？”

我搜寻着记忆。因不断增加的黑色钻石而利欲熏心的我看向筒中的时候，确实看见里面装有十六颗黑色钻石和兑换券，由此我判断到那时为止我已打开过十六次白门。

“我连续打开白门的时候，筒中便留下了与打开白门的次数相同的黑色钻石。我认为黑色钻石是在记录白门被打开的次数。”

老师点了点头。

“另外，每打开一次黑门，黑色钻石便会减少一颗。当筒中的钻石用光时，打开白门的次数与打开黑门的次数便完全相同了。这也是‘试炼之屋’可以表现第一古代库普语的理由。”

这时，我想起了在寇迦的藏书馆中曾看到过的失败作品。

“精灵绘制的设计图，就是因为缺少一个像筒那样的记录装置才失败的吗？”

“是的。想要建造一座可以表现像第一古代库普语这类语言的遗迹，依靠只装有白门和黑门这种单纯的装置是无法实现的。”

老师取来一张巨大、华丽的纸，在桌子上展开。

“这是上一次从奇诺先生那里得到的，‘试炼之屋’设计图的复制品。”

乍一看，只有我最初弯腰进入的房间、之后我进入的有三座石像的房间，以及我最后到达的屋外的原野（据说位于离奇诺先生宅邸相当远的地方）。

“这么看来，我果然是一直没有离开过正中间的房间呢！”

“是呀。在第一个房间，只要拿着筒就会自动被送到下一个房间，筒中会被放入一张兑换券。在接下来的房间，利用兑换券可以换取其他物品，想打开白门或黑门，则需要分别用白色钻石和黑色钻石做交换。最后，当筒变成空的时，你就会自动被送出屋外。”

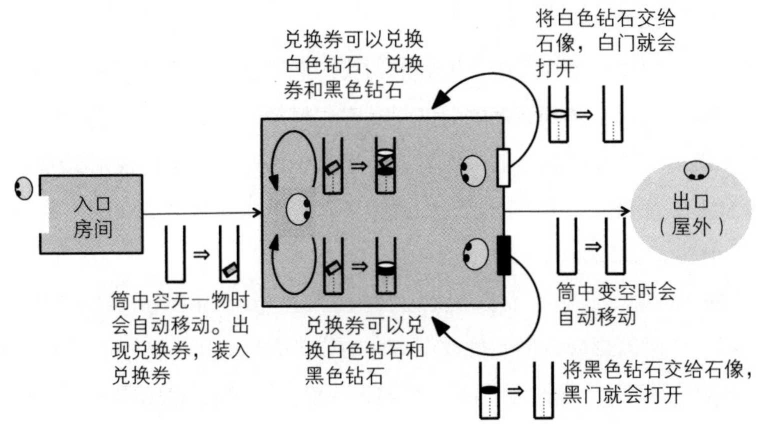

虽然房间数目寥寥，但与至今我遇到过的古代璐璐语的遗迹相比，这种遗迹要复杂得多。

“表现古代库普语的遗迹，除此之外还有不少吧？它们都如此复杂吗？”

“也有一些相对简单的。说到和古代库普语有关的遗迹，阿玛库岛上还有一座。由于是奇诺先生的祖先们在迁居到伊奥岛之前修建的，因此比‘试炼之屋’要简单一些。简单就简单在，那里不存在‘兑换券’。”

“不存在‘兑换券’？”

“既没有‘兑换券’，也没有用兑换券换取其他物品这一步骤。也就表示，你曾在‘试炼之屋’见过的那座‘负责兑换’的矮人像也不存在。但这并不妨碍它可以表现第一古代库普语。”

那座表情阴森的石像，连同它那含混不清的声音一起出现在我的脑海中。在那里用兑换券与它交换物品的步骤非常重要。明明不设置这一步却依然能表现同一种语言的遗迹，究竟是什么构造呢？

“矮人虽然一开始建造了没有兑换券的遗迹，但随着时代变迁，之后建造的遗迹中都设置了兑换券。阿玛库岛的遗迹咱们日后再谈。现在有更重要的事情要办。明天虽是节日，但你还是去小艾璐巴村一趟吧。”

“诶？是要去做什么呢？”

“亚拓拜托我，要带他的女儿去参加庆典。”

“带那么小的孩子去参加庆典？”

亚拓是居住在老师居所下坡处的村民。他平时经常受老师之托，修整老师家里的庭院，照顾老师的马匹，有时也料理老师的家事。我也深受亚拓先生的照顾。亚拓先生的夫人为人亲切又烧得一手好菜，我和老师平日的饭食基本都是夫人准备的。夫妇俩膝下有一个叫作米哈的女儿，今年四岁，我时常陪她玩耍。

“据亚拓说，他答应了要带女儿去小艾璐巴村的‘颠倒庆典’，但突然有急事。所以就想拜托你代替他带女儿前往。你也受了亚拓不少关照，这点儿小事应该不成问题吧？用某种形式表达平日的谢意也很重要。”

“啊……不过话说回来，‘颠倒庆典’究竟是什么呢？”

“是五年一次的例行庆典。小艾璐巴村的新村长刚刚上任，正铆足力气准备大搞一番。要参加的话，就必须要准备一套‘和平时的自己全然相反的装扮’。”

“和平时的自己全然相反的装扮？”

“无须担心。我已经把你要穿的衣服准备好了。”

老师交给我的，是一件魔术师专用的紫色长袍。虽说是紫色，但已和黑色十分接近，是令人冷静的颜色，和老师平日里穿的一模一样。

“我穿这个合适吗？”

穿上这个，是不是就算是“和平时的自己全然相反”了呢？

“魔术师，根据等级的不同，所穿长袍的颜色也各有不同。入门期穿黑色，之后是蓝色，晋升到最高级就可以穿紫色长袍。如果继续修行，超过这个等级之后，就可以拥有象征自己的颜色。”

“也就是说，我要打扮成最高级的魔术师？”

“就是这么回事。不觉得和平时的你正好相反吗？”

虽说确实如此，可不知为何我却感到有些难为情。但是，如果老师要按照“和平时的自己全然相反的装扮”穿着的话又会如何呢？难道要打扮成我平时的样子？正当我胡思乱想时，老师说道：

“明天我不能走出家门一步，你在外面可不要惹上什么麻烦啊，毕竟是

‘提玛古神隐之日’。”

“提玛古神隐之日”是一个五年一度的节日。不只是小艾璐巴村，各地都会举行庆典。我的家乡也会举办，虽然规模不大，但也是在庆祝又一个五年之际的到来。

“为什么老师明天不能到外面去呢?”

“‘提玛古神隐之日’是掌管着语言与知识的强大神，提玛古闭关的日子。提玛古闭关之后，那些平时对提玛古心怀恐惧而潜藏在各地的低级神和精灵便大肆喧闹起来。举行庆典的本意是想隆重且诚心地让神和精灵尽兴而归，而不滋扰人类。然而这个本意现在已经快被大家忘得一干二净了。另外，像我施展着提玛古的力量使用魔法的人，在这一天也要像提玛古一样闭门不出。如若不这样做，那接下来的五年里便不能再使用魔法。”

“诶，原来还有这样的讲究啊?”

“是的。另外，你把这个也一并带上。”

老师给我两颗差不多有鹌鹑蛋大小的透明水晶，每颗水晶中都有一颗淡粉色的双壳贝。

“这个叫作‘通信石’。利用它，就算相隔一段距离也可以和对方通话。相距过远就不能使用了，但同一个村子这样的范围内应该不成问题。你把其中一个交给亚拓的女儿，另一个自己拿着，万一在庆典中走散就利用这个联络。”

“原来如此，非常感谢。可我觉得应该不会遇到什么危险吧，我会照顾好小米哈的。”

“看来你还是没能理解我刚才说的那番话啊！在‘提玛古神隐之日’，那群小神和小妖可不会安分啊!”

“话虽这么说……”

“小艾璐巴村中，也有比较麻烦的家伙，是一个叫莱莱露的矮人。”

“莱莱露?”

“确切地说，是一个因为长生而获得魔力的矮人，现在差不多算一个低等级的神吧。小艾璐巴村的庆典，就是为莱莱露而举办的。参加‘颠倒庆典’的人要有‘和平时的自己全然相反的装扮’，也是为了向莱莱露表示敬意。”

“敬意？为什么按和平时的自己完全相反的装扮，就可以表示敬意呢？”

“因为莱莱露最中意‘颠倒’了。莱莱露认为，他的姿态本来就有正反两面，而这两面性才是他真正的样子。为了让人们对于那样的自己展现敬意，莱莱露才决定让人们以和平时的自己完全相反的装扮参加庆典。审视着人们愚蠢至极的模样能让他沉浸于优越感中，这就是‘颠倒庆典’之于莱莱露的意义。”

“什么相反的姿态才是本来的姿态……这人还真是莫名其妙。但听了这话，参加庆典就显得有些愚蠢呢！”

“或许是这样没错，但对于人们来说，打扮得和平时不同，不是正好可以从一成不变的无聊生活中解放出来吗？实际上，我可是听说小艾璐巴村每次的‘颠倒庆典’都是盛况非凡啊！至今为止还没听说过莱莱露在庆典时引起过骚动，倒也不必过分担心。但还是小心为好，你一定要将通信石交给亚拓的女儿啊！”

“明白了。”

第二天一早，我穿着老师给的紫色长袍离开了家。虽然穿前还有些不好意思，但换上之后，就有种自己真的成了魔术师的错觉，心情也跟着好了起来。

到达坡道下的房子后，亚拓先生牵着米哈的手走出来。米哈戴着一顶白色的毛线帽，裹得很严实。帽子上有两个猫耳状的突起，裙子后面也缝着一条白色的尾巴。

“小米哈为什么要扮成猫呢？”

“因为我最喜欢狗狗了，所以本来想扮成小狗的。但是，猫咪和小狗正好相反，所以就扮成猫咪了。”

“这样啊！”

除此之外还能再聊些什么，我完全没有头绪了。

“怎么样，可爱吗？”

“可爱，非常适合你。”

“大哥哥，你穿的是魔术师的衣服呢！”

“嘻嘻，有点儿奇怪。”米哈一边说着一边笑了起来。果然，这长袍穿在我身上还是有些奇怪。“米哈，你怎么能和加莱德大人这么说话？”亚拓先生呵斥道。不过，也没办法对小孩子说的话一一计较吧……

“虽然不好意思，但还是要麻烦您了，加莱德大人。”

说完，亚拓先生就离开了。我和米哈也向着小艾璐巴村出发了。到小艾璐巴村徒步差不多需要一小时，但为了配合小女孩的步调，我走得很慢。不只如此，小米哈还不时停下来看看花草，抓抓小虫。

“小米哈，一直在路上闲逛的话，庆典可就要结束了哟！”

“不要紧的，再待一会儿嘛！”

照这个样子，在上午到达小艾璐巴村是没什么希望了。可没想到，走出米拉卡乌还没十分钟，米哈就说自己太累走不动了。最后，我一路背着米哈，勉强在预计时间赶到了小艾璐巴村。

刚一踏进村子，我便看到一幅异样的光景。村口悬挂着的巨幅标语上，倒着写着“典庆倒颠村巴璐艾小临光迎欢”。负责接待来访者的人们，也全都穿着前后颠倒的服装。来往运送食物的侍者，虽然穿着正常，却都倒着走路，看着让人捏一把汗。一身孩童装扮的成年人在玩玩具，被一旁假扮成成年人的孩子斥责。面色红润、身材丰满的仆人，正侍奉着面无血色、身体消瘦的主人。在广场的一角，有几个体格健壮的男子正一动不动地坐着，他们的头上戴着装饰有鹿角、兔耳和鸟嘴的帽子。

我的注意力被庆典的盛况所吸引，回过神才发现米哈不见了。我慌忙四下寻找，才发现她正跟在侍者旁边学他们倒着走路。

“小米哈，你可不能再擅自跑开了哦！”

“你看你看，那边的叔叔给了我面包，分你一个。”

米哈的手里拿着一个掺有红色花瓣的面包和一个绿色的面包，她把绿色面包分给了我。我咬了一大口，薄荷和荷兰芹的香气在口中扩散开来，可惜我现在没时间细细品尝。米哈一边喊着“那边看着也好奇怪啊”，一边准备再次跑开。

“等等，小米哈，要是迷路了可不得了，你把这个拿好。”

我把从老师那里得到的通信石的其中一颗，装进了米哈系在腰间的小袋子里。

“万一迷路的话，就朝这颗石头说话，这样我就能听到了。”

“嗯，我明白啦！咱们赶紧过去看看吧。”

被米哈牵着走到的目的地早已人头攒动，原来是变装的人正在广场搭建的舞台上表演短剧。怕米哈看不到，我让她骑到了我的肩膀上。

“哈哈哈，是鹿先生。”

舞台上，戴着装饰有鹿角的帽子的男人正模仿鹿的样子，他的伙伴正配合着男人的动作为他的表演加入有趣的说明。在水边饮水的鹿，躲避猎人狩猎的鹿，表演得惟妙惟肖。最后，鹿被射中要害，支撑不住最终倒下的场面赢来了阵阵喝彩。这些人退场后，顶着一头金色假发、身穿一身粉色女装的中年男性走了上来。

“聚集在这里的诸位，对小艾璐巴村这些著名猎人的表演都还满意吗？接下来，让我们有请远道而来的孩子们登场表演。”

身穿女装的中年男性退场后，小男孩登上了舞台。男孩身穿蓬松的白色女装，头上长长的假发上还装饰着王冠，正拼命做出一副惧怕什么的样子，看起来类似被怪兽袭击的公主之类的桥段。米哈在我头顶上边叫着“这公主可真奇怪”边哈哈地笑了起来。

饰演公主的男孩一开始求助，一个年长一些的女孩便从对面舞台内侧飒爽登场。女孩右手持剑，一身男装，看起来大概要比我小个两三岁。米哈兴奋地喊道：

“哇！好帅气的男孩啊！”

“你在说什么啊小米哈，那是女孩子哦！”

“才不是呢，是男孩子啊！比加莱德哥哥还要帅气呢！”

“这样啊！”

身着男装的女孩开始挥剑砍向看不见的怪物，那挥剑的动作如此潇洒，人们不由得发出赞叹之声。我也完全错不开目光。无论什么样的姿势都不会摇晃，每一个动作都那么流畅。她挺剑用力刺出，看起来真的像是在与怪物战斗。她看起来那么英勇，但动作又如舞蹈般柔软、华丽。我看着她那凛凛的容貌，和她那闪闪发光的蓝色双眸，感觉自己的心都要融化了。我想这样永永远远地看下去，但表演最终结束，女孩博得了满堂喝彩。刚才穿着女装的男性再一次从左侧的副舞台中走了出来。

“刚才的节目，是由提露小姐和他的堂弟索诺为大家献上的短剧。那剑法实在是太精彩了。那么接下来，我们将为孩子们发放点心。想要点心的小朋友们请到舞台前来。”

米哈叫了起来。

“哇！我想去，哥哥你快把我放下来。”

从我肩膀上溜下来后，米哈便一溜烟地向着舞台那边跑去了。走上舞台的，还有另外五个孩子。刚才表演的女孩子和她的堂弟也一起留在了舞台上。

我晃晃悠悠地向舞台方向靠近，多少想再靠近那位女孩子一些。话虽如此，但向她搭话什么的，我是绝对无法做到的……

身着女装的男性，拿着一个装满点心的篮子从舞台左侧走了出来。米哈打头，孩子们都向那边跑去了。刚才的女孩子，也牵起堂弟的手走向那里。

就在那一刻，一阵龙卷风突然刮了起来，卷起了舞台周围的尘土，我不禁闭起了双眼。那是一阵似乎能将皮肤割裂的强风，围在舞台周围的成年人也都发出阵阵尖叫。下一瞬间，风戛然而止，有什么东西从头上啪啦啪啦地落了下来，定睛一看才发现是还散发着香甜气息的点心。身着女装的男性拿着空篮子仰面倒在舞台的左侧角落。而他右侧的舞台，像是被整个削掉一般消失不见了。不仅如此，原本站在舞台上的孩子们，也都不见了踪影，米哈和那个女孩也在其中。

“这究竟是怎么一回事？”

被村民合力扶起的女装男性陷入了慌乱之中，他摘下那顶长长的假发，露出已经因脱发变秃的头顶。

“村长，你这样突然起身会很危险。”

“舞台……怎么样了？孩子们呢？”

围在一旁的成年人骚动起来。

“我家的孩子在哪里？”

“我家的孩子们都不见了啊！”

“提露、索诺，你们到哪里去了啊？”

庆典的现场一片混乱。丢失孩子的父母面如死灰，开始在附近搜寻。我也大声呼喊着米哈的名字，在舞台附近寻找着，但是哪里也不见米哈的身影。

“大家都请冷静！”

身着女装的村长拼命喊着，但是没有任何效果。

“我们怎么能冷静得下来！我家的孩子不见了啊！”

“村长，这究竟是怎么回事？”

“我……我也搞不明白。”

“你怎么能说出这么不负责任的话，你不是这次庆典的负责人吗？快把孩子还给我们。”

在已经完全乱了阵脚的大人旁边，我拼命思索着对策。必须通知老师，但是老师今天不能离开家。到底如何是好……

这时，从我的怀里传来了米哈微弱的哭声。我想起了通信石的事情，慌忙把它取了出来。声音确实是从这里传出来的。

“米哈，是我！是加莱德啊！快告诉我你现在在哪儿？”

虽然我大声呼叫着，但传过来的只有米哈的哭声，米哈像是全然没有注意到我的声音。但是，既然通信石能够传来米哈的声音，那么她现在必然还在这个村子当中。

“米哈，拜托你快点出现啊！”

正当我反复大喊的时候，我从通信石中听到了微小的说话声。不知是谁正向着通信石讲话。

“请问，你能听到我的声音吗？这可真是一块不可思议的石头啊！你是小米哈的家人吗？”

能得到回应令我无比兴奋。

“是的。你现在是不是和米哈在一起？”

“是的。我叫提露，刚才我还站在庆典的舞台上。突然刮来一阵风，等回过神来我们就已经到了这里……这里像是一座建筑物的内部。”

正和我说话的，一定是刚才那个女孩。不觉间，大人们已经聚集在我的身边。身着女装的村长问我：“这块石头是怎么回事啊？”

“这块石头叫作通信石，能用它和相隔一段距离的人通话。现在，我正和消失的孩子中名叫提露的女孩说话。”

一个大人插进话来：

“你说你正在和提露说话？我是那女孩的叔父。提露，听得见吗？是我。索诺也和你在一起吗？”

提露的叔父向着通信石讲话后，提露马上就传来了答复。

“是叔父吗？请您放心，索诺和我待在一起。另外，小米哈、阿力古、小琪珈、利多玛、小萨拉和赛多他们都在这里。大家都平安无事，没有受伤。”

大人们松了口气。看起来，消失的孩子们都聚在一起。

“啊，小米哈好像想和她的哥哥说话。”

通信石中传来小米哈的声音。

“哥哥。”

“米哈，你没事吧？”

“嗯。但是……这里特别暗呢！”

“没关系的。我马上就去救你。”

“我好害怕啊！哥哥，你跟魔术师大人学过魔法吧？拜托了，快用魔法来救我们。”

听到从通信石中传出的米哈的话，我周围的大人们开始骚动起来。村长向我说道：

“原来你不只是打扮成魔术师的样子，而是真正的魔术师吗？这样的话就赶快用魔法把孩子们救出来吧！”

“魔术师大人，拜托您了！把提露和索诺救出来吧！”

“我家的萨拉也拜托您了，请快一些！”

“我不是……”

我正苦恼于如何回答时，大人们越发躁动起来。

“你就不要再装模作样了，赶快使用魔法吧！”

“就是就是。”

“好不容易现在大家都没事，不快点儿把孩子们救出来的话，还不知后面会发生什么呢！”

刚才指向村长的矛头，现在全都冲着我来了。

“都说了，那个，我……”

“好了好了，请快一点儿吧！”

“请使用魔法吧！”

“我是说……我根本就不会使用魔法啊！”

周围瞬间变得寂静无声，每个人的脸上都浮现出失望的神色。虽然大家都十分失望，但最失望的那个人说不定是我自己。如果能帅气地靠魔法把孩子们都解救出来该多好……正当沉郁的气氛像是要把大家压垮的时候，从通信石中传来提露的声音。

“米哈的哥哥，你听得到吗？现在说话方便吗？”

女孩的声音听起来依然是那么沉着冷静。她想必也十分恐惧，却没表现出一点慌乱的感觉。这让明明身处安全的地方却惊慌失措的我羞愧难当。我重新振作起精神回答道：

“我在，你说。”

“就在庆典的舞台上突然刮起狂风之后……回过神来我们就已经身处一个昏暗的房间了。那个房间与我们现在所在的房间不同。在我们身后像是有个出口，大家一心想着快点儿出去，却怎么也出不去……不知何时就跑到现在这个房间里来了。”

“能不能尽可能详细地向我描述一下这个房间的样子呢？”

“嗯……房间里有两座石像，脑袋很大……像是矮人的雕像。”

矮人的雕像？我豁然开朗。

“提露，那座雕像的后面，很可能有门。你能去看看吗？”

过了一阵，传来了回答。

“有的。两座雕像旁边各有一扇，虽然不太明显。”

“是不是一扇门是白色的，另一扇看起来是黑色的？”

“没错。你怎么知道呢？把它们打开就能出去了吗？”

“等一下，先不要开门。可能会很危险，不要让孩子们靠近那里。”

“好的，我明白了。”

“接下来，你看看那附近有没有细长的，像筒一样的容器呢？”

“我看看……有筒，那筒现在在我这里。不知道什么时候像首饰一样挂在我脖子上了。”

“果然是这样……”

“好厉害啊！明明没有亲眼得见，为什么你能够知道呢？”

提露的声音中透露着对我的尊敬，这让我又重新燃起了信心。这样一来，事情终于有了一些眉目。矮人的石像，白门和黑门，还有那个筒，多半错不了，提露和米哈她们，现在正身处一座表现古代库普语的遗迹中。我明白了当下最要紧的不是继续为使不出魔法而低落，而是要尽快找到将孩子们救出遗迹的方法。我对周围的大人们说道：

“这附近有没有矮人建造的古老遗迹？”

“矮人？”

村长和村民们都有些疑惑。

“孩子们现在被关在矮人曾经修建的遗迹中，这遗迹应该就建在村子的某个地方。”

不远处有一位孩童打扮的老人拄着拐杖走来，身着女装的村长称呼老人“父亲”。大概是前任村长吧。

“年轻人，你说的是莱莱露的祠堂吧？”

“莱莱露的祠堂？”

“是为了供奉莱莱露而修建的一对祠堂，就建在离这里不远处的树林中。”

莱莱露不就是老师昨晚提到过的家伙吗？那个难对付的低级的神。掳走提露和米哈她们的，是不是他呢？

“请问，能劳烦您帮我带路吗？”

“小事一桩。”

“非常感谢您。另外，请问还有哪位比较熟悉这一带的地形，能到米拉卡乌的魔术师奥杜因先生那里去说明一下现在的情况呢？”

一名年轻人站了出来，是一名扮成鹿的猎人。

“没问题，我去吧。以我的脚程，用不了一会儿就能到。”

“那就拜托了。虽然奥杜因先生因为一些情况不能出门，但可能会下达一些指示。”

“我明白了。”

年轻人匆匆出发了。我与其他的大人也动身前往莱莱露的祠堂。我一边走一边向通信石说道：

“提露，你们没事吧？”

“没事，我们这里没有任何变化。小孩子们都很冷静，有的可能是累了就睡下了。我打算就先这样看看情况。”

“那就好。据我现在了解到的情况，你们应该被带到了一座矮人修建的遗迹之中。想从这座遗迹中出来，就必须知道‘矮人的语言’。”

“矮人的语言？”

“是的。那座遗迹正是为了表现矮人的语言而修建的。矮人的语言……

非常奇妙，是只由白色圆点和黑色圆点两个文字组成的语言，遗迹中的黑白两扇门，正是对应着那两个文字。当务之急就是要调查出建造这座遗迹的矮人究竟使用的是哪种语言，而这需要你们的帮助。到情况明朗为止，你们要小心，不要误触石像或是打开哪扇门。”

“好的。”

“你要回答我几个问题。你现在戴在身上的那个细长的筒中，装着什么呢？是类似木片的东西吗？”

“不，里面什么都没有。”

“这样啊！另外，房间中是不是还有一座矮人的石像？”

“没有了。矮人像只有门前这两座。”

“原来如此……”

目前为止，已经可以明确这座遗迹与我所了解的古代库普语的遗迹并不相同。既没有“兑换券”，也没有可以兑换“兑换券”的“第三座石像”。

莱莱露的祠堂，距离庆典会场并不远。在僻静的树林中，一左一右建造着两座类似大仓库的石造建筑，两座建筑间的间隙差不多能容许一个孩子通过。每一座建筑的正面都留有两个看起来像是入口的小洞。老人为我们解释道：

“左边这座是‘妹之祠’，右边这座是‘姐之祠’。”

“这两座祠堂都是莱莱露修建的吗？”

“据传，这两座祠堂都是莱莱露为了相同的目的而建造的。左边这座似乎年代多少要近一些。”

所谓相同的目的，大抵就是为了表现同一种语言吧。

“目测的话，右边这座要比左边的大一些呢！至今为止有没有人进去过呢？”

“据我所知没有，因为有进入祠堂便会遭受莱莱露诅咒的传言。偶尔也会有胡闹的人想进去一探究竟，但无论哪一座祠堂的入口都被透明的墙壁遮住，根本无法踏足。”

“这样啊，要是能稍微知道里面的构造就好了。”

“虽然不知道能提供多少线索，但有张很久前留下的草图。我这就去让人拿过来。”

“那就拜托您了。”

提露和米哈她们究竟在哪一座建筑当中呢？看了草图之后能了解哪些信息呢？身着女装的村长说道：

“父亲，简单来说就是孩子们就在这两座祠堂中的其中一座吧？那就干脆将它们破坏……”

老人气势汹汹地向村长怒吼：

“蠢材！要是激怒了莱莱露，不知道会发生什么事。况且，看样子他很可能已经生气了。话说，你在庆典前忘记举行‘唤出’仪式了吧？”

“啊！这么说起来……”

老人的话让村长面色铁青。

“搭配服装和假发耽误了一些时间，就疏忽了……”

“按惯例不是要在庆典开始前向莱莱露供奉并呼唤其名，招待他来参加庆典吗？但贡品什么的你完全没有准备，就是因为你光顾着装扮，所以莱莱露才发怒了，掳走了孩子们。”

遭到了全村人的冷眼相待，村长无地自容。眼看着大家又要发生口角，可现在哪里还有争执的余暇？我向老人问道：

“要想把孩子们从祠堂中救出来，就必须要知道莱莱露的秘密语言。您知道是哪一种语言吗？就是一种用白色圆点和黑色圆点书写的文字。”

“秘密的语言……我不是很清楚。很多东西都没有传承下来。”

看来，是无论如何也无从得知莱莱露的语言了。现在除了等待老师的回复之外已经别无他法了吗？但无法断言提露和米哈她们在这期间不会遭遇任何危险。我正考虑着这些的时候，抱着巨大、古老纸张的村民走了过来。老人说道：

“哦，图纸送到了。就是这个。”

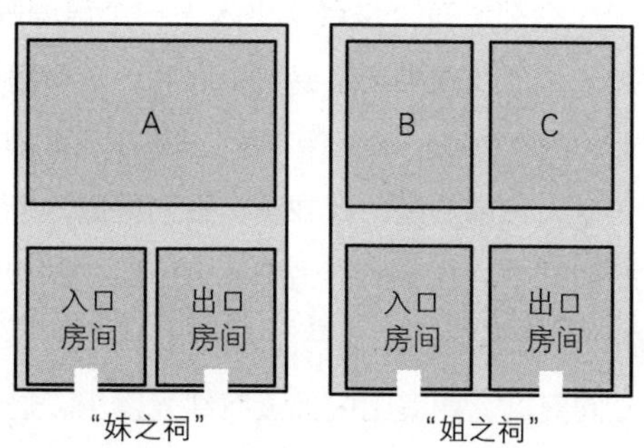

“妹之祠” “姐之祠”

乍一看，左侧的祠堂除了入口和出口的房间外，还另有一个房间（我将它称为房间A）。而右侧的祠堂，除去入口和出口的房间外，还有两个房间（房间B和房间C）。我下定决心，向老人说道：

“我想先进入其中一座祠堂看看，不然什么也无法了解。”

我站到左侧的“妹之祠”前，向着通信石说道：

“提露，听得到吗？”

“听得到。米哈的哥哥，你准备进入祠堂是吧？我听到了你们刚才的对话。”

“是的。说不定会走到你们那里。我知道你们现在很不安，但还要再稍微忍耐一下。”

“好的。”

一想到一会儿有可能就可以和提露她们汇合，我的嘴角就忍不住上扬，但现在可不是忘形的时候。我确认了一下“库修的手镯”，正好好地戴在我的左手腕上。

位于“妹之祠”左侧的“入口”看似开着，但实际想伸手进去就会发现入口覆盖着类似玻璃的东西，正如老人刚刚所说。于是我从行李中取出了透明的筒，这个筒是之前在伊奥岛进入“试炼之屋”的时候得到的，奇诺先生给了我留作纪念。我想试试拿着这个筒能不能进入祠堂内部。我将筒挂在身上，弯下腰向入口靠近。正如我所料，堵住入口的透明墙壁消失了，我进入了祠堂。

入口的房间中什么都没有，是自动进入下一个房间吗？正这么想着，眼前突然变得漆黑一片，我便来到了另一个房间。这个房间没有出口，一定是刚刚那张图上的房间 A 吧。黑门和白门出现在我眼前，还有两座向这边伸出手的石像。令人失望的是，我并没有看到提露她们。也就是说，她们现在正在另一座祠堂中。我虽然有些消沉，但现在的首要任务是调查这座祠堂，彻底查清莱莱露所使用的是怎样的语言。

我向着门的方向靠近。两扇门内都没有红光发出，这就表示它们都不是“绝对不能打开的门”。我试着想打开白门，却没有打开。一定是需要类似之前的钻石那样的钥匙。那么，接下来我应该怎么做呢？我看了一眼小筒，不知何时小筒中装入了木片。仔细一看，木片上写着“S”这样的记号，这就是兑换券。看来这座祠堂也有交换兑换券这样的机制。这就是说……我向后转身。

身后的墙壁果然立着另一座石像，是“兑换负责人”。我一靠近，石像的背后便浮现出下面的文字。

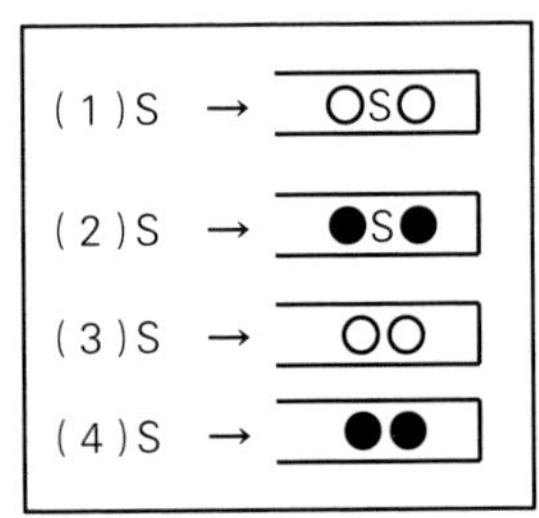

存在四种“兑换方案”，与“试炼之屋”不同，这次，石像完全没有向我搭话，虽让我有些许困惑，但在我说出“我选第一种方案，把 S 给你”后，筒中的兑换券便消失了，取而代之的是两颗白色的石头和新的兑换券。从上向下依次是白色石头、兑换券、白色石头。石头虽然是完美的球形，但不像是高级品。看来这次我不需要为被石头蛊惑而担心了。

我走向白门前面的石像，向石像说出“把白色石头给你”后，筒中最上方的白色石头即刻消失，而白门也应声而开。我像是被一股力量吸进去，发现还是原先的房间。

我再次走近“兑换负责人”，这次我选择了第二种兑换方案，之后，筒内从上自下变成了黑色石头、兑换券、黑色石头和白色石头。向黑门前的石像说了声“将黑色石头给你”后，黑门便打开了。然而转移后又回到了原处，也就是说，不管哪扇门，都通向这个房间。而且，还有两种兑换方案没试过。我从身上取出纸张，在纸上画了下面这样的图。

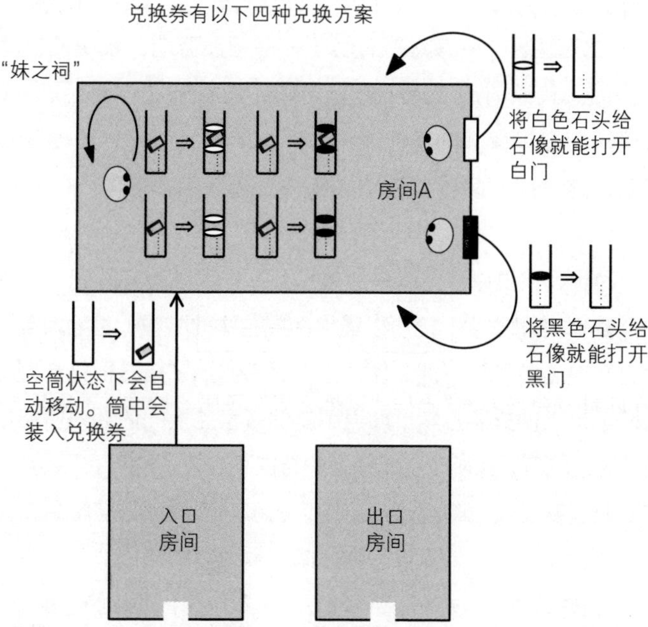

这是目前为止所掌握的情况。从最开始的入口房间被自动转移过来时，筒中便被放入了兑换券，兑换券的兑换方式共有四种。之后，若想进入白门或黑门便相应地需要用白色石头或黑色石头来交换。而无论是打开白门还是黑门，最终都还是会回到房间 A。

想要出去就必须先移动到出口房间，而这需要满足什么条件呢？在之前的“试炼之屋”，用光筒中的所有钻石后就可以走到出口。如果这座“妹之祠”也有类似的条件呢？

要想把筒中的所有物品都用完，就要选择除一和二的其他兑换方案。只要选择方案一或方案二，就会一直拿到兑换券。这样筒中的物品就会一直增加，无法减少。要想把筒中的物品用光，就必须先将兑换券耗尽。

我站在“兑换负责人”前，宣布“我选第三种方案，把 S 给你”，筒中的兑换券消失了，出现了两颗白色的石头。现在筒中的石头从最上方开始依次是白色、白色、黑色、白色。我要做的就是将这些石头全数耗尽。

我将石头交给门前立着的石像，反复打开门，直到用最后一颗白色石头打开白门回到原来房间的时候……毫无预警地，我便被自动转移到了其他房间。我面前的墙壁上就是出口，能看到从外面射进来的光线。果然，移动到出口房间的条件就是将筒中的物品用光。我转身向房间四周看了看，这个房间除出口外空无一物。我在刚才的图上，又加入了如下细节。

目前为止，我是以“白黑白白黑白”这样的顺序开的门，这就相当于○●○○●○ 这串文字。之所以最终形成这样的路线，是因为我一开始在上一间房间中选择了第一种兑换方案，之后选择了第二种兑换方案，而最后才选择了第三种兑换方案。如果用其他方案兑换的话会如何呢？弄清这个问题后应该就可以探明莱莱露语言的特征了。

比如说想要以最短路线走到出口，在移动到刚才的房间后，直接选择第三或第四种兑换方案就可以。选择第三种方案的话便能以“白白”这样的路线，而选择第四种方案的话便能以“黑黑”这样的路线走到出口。

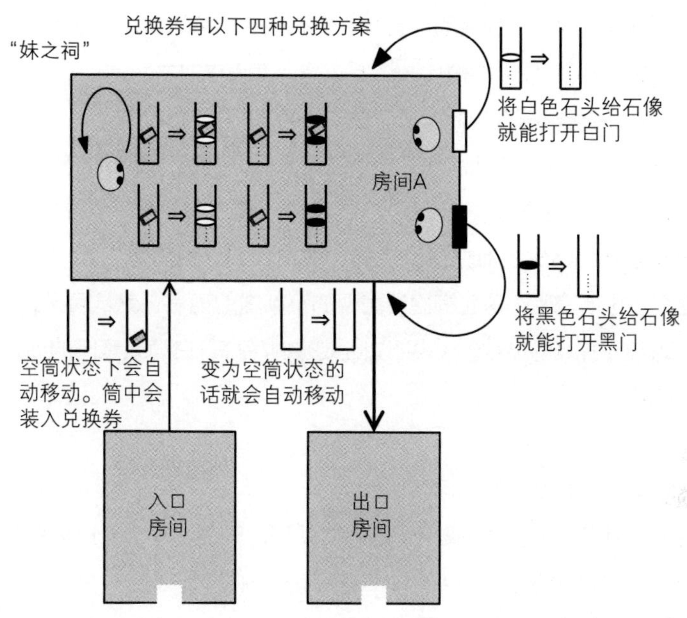

那么，这座祠堂究竟表现了哪一种语言呢？

如果先选第一种兑换方案，再选第三种兑换方案的话，路线便是“白白白白”，而先选一，再选四的话路线是“白黑黑白”。先选二再选三的话路线是“黑白白黑”，先选二再选四的话路线则会变为“黑黑黑黑”。这些路线的共同之处，就是都对应着左右对称的文字。

“左右对称……无论从左读，还是从右读都一样……”

我念叨着，想起了一件事。

“……莱莱露最中意‘颠倒’了。莱莱露认为，他的姿态本来就有正反两面，而这两面性才是他真正的样子……”

昨天，老师确实和我这样讲过。两面性才是他真正的样子。这是否就表示莱莱露的语言呢？

“原来如此！”

我不禁叫出声来，提露的声音从通信石中传过来。

“米哈的哥哥，你弄清楚什么了？”

“我明白莱莱露语言的特征了。他的语言……是回文。”

“回文？是那种不管从前面开始读还是从后面开始读都相同的文字吗？”

“是的。在这座祠堂，我是以‘白黑白白黑白’这样的路线走到了出口。除此之外的路线还有白白、黑黑、白白白白、白黑黑白等。这些全部都是回文。这就表明，这座祠堂所表现的莱莱露的语言，就是回文。”

“那就是说，我们这边，只要以回文的顺序打开白门或黑门的话，就可以出去吗？”

“没错。”

在短暂的沉默后，提露问我：

“我稍微想了一下，如果只要是回文就可以的话，那么‘白黑白’这条路线应该也可以到达出口。另外，虽然有些极端，但像是一个白或一个黑这样的情况，是不是也可以出去呢？”

确实如此。正如提露所说，○●○、○、●这几种情况，无论从左读还是从右读都是一样的。但是，很明显这些文字序列这座祠堂都无法接受。受刚刚那四种“兑换方案”的限制，只能允许偶数个文字的路线。

“看来就算是回文，也只认可偶数个文字的回文啊！提露，谢谢你，我险些犯错。”

提露的聪慧令我赞叹不已。

“那这样的话，我们在这座建筑物中，只要按‘偶数个文字的回文’这样的顺序依次开门的话就可以了吧？”

“是的。但是，我所在的这座祠堂和你们那边的祠堂结构有些区别，怎么办才好呢？”

“有什么区别呢？”

我向提露说明了一下这座祠堂的构造。因为无法给提露看图，所以我对于她能理解到什么程度有些不安，而这显然是我多虑了。

“也就是说，我们所在的祠堂，不存在‘兑换券’这个机制对吧？”

“是的。而且，你那边的祠堂比我这边的祠堂多出一个房间。这意味着什么呢？”

提露一语不发，看来又陷入了思考。过了一会儿，提露说：

“听了你的说明之后我想了一下，你在那边的祠堂能得到石头，之后只要把这些石头都用完就可以被送到出口对吧？那么，如果我们也设法达成这样的条件是不是就可以了呢？”

“我也这么觉得。但是，归根结底，我还没有想到怎样才能让你们得到石头。”

“……那个，我在想……说不定这边的祠堂，开门之后就会得到石头呢？”

我从来没有想到这一点。无论在“试炼之屋”也好，“妹之祠”也好，打开门就意味着要用掉石头。但是，若是打开门便可以得到石头的话……我向着通信石这样回答道：

“提露，我觉得这种可能性是存在的。你稍等一会儿，我顺着这个思路思考一下。”

“我明白了……啊，小米哈，你醒了？”

米哈好像睡醒了，提露在跟她说话。我趁着这段时间从出口来到了建筑物外面。正弯腰穿过出口的时候，从通信石中传来了提露的惊叫声：

“啊！米哈，不能到那边去。”

走到外面的我慌张地对着通信石大喊：

“提露，究竟发生了什么事？”

但从通信石中只能听到一些杂音，没有回应。

“提露，提露……回答我。”

通信石中的杂音渐渐消失，我听到了孩子们的说话声，提露的声音也在其中。

“提露，没事吧？”

“没事。但是……”

“但是?”

“有一扇门被打开了，是白色的门。小米哈摇摇晃晃地靠近了一座矮人像，对着石像说了什么，之后门就被打开了，我们全都被卷了进去。”

“移动到其他地方了吧?”

“我一开始也这么觉得。但是，现在我们所在的地方是和刚才完全相同的房间。房间中还留着琪珈吃过的面包屑。”

“总之你们没事就好。”

“我们没事……啊!”

“怎么了?”

“筒中出现了白色的石头。明明刚才还是空的。”

“出现了石头？那么……”

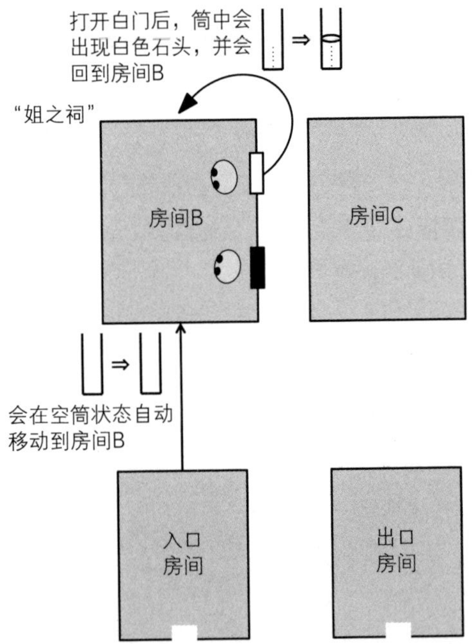

这和提露设想的情况完全一致。我从地上捡起一根棍子，在地上画起

图来。目前关于“姐之祠”了解到的，差不多是这些吧。从提露她们所在的房间 B 中打开白门的话，就会回到原来的房间。而筒中会出现白色的石头。

从通信石的另一端，传来提露担心的声音：

“把门打开不会有问题吧？”

“我觉得没有关系，这和你的预测完全吻合了。”

我话还没有说完，通信石那边好像又骚动起来。接着，杂音再次出现。不会吧……过了一会儿，提露有了回应。

“对不起，我们又不小心把门打开了……这次还连续开了两次。第一次，阿利古晃荡到石像那里，将黑门打开了……之后，萨拉又打开了白门……但是，我们依然回到了原本的房间中。请稍微等一下，米哈像是要和你说话。”

米哈充满活力的声音以很大的音量从通信石中传出来。看来是说话时离通信石太近了。

“哥哥，我是米哈。刚才矮人先生和我说话了。”

“都说了些什么呢？”

“他说：‘我这里有好东西，你想要吗？想要的话，就说一句我要白色石头。’所以我就说了句‘我要白色石头’，之后门就打开了。阿利古说的是‘我要黑色石头’。”

“原来是‘我要白色石头’和‘我要黑色石头’啊！米哈，你让提露和我说话。”

“好……”

我向提露问道：

“提露，筒中的石头数量是不是增加了？”

“是的，确实增加了。在一开始的白色石头上方，又多了一块黑色石头和再上方的白色石头。”

向石像说出“我要白色石头”或“我要黑色石头”的话，门就会打开，筒中就会出现石头。但不管哪扇门被打开，移动之后都会回到原来的房间

B。我将地上的设计图做了如下更改。

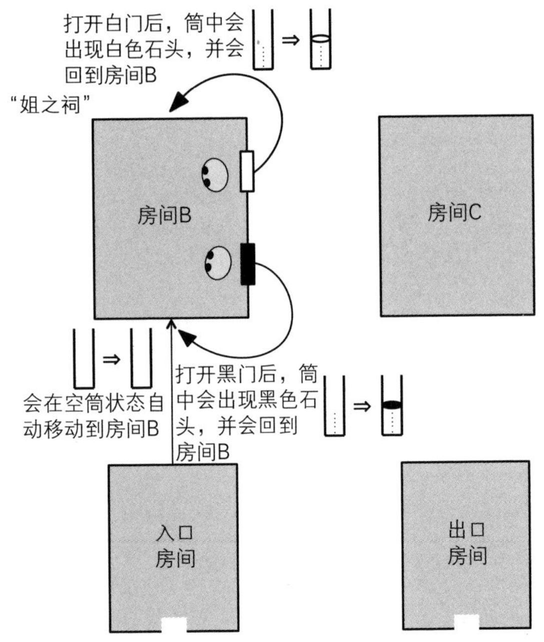

“米哈的哥哥，我们接下来怎么做才好呢？必须把这些石头都用完对吧？”

我还没有整理好思绪，暂且先试着回答道：

“我是这样考虑的。你们将筒中的石头，从最上方开始按顺序试着‘交给’矮人像如何？交给它们白色石头的话能打开白门，交给它们黑色石头的话便能打开黑门。至今我进入过的遗迹，都是这样的机制。这样的话，加上你们已经开过的门，就会形成‘白黑白白黑白’这样的路线，正好对应着偶数个文字的回文。而那时，筒中也会变成空的，或许就可以移动到出口了。”

过了一会儿，提露这样说道：

“若是将石头交给矮人像将门打开的话，我们是会回到这个房间呢，还是会被转移到其他房间去呢？”

“说的也是……”

我试着思索了一下。如果交出石头和获得石头都会使大家回到房间 B 的话，那么设计图就会变成下面这样。

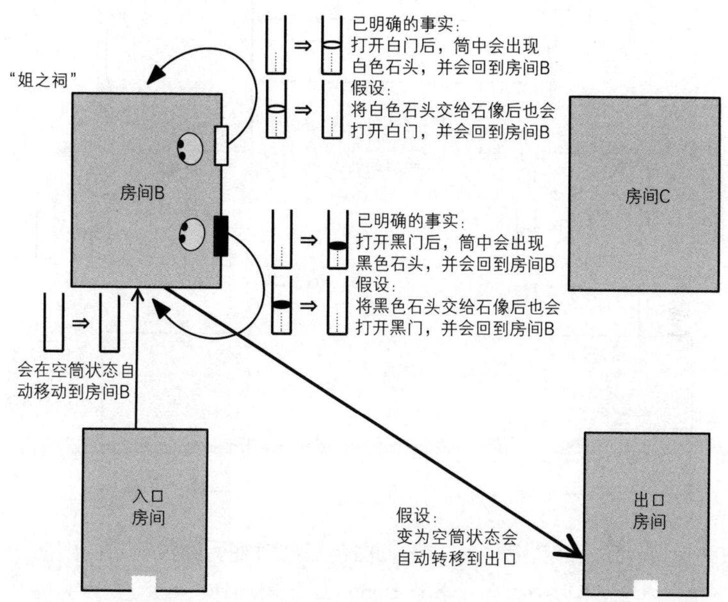

这张图果然还是哪里不对劲。这样的话，房间 C 就没有存在的意义了。不，还有更奇怪的地方。直到刚才，提露拿着的筒中还是空的。若是变为空筒状态就能自动从房间 B 转移到出口的话，那她们应该早就出来了。

“将石头交出去的话，回到原先房间的可能性不大。”

我一边向提露说着，一边又开始重新画图。我试想了一下在将石头交给石像后移动到房间 C 的可能性。可以认为房间 C 与至今大多数房间一样，具有将石头交给石像后无论打开哪扇门，都会回到原处的特点。并且，在房间 C 中，筒中的石头被用光的话，就会自动转移到出口。

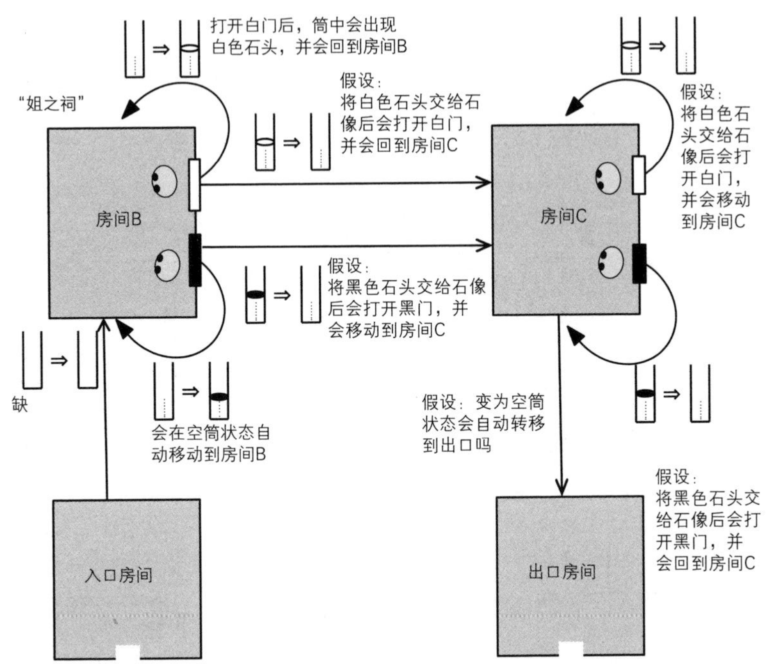

“提露，现在筒的最上方是一颗白色石头对吧？你试着对白门前的石像说‘把白色石头给你’，可能会移动到另一个房间。”

“好的。”

在我听到提露的脚步声和孩子们的说话声，以及提露说出“把白色石头给你”之后，杂音再次出现。没过多久后传来回音，提露的声音听起来多少有些兴奋。

“我们现在移动到其他房间了！跟哥哥你预料的一样！”

我不由得攥了攥拳。

“你们进入的房间中也有两座石像吧？现在你把筒中剩下的两颗石头依次交给它们。估计打开门之后还会回到那个房间，之后等石头全部用光时，你们应该就会自动被转移到出口房间了。”

“我明白了。”

我松了口气。老人对我说：

“现在情况如何了？看你在忙，其他人就没好意思打扰，但大家都很担心。”

“我已经找到了让孩子们出来的方法，他们应该一会儿就能出来了。”

我话音一落，大人们就欢呼起来。正在这时，有个年轻人气喘吁吁地跑了过来，是刚才去往米拉卡乌的猎人。

“你们都在啊！魔术师大人托我捎回了信件。”

自他从这里出发，还不到一小时。

“居然如此神速……太感谢你了。”

我急忙打开信封，首先映入眼帘的是两座祠堂的设计图。这两张图都和我画的图毫无二致，这令我感到十分满足。与设计图一起被捎来的，还有一块圆饼状的青白色石头和老师的信。

致加莱德：

看来事情比较严重啊，着实有些难办。小艾璐巴村的矮人使用的语言，是第三十三古代库普语，这是一种只认可偶数个文字组成的回文语言。

小艾璐巴村遗迹的设计图，我一并送过去了。按设计图的指示开门的话便没有问题。

但是，莱莱露很可能从中作梗。很难相信他会轻易把孩子们送回来。若是莱莱露出手妨碍，就只能靠你来解决了。那家伙拥有可怕的力量，你一定要多加小心。另外，需要和他对话的时候，一定要将我一同捎去的石头带在身上。你要好好干。

奥杜因

莱莱露会来捣乱？我有些不安地朝着通信石问道：

“提露，你们那边现在情况如何？”

“啊，是这样，我们现在正准备把最后一颗白色石头交给石像。”

通信石中再一次传出杂音，过了一会儿提露的声音再次出现。

“我们又移动到了一个新的房间，眼前能看到出口了。”

与周遭大人们的喜悦相反，我的心中浮现出了不好的预感。为了让通信石的另一端和面前的出口都能听到，我大声叫喊：

“提露，以最快的速度从出口出来！”

“好的。”

窄小的出口处确实能感觉到人的气息，但是……

“诶？出不去。”

“什么？”

“出口被遮住了。虽然能隐约看到外面，但是出不去。”

“怎么会……”

提露严格按照对应着“偶数个文字组成的回文”的路线走到了出口，所以肯定不是她的过失。那就是说……

“发生了什么事？”

以老人为首的大人们现在都把目光锁定在了我身上。

“必须要和莱莱露进行交涉，他似乎把出口封住了。”

我的话一出口，大人们都有些畏缩。村长父亲也脸色铁青，好似蜡人一般。村民们纷纷议论：

“怎么会这样……太可怕了。”

“那样的话，会被诅咒杀死的。”

“但是，不这样做的话，孩子们就无法出来啊！”

“看来必须有人去说才行啊……”

“那谁去才好呢？”

“应该村长去吧，现在必须负起责任。”

“什么？我还不想死呢！”

在一片骚乱中，我下定决心，向老人说道：

“请您告诉我让莱莱露现身的方法，我来和他交涉。老师交代过要让我来处理。”

“由你去交涉吗？虽然感到抱歉，但目前这个状况好像只能拜托你了。你只要面向祠堂，叫两次莱莱露的名字，莱莱露就会即刻现身。但是，他非常危险，你一定小心。”

“我了解了。那么就请大家都退后一些吧！”

我向着通信石说：

“提露，听得到吗？”

“听得到。”

“现在我要和莱莱露交涉，好让你们能够出来。若是出口打开了，你们就赶快通过。”

“没问题。可你那边不要紧吗？”

“还不好说，但你现在只需要专注于能平安出来就行。我这就把通信石交给其他人，要是损坏就不好了。”

“……那好吧，你一定要小心。”

我将通信石交给老人，并按老师的嘱咐将那块圆饼状的青白色石头揣进了怀里。我走向祠堂，叫了两次莱莱露的名字。

“事到如今才唤我出来是不是有些迟了？”

伴随着像孩童般尖锐的声音出现的，是一位顶着圆圆的大脑袋的矮人，身高差不多只到我的腰附近。一双圆溜溜的眼睛正看向这里，看起来别说是恐怖，甚至让人觉得有些可爱。莱莱露开口说道：

“你是谁呀，外乡人吗？”

“我叫加莱德，是魔术师奥杜因的徒弟。”

“你说奥杜因？”

莱莱露立刻露出了惊恐的神情，仔细看还能看出他的身体在小幅度颤抖，看样子是认识老师。这样的话，感觉交涉起来多少要容易一些。

“奥杜因的弟子来这里有何贵干？”

“我是前来拜托你把孩子们还回来的。他们使用了正确的方法走到了祠堂的出口，但无法出来。你的愤怒虽不无道理，但与孩子们无关，还请你将孩子们放出来。”

莱莱露默不作声，只目不转睛地盯着我看。终于，他眯着眼睛笑了起来，发出咯咯咯的笑声。随即他开口道：

“今天是‘提玛古神隐之日’，奥杜因他没法外出才对。什么啊，这下还有什么可害怕的？而且，年轻人……你看起来还没学会使用魔法吧？”

我张口结舌。这时应该谎称我会使用魔法吗？正当我犹豫时，莱莱露又开了口：

“我很确信你不会魔法。若是你会，你今日便也不能踏出家门一步。你能来到这里，就说明你还派不上什么用场，这就表明……”

莱莱露的眼睛顿时发出了令人毛骨悚然的光。

“今天我想做什么就能做什么。”

下一个瞬间，巨大的光球便朝我飞来。我的胸口附近感受到了强烈的撞击，被向后打飞，撞到了后背。胸前和后背被打得太厉害，我连呼吸都不顺畅了。我差点儿失去意识，强撑着看向莱莱露。

“你还能动啊？你的骨头应该会被我打得粉碎才对，真奇怪。”

莱莱露的眼睛又亮了起来，看来又一波攻击就要来了。但我还是无法动弹……怎么办？

正在这时，我放在怀中的青白色石头浮在空中，并发出了声音：

“哼，果然我不出场便不行呢！”

“老师？”

那是老师的声音，这究竟是怎么回事？莱莱露眼中的光越来越强烈，与此同时，意识也离我远去了。

在一片白茫茫的视野中，周遭的世界正慢慢显现出形状。我的眼前，两个人影正面对着面，其中一个是大头矮人，另外一人则是一个黑发黑目，看起来纤细懦弱的少年，身着不太合身的紫色长袍。总觉得像在哪里见过……不对，那不就是我自己吗？我明明身在此处，却又站在那边。我试着向“我”靠近，却没能办到。低头看向自己的脚下才发现，我的身体变成了泛着青白色的半透明状，正忽忽悠悠飘在空中。

而眼前的另一个“我”，此刻正向前伸出右手，用手掌挡住了一个类似光球的物体。将那光球破坏后，“我”用诡异的目光盯着矮人说道：

“莱莱露，好久不见啊！”

这话令莱莱露仓皇失措。

“你小子，这到底是怎么回事？”

“我可不是什么‘小子’，我的名字是魔术师奥杜因。侍奉提玛古的‘塔之守护者’，你没有把我忘了吧？”

“你在说什么呢？我可听不明白。我认识的那个奥杜因，要比你年长，比你可怕得多了。”

面前的那个“我”扯着嘴角笑了一下，那一看便是老师的笑容。这下，我总算是明白了那个“我”并不是我，而是老师。

“莱莱露，你还不明白吗？我可是为了你的庆典特地赶来的啊！为了向你表示敬意，我都穿着‘和平时完全相反的装扮’了。”

“怎么回事？你不会是说你其实一开始就变成了那小子的样子吧？这样的谎话可骗不到我，说什么变身，奥杜因今天一天都不能踏出家门一步。”

“这才不是变身。我只是借用了一下这个身体，在这里的只有我的灵魂。”

“什么……你是说你附在这小子身上了？像幽灵一样？”

“差不多吧。今天不能到外面的，只限于魔术师的肉身。灵魂的出入对于少数几位最高等级的魔术师来说是被允许的，这里面当然也包括我。我是完美的魔术师，而正如你所看到的，这具身体的主人离‘完美’还差得远。你不觉得这正是完美的‘和平时完全相反的装扮’吗？”

莱莱露目光中透着惊恐，完全说不出话。

“我理解你想借着五年一次的机会出来捣乱，但你如果太过放肆，提玛古神也不会坐视不理。你赶快把孩子们放出来。如若不然，我会让你后悔千年前你和你的伙伴们没有离开这里。”

这样说着，“我”的右手便开始啪啦啪啦地释放出烟花一样的东西。莱莱露发出了短促的悲鸣。

“我知道了！我知道了！求你快住手！”

“把孩子们放出来。快点儿！”

“都说了我明白了……你看，我已经把出口打开了。已经可以出去了。”

老师向老人说道：

“这位老人家，请您向着那块石头，说一声出口已经打开了。”

“好的。”

看着老人向着通信石传话之后，老师对莱莱露说：

“你今天不要再作恶了，要是再犯的话，我还会再出现的。”

听老师这样说，莱莱露一脸不甘心地消失在祠堂的角落。老师面向我说：

“后面就交给你了，没问题吧？”

老师话音刚落，我就被自己的身体吸了过去，回过神来已经站在了祠堂前。身上一跳一跳地疼，呼吸也有些困难，我直接跪倒在地上。我刚调整好呼吸，戴着猫咪帽子的米哈就出现在我眼前，正慌张地四下张望。

“米哈！”

“哥哥！”

我抱起扑向我的米哈。米哈浑身沾满灰尘。

“能出来真是太好了。刚才一定很害怕吧？”

“不是哦，只有一点点可怕。其实还挺有趣的。”

“啊……这样啊！”

孩子们一个接一个从祠堂中走出，一直焦急等待的大人们连忙跑了过去。提露和她的堂弟最后一起出现，提露的叔父满脸笑容，紧紧抱着两人。

我将目光锁定在提露身上。在黑暗中依然保持冷静的提露，她虽然也一身狼藉，看起来却比站在舞台上时更加耀眼。提露终于注意到了这边，然后走了过来，我抱着米哈站了起来。

“你就是米哈的哥哥吧，实在是太感谢你了。这个要还给你……”

“啊，不，好的……”

从提露那里接过通信石，我一时不知说什么才好。明明通过通信石说了那么多，而在本人面前却什么也说不出口了。

“我们能得救都是靠哥哥。你好幸福啊米哈，有个那么好的哥哥。”

“嗯！”

看来提露把我当成了米哈的亲哥哥。当我正慌忙考虑着如何说明时，提露取出了什么东西交给了我。

“请收下这个……这是我家家传的女神大人。如果不介意的话，请作为护身符，就当作我的谢礼。”

我接过来一看，发现那是一枚小巧的金属徽章，雕刻着女神的图案，上方还有一个连着锁的圆圈。

“谢谢你……”

因为紧张，我好不容易才挤出一句谢谢。看到我这样，提露笑着说道：

“要是能快点儿掌握魔法就好了呢……”

“自从回来就光听你在叹气了，真让人不畅快。”

那天晚上，我竟自望着提露给我的护身符发呆，直到老师跟我说话才回过神来。

从祠堂出来之后没多久，提露和她的堂弟就被他们的叔父带走了。结果，我连她家住在哪里，有着怎样的性格都不晓得。就算发生了这么大的事件，庆典还是继续进行，大家都玩得十分尽兴。依照老人的指示，村长秘藏的名酒被全数拿来招待庆典参加者，以表“赔罪”。村长虽然一脸哭相，但其他大人们喜笑颜开。村长和老人还一起在祠堂前重新进行了“唤出”仪式，或许莱莱露也在享受着庆典。

无论在庆典期间，还是回到米拉卡乌之后，我都一直想着提露，是不是再也见不到她了？若是我会使用魔法，能更帅气地将她们救出来的话，事情就会不一样了吧！

“不过，今天这件事，就你来说不是已经做得不错了？”

虽然老师很少见地表扬了我，但我高兴不起来。

“……但是若我会魔法的话，就能把事情办得更出色吧！”

“真的吗？如果你会魔法的话，今天就会像我一样一天都出不了门。那样的话，你既不能查明孩子们的所在之处，也不能解开遗迹之谜，更不能召唤我。今天的结果还算好了。”

“真的吗？”

“你好像一直都误解了，使用魔法只是魔术师工作的一小部分。魔术师是在具有智慧、体力的基础上，锻炼所有能力才能完成使命。今天你已经尽可能使用了你所掌握的知识，就算体力不支也一直在坚持。还有……”

“什么？”

“想要获得女孩子的青睐，再怎么勉强拔高也没用，还是先着手做好眼前的事情，一件一件慢慢来得好。”

“……明白了。”

我小声回答老师后，又叹了一口气。

第 7 章
咒　语

小艾璐巴村的庆典过后，老师又给我出了新课题，那便是“增强体力”。

“与莱莱露对峙的时候，你羸弱的身体真是惊呆我了。重心不稳，肌肉和敏捷性也都十分欠缺，这样的话你很快就会耗尽体力。”

老师这样教训我，命令我每天在规定的时间内运动。运动的内容是搬运重石、爬树和长时间以同一个姿势静止不动。我自己确实也在小艾璐巴村事件中客观地看到了自己的身姿，确实称不上牢靠。但以前就不擅长运动的我，着实感到十分辛苦。

那一日，老师因为有事要离开家几天。我敷衍了事地做了会儿运动，最后走到了家附近的河边。说是一条河，也不过是一条只有数米宽的浅河。利用河中的踏脚石每天来往河两岸数次，也是每日运动的内容之一。

踏脚石有的是四方形，有的是三角形，差不多排成一条直线。踏脚石与踏脚石之间的距离不算近，必须铆足劲儿才能跳过去，再加上要被老师催促“快点儿过河”，我每次过河都会弄得全身湿透。

今天耳边没有了老师的催促，我少有地能一直保持着正确的步调，停

在河的中央。清风拂过我的脸颊。要是老师不那么唠叨，我冷静下来也是能完成跳跃的。我一边想着这些一边跳向下一块石头。我的右脚……本该是踏在那块四方形踏脚石上面的。

“哇！”

右脚违背我的预想踏入了水中，我面朝河水倒了下去。

“啊，啊……”

虽然所幸没有受伤，但我浑身再次湿透了。我以为是我目测的间距有问题，所以看向脚边。但是，那里没有石头。明明石头刚才还在的。

“嘻嘻嘻……啊哈哈哈哈哈。”

听到背后的笑声，我转过身去。一个和我年纪相仿的少年，正坐在河边的岩石上，脸色苍白地面向这边。

我意识到自己的愚蠢被别人看个满眼，感到有些尴尬。本想着尽快离开，那少年却开口对我说话。

“我说，你是加莱德吧？见习魔术师。”

“诶？你怎么知道我的？”

“我的名字叫拉米鲁，刚才让踏脚石消失害你摔跤的人就是我，对不起哦！”

让踏脚石消失？我看向踏脚石的方向，发现本应该有八块踏脚石，如今只剩下七块了。但就在我盯着看的工夫，刚才摔倒的地方又显现出了一块石头。

“啊！”

我因为吃惊叫出声来。这究竟是怎么回事？难道是魔法？

“因为这点儿事就大惊小怪，你还没有学过魔法？”

被人这么说让我的情绪有些激动，长久以来没能学到魔法已经令我非常失落。这种事情被不认识的人，而且还是和我差不多年纪的少年看破……

“果然是还没学魔法啊！真可怜。”

那假惺惺怜悯我的语气令我火大。

“这和你没关系吧？”

“我会使用魔法，代替老师教你也可以哦！”

“……什么？”

我和拉米鲁并排坐在河边。近距离看的话，他的脸上还带着稚嫩。那闪着钝光的大黑眼球，令我想起老鼠来。

“听好了，我刚才使用的是这样的咒语：‘在第四十七古代璐璐语中，省略掉这一列的第六个。’”

“第四十七古代璐璐语？”

“是呀！你知道吗？”

我当然知道了。第四十七古代璐璐语，是认同所有以○●作为结尾的文字序列的语言。但是这种语言，与刚才的魔法又有怎样的关系呢？

“古代璐璐语，是没有任何意义的文字序列吧？而且文字只有○和●两个。这些和魔法有什么关系？”

拉米鲁冷哼了一声。

“的确，现在还无法判断第四十七古代璐璐语文字的含义。但是，正因如此，它才蕴含着强大的力量。听好，正是因为这些文字没有意义，所以使用它们的人才能为它们‘自由地赋予意义’，也就是把拥有两种特征的东西，‘比喻’成○和●。我就是使用了这句咒语，让这条河上并排的八块踏脚石中，从这边数的第六块消失的，做法是这样。”

说着，他捡起木棍在地上画了下面的图。

△□□□△□□△ → △□□□△□△

1 2 3 4 5 6 7 8 → 1 2 3 4 5 7 8

“就是说，将最初八块踏脚石的‘列’，看作第四十七古代璐璐语的文字。之后，让第六个文字消失。”

“我想想，将这列踏脚石看作古代璐璐语的文字，是怎么回事？”

“唉……刚才讲过了吧？只要是拥有两种特征的东西，就可以被‘比喻’成○和●。这条河中的踏脚石，正好有两种：四方形的和三角形的。我将三角形的石头和古代璐璐语的●对应，将四方形的石头和○对应。这样的话，就可以把踏脚石的排列方式看作如下文字。

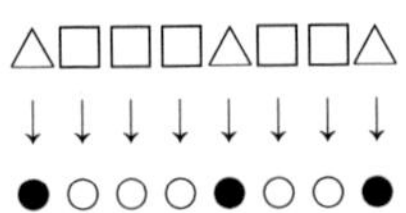

“之后，为了让左起第六块石头消失，念‘省略掉这一列的第六个’。依靠咒语的力量，就可以实现了。”

“古代璐璐语居然具有这样的力量……”

“你历经这么长时间的修行却连这些都没有学到，你的老师也是够会装腔作势了。”

他说“老师”这个词的时候语调非常独特。

“你是学习了多久之后才能使用魔法的？”

“不到半年吧。这些情况你之后也总会知道的。”

虽然不太清楚他说的情况到底指什么，但是“不到半年”这个回答实在是让我惊愕。我不知为何很是郁闷，其他什么都听不进去了。

“那我就将初步练习的方法告诉你吧，你可要好好练。”

一回到老师的家中，我即刻开始“练习”。老师不在家，正好可以秘密进行练习。拉米鲁教给我的练习方法，是先将小石子排成一排，面向它们吟唱咒语。

“首先，要用小一些的物体当作练习对象。要想操纵踏脚石这样大一些的物体需要力量与技术，对于初学者来说是不可能的。”

其实还是想炫耀自己既有力量也有技术吧。虽然对他说的每句话都很在意，可我还是按他所说，在河岸上捡了一些“练习用”的白色小石子和黑色小石子带回了家，并将它们排好，吟唱起刚刚学会的咒语。

“在第四十七古代璐璐语中，省略掉这一列的第六个。”

●○○○●○○●
1 2 3 4 5 6 7 8

顺利的话，这列小石子就能变成下面的样子。

●○○○●○●
1 2 3 4 5 7 8

但是，尽管我反复试了几个钟头，石子还是一点儿变化也没有。拉米鲁教给我的咒语还有另外一种。

“我再教你一句咒语，‘在第四十七古代璐璐语中，省略掉这一列的第八个’。如果‘省略掉第六个’做不到的话，就试试这一句。”

我也尝试了一下这句咒语，但还是什么也没有发生。

我从以前一直担忧的是“自己恐怕没有施展魔法的才能”。我总感觉老师迟迟不肯教我魔法，是因为我不具备这个资质。现在实际尝试使用“魔法”就这样不顺利……果然还是因为自己没有能力吧，明明和我同岁的拉米鲁就能轻易使用魔法。

可我总觉得继续努力练习总能有所进展，便一直坚持。第二天，第三天，我都练了很久。夜以继日，我感觉自己的体力在不断消耗。不知为何，身体像是被掏空一般，可我依旧不想放弃。

渐渐地，我连坐着都变得很困难，一下子瘫倒在地板上。我拍打身体各处，并没有痛感，只有脸颊感受到了地板的冰冷。我隐约睁开眼，看到了被我戴在脖子上的“护身符”。是提露之前送给我的。

……对啊，之前也是，要是我会使用魔法的话……明明我做不到，可为什么拉米鲁却可以呢……我得再继续，继续练习……

不练就很不甘心不是吗……

……

◇

等我清醒过来时，发现自己睡在床上。朝阳的光从窗口照射进来，平日里让人感到清爽的日光，现下却让我感到闷热晕眩。房间里飘着草药的气味。房门被打开，老师走了进来。

“你醒啦？”

我想着要回答，张开嘴却发现出不了声，身体也全然不听使唤。

“我两天前回来的时候，你正脸朝下趴在地上，失去了意识。本来我会更晚些回来，但我有不祥的预感，所以就提前回家了。要是我再晚半天回来，你恐怕就再也醒不过来了。”

怎么会这样？我只是在练习使用魔法啊！

“原因是这个。你可真的是……”

老师一边说一边拿出一张纸条，上面写着拉米鲁教给我的两句咒语。

“除了愚蠢我不知道还能说你什么。你要记住，第四十七古代璐璐语的咒语具有非常强大的力量，初学者是怎么也不可能掌握的。另外，如果使用的方法有误，会消耗大量体力，有时还会危及性命，非常危险。”

一听老师提起第四十七古代璐璐语，我满脑子都是对拉米鲁的嫉妒。下一瞬间，难堪、卑屈的感觉向我袭来。就是因为模仿他，我才会落得如此下场……我果然就是没用，一想到这，我竟哭了起来。

“觉得自己可怜所以哭了？丑话说在前面，不因怜悯他人而是因可怜自己落泪的家伙，我没什么能教他的。”

那冷酷的声音令我清醒过来。

“还有那些明明学习了那么久，可连学到的咒语中混进的‘错误’也看不出来的家伙也一样。你要是不想从这里被赶出去的话，就赶紧冷静下来好好反省一下。”

说完，老师就从房间离开了。

我不觉间停止了哭泣。拉米鲁教给我的咒语中存在“错误”……这到底是怎么一回事？

◇

几天之后，我从老师那里又听说了拉米鲁的一些事情。他在我成为老师的弟子之前，曾在老师这里待过一段时间。

“拉米鲁是十一岁时到我这里来的，是在他从法加塔的一所高等学校比别人提前六年毕业之后。那所学校的校长是我的旧友，他称赞拉米鲁是百年一遇的人才，并推荐他做我的继承人。”

法加塔是这个国家首屈一指的大都市。在法加塔的高等学校中，汇集了来自全国各地的优秀青年。能从那里提前毕业，他的才智不言自明。

“他不仅头脑清晰，还天生就具备熟练掌握魔法的力量。”

我的胸口感到刺痛，老师果然还是在意与生俱来的才能。

“所以……您才马上就教给拉米鲁魔法了吗？”

向老师提问的声音中带着颤抖，连我自己都听得出来。不知是因为身体还没有完全恢复，还是因为我内心充斥着悔恨，我自己也说不清楚。老师直直盯着我说：

“那家伙跟你说了什么我不清楚，但我可从没教过他魔法。”

“什么？”

“我只是先让他做一些洗衣、打扫、做饭这类杂役，差不多一年左右吧，跟你差不多。”

“但是，拉米鲁说他不到半年就掌握了魔法……”

“这确实是事实，但不是我教给他的。不仅如此，他一次正经的课都不曾上过，我连古代璐璐语也没有给他讲过，是那家伙擅自偷看我的藏书，自学练成的。于是，他便觉得不必依靠我的教导，从这里离开了。这就是他当时看过的书。”

老师将一本有些褪色的茶色封面的书递给了我。我翻开一看，发现书里是我不曾见过的语言，完全读不懂，但好多地方印着○和●的文字排列。

“这是一本研究第四十七古代璐璐语的书，是用古梅鲁库语撰写的。梅鲁库语是只在很短的一段时期使用过的学术语言，能够读懂的人寥寥无几，而碰巧是那家伙在学校时学过的课程之一。”

“这本书中写有如何使用魔法吗?”

“有。但是，这本书只是一本关于第四十七古代璐璐语的魔法的‘使用范例’，其中详细记录着长久以来进行过的试验中，有哪些成功案例及失败案例。当然，这全是在无数牺牲的基础上积累下来的经验。”

“无数的牺牲，是指什么呢?”

“指的是那些错误地使用魔法的人们。他们中有的像你这样病倒，也有的身负无法治愈的伤痛，更有些人直接丢了性命。拉米鲁那家伙，从这本书记录的成功案例和失败案例中，总结出了某个法则。那个法则是什么，你能多少找到些线索吗?”

“法则?”

看我陷入沉思，老师这样说道：

“举例来说，拉米鲁教给你的咒语中，对应着●○○○●○○●这种情形要念的咒语——‘在第四十七古代璐璐语中，省略掉这一列的第六个’——摘自这本书第 88 页上的‘成功案例’。你拼命念出这句咒语却没发生任何变化，并不是因为这句咒语是错误的，而是由于你目前的能力有限。”

“那另一句呢?‘在第四十七古代璐璐语中，省略掉这一列的第八个’这句咒语又如何呢?”

“对应●○○○●○○●这种情形，念‘在第四十七古代璐璐语中，省略掉这一列的第八个’这句咒语，是记录在这本书第 90 页上的一个失败案例。如果重复念的话，有可能会有性命之危。”

我感觉到自己的身体不禁颤抖起来。我非常清楚这并不是因为恐惧，而是因为愤怒。

“那个人……明明清楚，还是将错误的咒语告诉了我。”

“事情就是这样了。你可能会很生气，但现在，你有更重要的事情要思考。为什么前一句咒语就能成功，而后者却成了‘失败案例’呢? 这是有明确的理由的，你能想到吗?”

我开始思考。在对应着●○○○●○○●的这列小石子中，让左起第六颗消失和让第八颗消失究竟有什么区别呢？我姑且把想到的理由说给老师听。

"'省略掉第六个'这种情况，会使原本的●○○○●○○●变为●○○○●○●这样的排列，但变化前后的两组排列方法都属于第四十七古代璐璐语的文字。但是，'省略掉第八个'后，将会得到●○○○●○○这样的结果，而这组排列却不是第四十七古代璐璐语的文字。"

"在第四十七古代璐璐语中，省略掉这一列的第六个。"

●○○○●○○● → ●○○○●○● √
1 2 3 4 5 6 7 1 2 3 4 5 7 8

"在第四十七古代璐璐语中，省略掉这一列的第八个。"

●○○○●○○● → ●○○○●○○ ×
1 2 3 4 5 6 7 8 1 2 3 4 5 6 7

"就是这样。第四十七古代璐璐语是将所有以○●结尾的文字序列都视为语句的语言。而第四十七古代璐璐语对应的'省略咒语'，不仅要求变化之前，也要求变化之后得到的结果必须符合作为这种语言文字的要求。拉米鲁从这本书中认识到了这一点。而且，他从一开始就会使用这句咒语。"

"所以，他便离开了吗？"

"是的。这些咒语其实只是魔法中基础的基础，产生的效果也十分纯粹，但是应用范围非常广泛，有时根据使用方法不同，效果也会变得非常惊人。总之，使用者只需将眼前的物体，看作○和●组成的文字序列便可。这样的话，不仅可以做到改变小石子的顺序，也能将支撑建筑物的一部分支柱'去掉'，让其倒塌。就连将你脚下的地板变没也可以做到。"

我一想到那个情景就觉得有些脚软。

"当然，想要造成那么大的影响就需要与之相当的练习和力量，另外也有绝不能对生物使用魔法的规定。即使如此，魔法的用途依然五花八门。况且，第四十七古代璐璐语将所有以'○●结尾的文字序列'视为语言的这个特征，适用范围极广。还有一点，拉米鲁十分擅长把拥有两种特征的物体‘比喻’成○和●。”

的确，若是只要保证变化前后的排列均为第四十七古代璐璐语的语句就可以的话，那真是数不胜数。比如可以将●○○○●○○●左侧的四个文字省略变为●○○●，更极端一点儿的话，只把最后的○●两个文字留下也是可以的。

“那家伙在知道了第四十七古代璐璐语的‘省略咒语’和‘延长咒语’后，认为在我这儿学不到什么了，便马上离开了。肯定是对在这里一直被要求干些杂活心怀不满。他虽不像你将情绪写在脸上，把一切打理得井井有条，但我清楚得很。他从一开始就没想过遵从我的教导，也没想过成为一个魔术师。”

“那个，‘延长咒语’又是什么呢？”

“它的作用与‘省略咒语’正相反。通过‘重复’第四十七古代璐璐语文字序列中的一部分，将其延长。举例来说，可以将●○○○●○○●左起第一个文字延长，使其变为●●○○○●○○●。咒语是这样的：‘在第四十七古代璐璐语中，延长这一列的第一个。’”

老师向着排列为●○○○●○○●的小石子念出咒语后，这列小石子便多出了一个。左起第一个●变为了两个。

“在第四十七古代璐璐中，延长这一列的第一个。”

●○○○●○○● → ●●○○○●○○●
1 2 3 4 5 6 7 8 → 1 1 2 3 4 5 6 7 8

我回想起拉米鲁那时让“消失”的四方形石头再次出现的情形，想必那就是“延长咒语”的效果吧。但老师否定了我的想法。

“那恐怕不是‘延长’。”

“为什么？”

“我再确认一下，先消失的是四方形的踏脚石，再次出现的是同一块四方形踏脚石，没错吧？”

“是的，没错。画成图的话就是这样，一开始，踏脚石是△□□□△□

□△这样排列的。在拉米鲁念了‘在第四十七古代璐璐语中，省略这一列的第六个’这句咒语后，变成了△□□□△□△这样。在这之后又还原了。”

△□□□△□□△
1 2 3 4 5 6 7 8
↓省略这一列的第六个
△□□□△□△
↓恢复原样
△□□□△□□△

“这之后拉米鲁告诉你，他将四方形的石头看作○，而将三角形的石头看作●是吧?”

“是的。所以我认为，拉米鲁在头脑中是将踏脚石看成这样。”

●○○○●○○●
12345678
↓ 省略这一列的第六个
●○○○●○●
↓恢复原样
●○○○●○○●

“若是这样的话，最后踏脚石增加，就绝不会是因为‘延长咒语’。石头会再次出现是因为‘省略咒语’的效果消失了。”

虽然老师如此断言，但我还是无法理解。

“您为什么会如此断言呢？也有可能是在第六块踏脚石消失的状态下，也就是对●○○○●○●这组排列念出‘在第四十七古代璐璐语中，延长这一列的第六个’这句咒语造成的吧。这样也可以让这一列第六个○增加，最终变为●○○○●○○●。这就相当于让踏脚石回到原样，也符合第四十七古代璐璐语的要求。”

“你说的并没有错。只是，关于‘省略’和‘延长’，我还有一些事情没有告诉你。”

老师瞥了一眼窗外，然后示意让我跟过去。

老师走进书库，打开好几扇门。在经过了几个平时打扫时都不曾进入的房间之后，最终到达的房间唤起了我的记忆。那是前一阵我穿过山的另一侧的遗迹，进入的老师的书斋。老师招呼我坐下。

“现在开始我们要进入正题了，我要告诉你古代璐璐语中‘省略’和‘延长’咒语的秘密。这些秘密拉米鲁不知道，书上也没有记载，是只有正统魔术师才掌握的知识。我只将它口述传给正式弟子。”

一时之间我竟不知说些什么才好。

“今后无论遇到什么事情，你都绝不能说出这个秘密，任何形式的笔记也是被禁止的。你必须将这些全部牢记在头脑中，能保证吗?”

“……我能。”

“那么你要仔细听好。

“达到一定长度的古代璐璐语的语句，必须具有这样一个部分，不管是省略这个部分还是重复这个部分后，其文字全体依然是同种语言的文字。

“省略咒语能消去的，延长咒语能重复的，也仅限于这一部分。因此，我才能得出使踏脚石再次出现的，并不是‘延长’咒语的效果。”

我没能马上理解老师的话。在听了数次之后，我才终于将它们记了下来。但我只是死记硬背，并没能弄懂它的内容。

“达到一定长度的古代璐璐语的语句，必须具有这样一个部分，不管是省略这个部分还是重复这个部分后，其文字全体依然是同种语言的文字……”

“是的。”

“那，具体来讲是指什么呢?”

“这点儿事情你要自己考虑。”

我动起脑筋来。就刚才的问题来说，第四十七古代璐璐语的语句是下面这样的。

●○○○●○○●
1 2 3 4 5 6 7 8

老师刚才确实说过，“省略这个部分，其文字全体依然是同种语言的文字”。上面语句中左起第六个文字○就应该是这样一个部分，这是因为，就算将它消去，文字全体依然是第四十七古代璐璐语的语句。

●○○○●○●（将第六个文字○省略的情况）

接下来，我开始试着思考“重复这个部分后，其文字全体依然是同种语言的文字”。上面语句中第六个文字○，无论重复多少次，也依旧不会对这组文字具有的第四十七古代璐璐语的特征产生任何影响。

●○○○●○○○○● （将第六个文字○重复一次的情况）
●○○○●○○○○○● （将第六个文字○重复两次的情况）
●○○○●○○○○○○● （将第六个文字○重复三次的情况）

这表明，●○○○●○○●这个语句的第六个文字，就是老师所说的那个“不管是省略还是重复，其文字全体依然是同种语言的文字”的部分吧。我这样跟老师说了之后，老师颔首。

“非常正确。那你再考虑一下将第六个文字‘省略’之后得到的●○○○●○●这个语句吧。这个语句中的第六个文字又如何呢？”

●○○○●○●
1 2 3 4 5 6 7

若是重复●○○○●○●中的第六个文字○的话不会产生问题，无论重复这个文字多少次，形成的文字序列依然是第四十七古代璐璐语的语句。但问题出在省略它的时候。将●○○○●○●中的第六个文字○省略的话，文字序列会变为●○○○●●，而这组文字并不是第四十七古代璐璐语的语句。因此并不能对●○○○●○●中的第六个文字○进行“省略”或“延长”的操作。

“由此便知让消失的踏脚石再次出现，并不是‘延长’咒语，而是一开始的‘省略’咒语的效果消失所致。”

拉米鲁将三角形的踏脚石看作●，将四方形的踏脚石看作○。按照上面的分析，将排列成△□□□△□△这样的踏脚石中的第六块重复之后变为△□□□△□□△这样的操作是不可能实现的。

“拉米鲁不知道这个吗?”

“是啊！那家伙得出了只要变化前后的语句都是第四十七古代璐璐语的语句，就可以使用‘省略’和‘延长’咒语这样的结论。而且，在他只使用第四十七古代璐璐语的咒语的情况下，很难察觉出这个结论的错误之处。他离开这里已经是四年前的事了，这期间怎么也会遭遇几次失败，让他意识到有哪里不对吧。也有可能因为一直用错误的方法使用咒语，危害日积月累，已经出现咒语的效力变短或是身体不适这些情况。不过，他的事就说到这里。下面，该是你修习古代璐璐语的‘省略’和‘延长’咒语的时候了。越早开始越好。”

我困惑于这过于迅速的进展。虽然老师即将开始教我魔法令我欣喜，但这么快愿望就能实现令我有些措手不及。

“老师，为什么要这么着急呢?”

“这是为了你好，你怎么也需要掌握一些防身之道。我已经传授给你一个‘秘密’，那些知道我收了弟子的人，自然会预料到这些，为了从你这里套出这个秘密而接近你的大有人在。”

“那，拉米鲁也会为了这个秘密来找我?”

“恐怕会的。之前你确实一无所知，也就是被他愚弄了一下，但下次可能就没这么简单了。所以你要学会保护自己，所有知道魔法秘密的人都有守护这些秘密的责任。”

我的心沉了下去。

“最初的目标是掌握第八古代璐璐语的‘省略’和‘延长’咒语的使用，第四十七古代璐璐语咒语的学习放在这之后。”

“第八古代璐璐语是将所有含有偶数个○和偶数个●的文字序列视为语

句的语言吧？”

我记起曾在夜长村进入的“神殿”。

“与第四十七古代璐璐语比起来，第八古代璐璐语的自由度相对比较低。也正因如此，作为魔法的第一课来说再适合不过。而且，这种语言也和你有些渊源。首先，我们要练习从第八古代璐璐语的文字中找到可以被‘省略’和‘延长’的部分。这就开始。”

老师咚地敲了一下桌面，之后，桌面上就浮现出了下面的文字序列。所有的文字都被标上了数字记号。

○○●●●○●○
12345678

“在这列文字中，哪个部分无论省略还是多次重复，得到的文字序列依然还是第八古代璐璐语的语句呢？”

“还是没有结论吗？赶紧回答。”

老师的催促让我有些慌张。我一上来就能看出，这列文字中，哪一个单独的文字都不能被“省略”或是“延长”。对 1 号到 8 号中的任何一个文字单独使用咒语都是不可能的，因为这会使得到的文字序列不再具有第八古代璐璐语的特征。比如，省略了第一个文字后，文字序列会变为○●●●○●○，而延长第一个文字后会变为○○○●●●○●○。哪一种结果中都有奇数个○。

我只好转而两个文字一起研究。首先是 1 号和 2 号文字，也就是最左边的○○。将这个部分省略或是重复多次后，得到的文字序列依然是第八古代璐璐语的语句。像是省略 1 号和 2 号之后得到的●●●○●○，重复一次后得到的○○○○●●●○●○，或是重复两次后得到的○○○○○○●●●○●○，都具有偶数个○和●。

“可以对 1 号和 2 号文字使用‘省略’和‘延长’咒语。”

“还有呢?”

老师不给我喘息的时间。我接着回答道:

“3 号和 4 号，4 号和 5 号。”

这两组都是两个连续的●，基于和刚才相同的理由应该错不了。

“还有呢?”

难道还有吗?

“你干什么呢?赶紧回答我!”

为了给自己争取一些思考时间，我被迫回答:

“5 号和 6 号……”

下一个瞬间，我以为自己要被暴风卷走。事实上我只是被老师的一声怒喝吓到，连人带椅子一起翻倒了而已。

“你这个蠢材，就这么随便回答问题!你这样又会让自己身陷险境，你已经忘了之前差点儿没命的事了吗?”

老师的气势让我喘不过气来，半天才从地板上撑起上半身。

“你要记住，辨别必须要迅速且正确。胡乱猜测最不可取，要在短时间内思考出正确答案。”

“就算您这么说我也……”

“做不到的话就无法使用魔法。”

“……是。”

仓皇中，我还是在头脑中确认了刚才的“5 号和 6 号”是错误答案。将○○●●●○●○的第五和第六个文字，也就是●○的组合重复的话，就会变为○○●●●○●○●○。这样的话，文字序列中就会出现五个○和五个●，确实不再是第八古代璐璐语的语句了。

“还没有找全，快点儿回答。”

一直被催促，我根本无法冷静思考，但我觉得老师是有意为之。我开始拼命思考。联想起刚才的失败，便能明白 7 号和 8 号自不必说，6 号和 7 号也……这就表明所有的○●都不可能。

之后，我开始考虑三个文字的组合，但我很快就意识到这样行不通。

无论将哪一部分的三个文字组合省略或是延长后，都无法满足第八古代璐璐语的条件。而且不光是三个文字组合的情况，像是五个文字或是七个文字这样的奇数个文字的组合全都如此。之后我只考虑偶数个文字组合就可以了。这样的话，下一组就是四个文字的部分。

省略或是延长开始的第一到第四个文字，即○○●●没有任何问题。而第二到第五，第三到第六和第四到第七都不行，但第五到第八可以。

“第一到第四，第五到第八。”

“还有呢?”

下面应该考虑六个文字组合的情形了。第一到第六的○○●●●○不能变动，但第二到第七的○●●●○●没有问题。第三到第八的●●●○●○也可以。

“第二到第七，第三到第八。”

回答完之后我终于松了口气，想着这下终于结束了。

“你怎么开始休息了？还有其他的呢!”

“什么？嗯，那个……”

我已经考虑到六个文字组合的情况了，七个文字的组合又肯定不行……

“我觉得已经没有了。”

“还有的。”

“可是……”

“不是还有第一到第八吗?”

“什么?”

第一到第八不就是整列文字吗？诚然，这列文字中包含有偶数个○和●，不管重复多少次都符合条件。但是，将这列文字都省去的话，就什么也不剩了。我这样说了后，老师抿嘴一笑。

“你试着回想一下夜长村中的遗迹。那座遗迹的入口也是它的出口，不是吗?”

我自然不会忘记那座遗迹，那座遗迹的入口和出口确实是同一个房间。

“确实是同在一间。”

“你再回忆一下在其他遗迹中，为了从入口走到出口，选择开门的顺序，都是与各个语言的语句相对应的。这就说明，对于第八古代璐璐语来说，身处入口的同时也相当于位于出口——也就是一扇门都不开的‘选择’也是存在的不是吗？”

我并不是不理解老师的话，但是，按照这个思路的话，不就存在“完全不存在文字的语句”或是“长度为零的语句”了吗？

老师说：“怎么，你无法想象‘完全不存在文字的语句’或是‘长度为零的语句’吗？”

“想象不出来，我觉得这非常古怪。”

“但是，这样的语句在第八古代璐璐语中确实存在。也正是因为存在，才会在遗迹中被表现出来。”

“可存不存在没有文字的语句，不问精灵的话根本就不会清楚吧？”

“你忘了吗？那些写在夜长村‘神殿’的墙壁上的话。”

“什么……”

我在记忆中搜索着，写在墙上的古代文字的含义记录在祖父的信中。在我记起之前，老师就将其内容念了出来。

“‘对我们来说最简洁的语言，既不是两种光，也不是两种暗。’接下来的内容呢？”

“……‘沉默才最恰如其分。’”

这句话不自觉地从我嘴里蹦了出来。沉默，沉默才是第八古代璐璐语中最简洁的语句。

“所谓沉默，指的就是‘完全不存在文字的语句’了吧？”

“是的，第八古代璐璐语的这一特征在魔法的使用上相当重要。你现在要看仔细了。”

这样说着，老师一边看着○○●●●○●○这样排列的小石子，一边念出了“在第八古代璐璐语中，省略这列的第一到第八个”这句咒语。之后，整列小石子便消失不见了。

“哇！全消失了！”

“像这样，利用第八古代璐璐语的咒语，可以利用‘省略’让物体‘全数消失’。你要记住这一点。总之，从现在起你要每天进行练习。明天开始，在早晨的扫除完成之后，上午学习古代库普语，下午进行古代璐璐语‘省略’和‘延长’咒语的练习，全部完成之后就是运动的时间了，可以吧？”

按照老师的安排，从第二天起，下午的早些时候就是魔法练习时间。不仅是第八古代璐璐语，对于古代璐璐语系中三百种以上的语言中可以使用“省略”和“延长”的部分，都要立即做出判断。老师前所未有地严格，只要我失败就是一顿大骂，有时还会拿手杖打我。这难道就是我一直盼望的“魔法课”吗？这样的话还不如不学……我很难不产生这样的想法。

但是，老师绝不会为难我。时间一到便立刻停止练习，禁止在规定时间外练习。每天的饭食相当丰富，晚上也会早早在定好的时间让我上床睡觉。拜这些所赐，第二天起床时我便会觉得这一天仍要好好努力。

过了一段时间，我变得很少犯错了。当然，我还是经常会被老师斥责“太慢了”，但我对正确率开始抱有信心。最近，老师开始让我对着小石子练习念第八古代璐璐语的咒语了。我干劲儿十足，甚至想要把睡眠时间都拿来练习，但老师命令我每天一定要在固定时间开始和结束。

谁承想，对着小石子练习了一个月，却没有任何进展。我逐渐消沉，我果然还是……

“你怎么一脸阴沉？有时间在这发呆，还不如多练习会儿。我们时间有限。”

“可我……”

“你怎么了？”

我下定决心问出了一直在意的问题。

“我真的具有使用魔法的能力吗？”

“这是当然。”

“啊？”

过于爽快的回答让我有种白白纠结的感觉。

“看你好像还不是很清楚，根本就不存在什么使用魔法必须拥有的特殊力量。硬要说的话，应该是人类拥有的所有能力：体力、毅力和生命力等。因此，个人差异固然存在，但理论上所有人都有使用魔法的潜力。”

这和我假想的情形完全不同。

“那魔术师和普通人有何区别呢？”

“魔术师专门研究魔法，就像渔民专门捕鱼，小丑专门做滑稽表演。”

我目瞪口呆。

“就算是普通人，偶尔也会在不知不觉中发现魔法，像对别人施加诅咒成真了就是这种情况。但不持续修习的话就不能应用自如，跟‘偶然’没什么两样。另外，在那些体力和毅力都很优秀，并将这些力量逐渐‘理想现实化’的强者中，实质上也有的是在用和魔法相同的方法工作，从而度过了一段无所不能的时期。但这样的人大多无法控制力量，从而失去判断力，在很短的时间内就把一生的力量用尽了。所以大多数时候就被归因为‘侥幸’或是‘幸运’。”

“成为魔术师的话，便能更有目标性地使用魔法，控制自己的力量了吗？”

“那便是修习的目的。魔法也可以说是找出世界上隐藏的‘规律’和‘构造’，利用精神对其进行操作的过程。古代璐璐语和古代库普语，便是找到它们的钥匙之一，因此必须熟练掌握这些语言。就跟与火药打交道的人一定要熟悉火药的道理一样。”

“那……拉米鲁又属于哪种情况呢？他从一开始就会使用魔法。”

“的确，那样特殊的人偶尔也会存在。”

我一想到他，就觉得自己现在的辛苦十分荒谬。

“你很羡慕他吗？若真是如此，那你可是大错特错了。”

“为什么？”

“正是因为拉米鲁从一开始就会魔法，才无法理解魔法的全貌，一直在一知半解地使用。即使这样还能持续‘使用’，只是因为他与生俱来的强大力量。但是他的魔法，就好比是将一扇锁住的门，不使用钥匙而是凭借蛮力将其打开。”

老师直视着我。

“我教给你的可不是这样的东西，锁住的门就应该用正确的钥匙和正确的方法打开。我想传授给你的，正是这把‘钥匙’，并且这把钥匙，是对语言深刻的理解。”

我回顾了一下至今学习过、经历过的事物。说起来，它们全都像是为了让我“加深对语言的理解”。

“……你在念咒语的时候，会考虑遗迹吗？”

“基本不会。”

“这样啊？这可不太好啊！在练习‘省略’和‘延长’咒语的时候，回忆起遗迹的情形相当重要。遗迹的构造，会让你加深对其对应的语言的理解。拿第八古代璐璐语的‘○○●●●○●○’来说，你试着思考一下它与夜长村的遗迹是怎样呼应的。对于‘省略’和‘延长’的部分，应该能找到共同之处。”

“共同之处？”

“没错。回忆一下你的探险经历，好好思考一下共同之处在哪里。”

我回想起曾经绘制的“夜长村的神殿设计图”，将它再次画了下来。

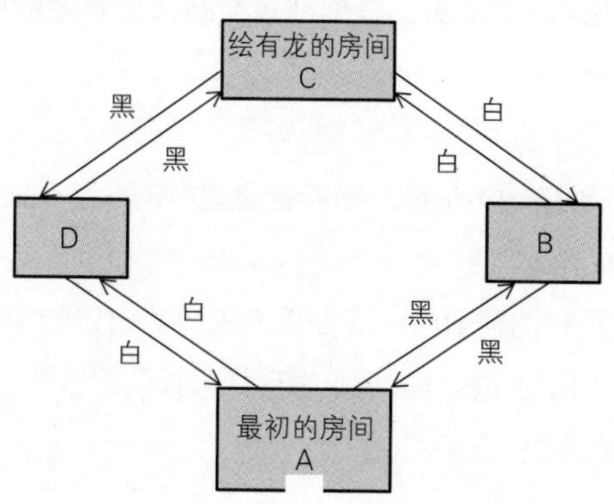

在这座神殿中，按照下列文字的顺序开门的话会如何呢？

○○●●●○●○
1 2 3 4 5 6 7 8

将入口兼出口的房间标记为 A，其他的房间分别标记为 B、C、D。在这座遗迹中，以“白白黑黑黑白黑白”的顺序开门的话，就会是下面的路线。

A → D → A → B → A → B → C → D → A

可以“省略”和“延长”的路线如下所示。

从1到2 （○○） A → D → A
从3到4 （●●） A → B → A
从4到5 （●●） B → A → B
从1到4 （○○●●） A → D → A → B → A
从5到8 （●○●○） A → B → C → D → A
从2到7 （○●●●○●） D → A → B → A → B → C → D
从3到8 （●●●○●○） A → B → A → B → C → D → A
从1到8 （○○●●●○●○） A → D → A → B → A → B → C → D → A

我盯着上面这些路线，终于察觉到了它们的共同点。那便是路线中的初始房间和最后达到的房间是相同的。

“你知道为何会如此吗？”

虽然老师这么问，但我一时答不上来。

“古代璐璐语对应的遗迹，全部都是房间数量有限的单纯建筑，是这样吧？”

“是的。”

“不仅如此，你还记不记得几乎所有遗迹中，不管多长的语句都能选出与之相对的‘开门方案’？”

确实，在夜长村的神殿中，即使算上入口兼出口的房间，房间数也只有四个。但这并不妨碍这座神殿可以表现任意长度的语句。

“你能说出这是为什么吗？”

“是因为可以反复经过同一个房间。”

“是的。就是说，对应着比房间数量还多的长句的‘路线’中，必然会包含可以重复进入的房间。如果心中有遗迹的构造，这自然很容易理解，还是记住比较好。”

老师一边说一边走出了房间。一下学习了太多东西，我的头脑混乱不已。但我明白了遗迹的构造与语句中能被“省略”和“延长”的部分之间有密切的关系。

我紧紧盯着排成一条直线的小石子，将每一颗小石子都与夜长村遗迹中的门对应起来。我进入自己头脑中想象出来的神殿，将门依次打开。进入遗迹后没多久，我就回到了之前到过一次的房间。我在四个房间之中往来穿梭，念出了咒语。

“在第八古代璐璐语中，省略这一列中的第三和第四个。”

正在这时，老师回到了房间。

“刚才忘记跟你说了，练习时间结束了。今天上课的时间有些长，但也不要为了练习延长时间。你可别擅自练习啊！”

说到这里，老师将目光落在了桌子上。

“这列小石子怎么了？”

“诶？”

我一看，本来应该是○○●●●○●○这样排着的小石子，现在变成了○○●○●○。

“你是不是用了‘省略’咒语？”

“我是将第三和第四……但是……”

我不敢相信自己的眼睛。

“别说了，好好看着。”

在我的注视之下，不一会儿这列小石子就变回了○○●●●○●○。

“看来‘省略’咒语的效力已经消失了。但这样一来，就能够说明你的咒语成功了。”

这，就是我人生中第一次使用“魔法”的瞬间。

第 8 章

对　决

脸颊上传来冰冷的感觉，我睁开眼睛，发现自己倒在地上。这里究竟是什么地方？像是在谁的家里。不，与其说是家不如说是个废弃的屋子。屋里散落着已经损坏的家具，墙壁和柱子上黑漆漆的，像是被烧过一样。透过天花板的窟窿可以看到阴霾的天空，雨水直接从那里滴落下来。

我被绑得严严实实，稍微一动就感觉全身疼痛。与痛感一起的，还有从心底涌现的情感。恐怖？愤怒？但该害怕或生气的对象现在并不在这里。我反射性地让自己冷静下来，感觉像是将情绪快要爆发的另一个自己强行压制下去一般。

我想起刚刚看到的少年的脸。数月不见，他的脸色愈发苍白。之前像是刻意展示给我的自如已经全然不见，只剩下焦虑和疲惫，整个人看起来老了很多。

我的判断没有错。我非常清楚他的目的，也从未考虑过用自己还未成熟的力量和他对抗。在他进入我视线的那一刻，我就向着老师的家跑去。不走运的是，降雨令河水上涨，我只能绕远过桥。结果，中途桥体坍塌了。最后出现在我视线中的，是我脚下的木板消失了。之后的事情，我已经不记得了。

（现在是什么情况呢？）

我看了看自己的腹部，那里紧紧缠绕着厚实的布料，我的两只胳膊已经没了知觉，脚踝也被同样的布捆着。捆着我脚踝的布料上，有一些已经干涸的血迹。大概是我的血吧，其中有三块较小的血迹排成一条直线，右侧还并排有三块较大的。

（这些是……不，不可能。）

刚看到的一丝希望又破灭了。

（等一下……但是……）

我闭上双眼，尽力开始回忆。

“看你学古代库普语学得不怎么上心呀？对魔法就这么感兴趣吗？”

几天前，老师这样问我。正如老师所说，从会使用魔法那天开始，我就沉迷于魔法的练习中。但是每天的必修课并没有变，上午必须学习古代库普语。我盼望着练习魔法，根本没法静下心来学习古代库普语。

“不管你的话，你就只会一直练习第八古代璐璐语的魔法。从今天开始，我又要离开一阵子，真是令人担心。我出门之后，你怕是马上就会开始练习吧？”

“可是，我现在掌握的只有那一句咒语而已。虽然我也试着使用了其他古代璐璐语的咒语，但效果都不尽如人意。就算只有第八古代璐璐语，我也想尽快熟练掌握。”

“要是想尽快更上一层楼的话，那就更应该在固定的时间按固定的方法练习。而你现在的任务，是要学习古代库普语。你今后要学的东西会不计其数。虽说你已经学会了其中一样，但也不能仅拘泥于此。”

我心中已经认同了老师的话，但也许是我脸上还留有不满的表情，老师几近无语地看着我说：

“你还真是个不记教训的家伙啊！”

“您是指什么啊？”

“你现在能使用魔法，是因为之前掌握了古代璐璐语的关系吧？所以现在学习古代库普语也是一样的道理，你怎么就意识不到呢？”

“古代库普语和魔法也有关系吗？”

“那是当然，我不可能给你上没有意义的课，只是你不理解它们的意义罢了。先跟你说一声，古代库普语中也存在‘省略’和‘延长’咒语，只是与古代璐璐语的情况有些许区别。如果不理解这个区别的话，就无法使用古代库普语的咒语。”

“那它们究竟有何不同呢？”

“噢，看来你稍微有点儿兴趣了，那我就教你一些吧。”

老师写下了下面的文字，并告诉我“假设这是第一古代库普语的语句”。第一古代库普语是将所有在一个以上○的后面，排列着相同数量的●这样的文字序列看作语句的语言。

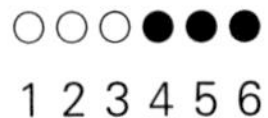

“你能在这句话中，找到与古代璐璐语相似的，可以被‘省略’和‘延长’的部分吗？”

雨声愈发激烈起来，从屋顶的破洞中漏进来的大滴雨水落在了我的脸上。他迟早会回来的，但那究竟是在一分钟、五分钟还是一小时后，我全然不知。

在老师外出的时候被抓住，我的运气实在是太差了。不，他很可能从一开始就在等待这个时机。至少等我能熟练运用第八古代璐璐语之外的魔法啊……

没时间垂头丧气了，必须要尽快都回忆起来。

我紧紧盯着老师写下的文字。这些文字中能被“省略”和“延长”的部分——也就是无论将这部分省略还是重复多次之后，结果依然是第一古代库普语的语句——真的存在吗？

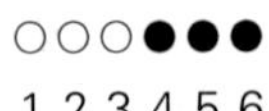

我习惯性地开始逐字考虑。第一个○如何呢？如果将这个文字省略的话，就会变成下面这样。

○○●●●
2 3 4 5 6

这列文字当中有两个○和三个●，已经不是第一古代库普语的语句了。把第一个文字重复之后的结果也是同样的，○和●的数量变得不同了。

○○○○●●●
1 1 2 3 4 5 6

这就表示第一个○，无论是省略还是重复，都会使得到的文字不再是第一古代库普语的语句。因此，无法对其使用“省略”和“延长”咒语。这个结论也适用于第二到第六个文字。省略或是重复一个○，会使两种文字的数量不同，而省略或是重复一个●也是如此。

接下来，我开始考虑两个连续的文字。但我很快意识到，连续排列的○○、●●，其实和一个文字的情况相同，都不能被省略或重复。

让我看到一丝希望的，是开始考虑第三和第四个文字，即中间的○●时。将这两个文字省略后，会变成下面这样，有两个○和两个●，依然是第一古代库普语。

○○●●
1 2 5 6

但是，在我试着对这两个文字进行延长时，我便明白这两个文字也不是我要找的答案。将第三和第四个文字重复一次后，文字列会变成下面这样，这显然不是第一古代库普语的语句。

○○○●○●●●
1 2 3 4 3 4 5 6

在这之后，我又做了很多次尝试，但始终没能找到那个“无论是省略还是重复后，其结果依然是第一古代库普语的部分”。

“你现在能多少察觉到它和古代璐璐语不同了吧？”

“是的。”

“正如你得到的结论那样，在第一古代库普语的语句中，找不到任何一个‘无论省略还是重复后，其结果依然是第一古代库普语的部分’。但是，如果把○○○●●●这列文字的第一和第六个文字同时省略的话又会如何呢？”

“将第一和第六个文字同时省略吗？这样的话……”

○○○●●●→（将1和6同时省略）→○○●●
1 2 3 4 5 6　　　　　　　　　　2 3 4 5

结果还剩下两个○和两个●，依然是第一古代库普语。

“那么，这回你将第一和第六个文字都重复一次试试。”

○○○●●●→（将1和6都重复一次）→○○○○●●●●
1 2 3 4 5 6　　　　　　　　　　1 1 2 3 4 5 6 6

○变成了四个，●也变成了四个。

“确实会这样，变化之后的结果依然是第一古代库普语的语句，将第一和第六个文字重复多少次都会得到同样的结果。”

“这就是说，对于这两个文字可以使用‘省略’和‘延长’咒语了？”

“没错。”

我有些困惑，我从未考虑过将两个分开的部分同时省略和重复这种可能性。但如果这种操作可行的话，思路就非常灵活了。

“老师，如果可以这样操作的话，那不光是 1 和 6，1 和 4、3 和 6 这样的组合也可以被‘省略’和‘延长’对吧？”

“那样是不行的。”

“为什么呢？将 1 和 4 或者 3 和 6 同时省略也好、重复也好，都还能得到第一古代库普语的语句才对啊？比如，对 1 和 4 进行操作的话不是会发生下面这样的变化吗？”

○○○●●●→（将1和4同时省略）→○○●●
1 2 3 4 5 6　　　　　　　　　　2 3 5 6

○○○●●●→（将1和4都重复一次）→○○○○●●●●
1 2 3 4 5 6　　　　　　　　　　1 1 2 3 4 4 5 6

“虽然就结果而言，确实如你所说，但是不能对这两个组合使用‘省略’和‘延长’咒语。而刚才的 1 和 6，另外还有 2 和 5 这些组合却可以。”

“原因是什么呢？”

“是因为这列文字中的 1 和 6、2 和 5 这两个组合中，存在着 1 和 4 或是 3 和 6 中不具备的某种‘关系’。”

“某种‘关系’？”

我现在能想到的，就是它们“无论从左起还是从右起都位于相同的位置”这种“关系”。就像 1 和 6 分别是从左起和从右起的第一个文字，而 2 和 5 分别是从左起和从右起的第二个文字。但老师说“并非如此”。

“你想想看 3 和 4，它们分别是从左起和从右起的第三个文字，也就是从左边看和从右边看都位于相同的位置。但 3 和 4 这个组合不能被‘省略’和‘延长’。”

不能对 3 和 4 使用“省略”和“延长”咒语……

“很遗憾，我现在没有时间继续向你解释了。等我办完事回来，再多教你一些古代库普语的知识后再说吧。”

“但是……”

“就这么想知道吗？”

“想。”

老师稍作考虑之后，像是有了一些想法。

“那么我便给你一些提示吧。你回忆一下在你进入伊奥岛的那间‘试炼之屋’时，有哪些是‘不做也可以的事’，有哪些是‘无论重复做多少次结果也都一样的事’。再想想它们与‘能被省略和延长的组合’之间有什么联系。你将这些厘清的时候……应该就是你能够掌握这种语言的咒语的时候。”

“是让我思考哪些是‘不做也可以的事’，哪些是‘无论重复做多少次结果也都一样的事’吗？”

“是的。”

老师给的提示也太模糊了。

“您能再多给我一些提示吗？”

“那这样如何？你先考虑一下‘那时如何才能以最短路线走出试炼之屋’吧。”

“以最短路线走出试炼之屋？”

“没错。今天的课就上到这里，我出发了。你可不要只顾着练习魔法啊！要想将魔法的使用更上一层楼，就要更深入地学习，更深入地思考才行。另外也别忘记要坚持锻炼。我不在家的这段时间，你要多加小心。”

“您放心吧。”

我一边听着风雨拍打在废屋上的声音一边思索，要怎样才能以最短路线走出试炼之屋呢？话说，走出那间房间的条件是什么来着？

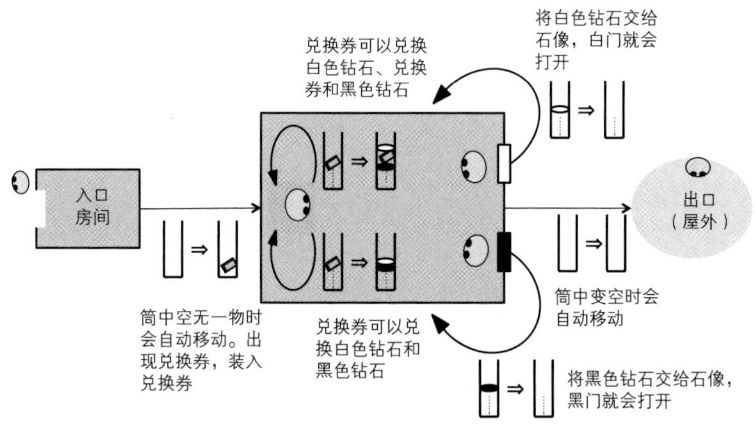

应该是……在中间的房间中，将我带着的小筒中的物品全部“用完”。只要筒中不是空的，不管是打开白门还是黑门都无法走到房间外面，就是

说，我要考虑的是如何尽快用光筒中的物品。

在进入那个房间时，我戴着的筒中就装有“兑换券”。我将兑换券交给了身后的矮人像，得知兑换的方案有两种。

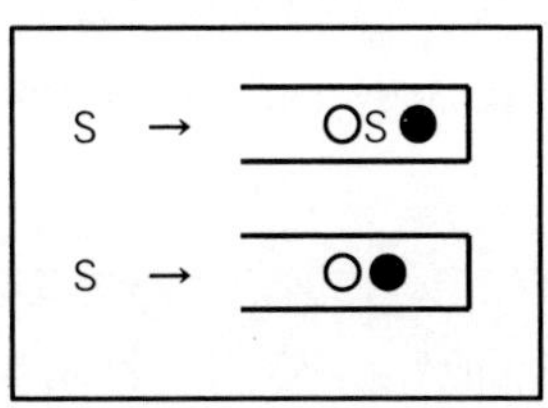

那时我选择了上方的兑换方案。之后我利用得到的白色钻石打开了白门，而筒中的物品还剩下这些。

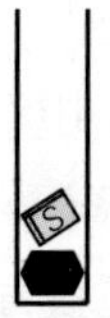

（打开一次白门后筒中剩余的物品）

筒中的物品只能按照从上至下的顺序使用，也就是说，只要上方的兑换券还在，我就无法使用最下方的黑色钻石。

若是我在最初兑换的时候就选择下方的兑换方案的话，那筒中的物品就会发生如下变化。

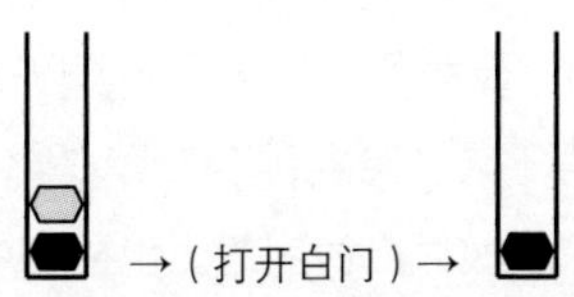

这样一来，在打开一次白门之后就可以将黑色钻石用掉了，只需再打开一扇黑门便完成任务。筒中就会变成空的，我就可以出来了。

这就表示，想要以最短路线出来，只要最初选择下方的兑换方案就好。我当时自然没有想到这些。以最短路线出来时，只需打开一次白门和一次黑门便可。这条路线对应着第一古代库普语中最短的语句○●。

那老师口中所说的"不做也可以，无论重复做多少次结果也都一样"的事，究竟是什么呢？从我目前能考虑到的情况看，应该指的就是上方的"S →○ S ●"这种兑换方案。不使用这种方案也可以走出来，无论将这种方案重复使用多少次也没有问题。我将这种方案重复了十六次，最后也还是走到了房间外面。

我再次就下面这句第一古代库普语的语句思考起来。我刚才得到的结论，和这句语句中能被"省略"和"延长"的组合——也就是 1 和 6、2 和 5——之间存在着怎样的联系呢？

○○○●●●
1 2 3 4 5 6

我决定先找到在伊奥岛的遗迹中相当于这句语句的"开门方法"。想要以"白白白黑黑黑"这样的顺序开门，就要在进入遗迹正中间的房间时，选择两次"S →○ S ●"这样的兑换方案之后，再选择一次"S →○●"。这样一来，路线就会按下面的步骤实现。

1. 使用一开始的兑换券：按照 S →○ S ●这样的兑换方式。
2. 打开白门（使用刚刚兑换得到的白色钻石○）。
3. 第二次使用兑换券：按照 S →○ S ●这样的兑换方式。
4. 打开白门（使用第二次兑换得到的白色钻石○）。
5. 第三次使用兑换券：按照 S →○●这样的兑换方式。
6. 打开白门（使用第三次兑换得到的白色钻石○）。
7. 打开黑门（使用第三次兑换得到的黑色钻石●）。
8. 打开黑门（使用第二次兑换得到的黑色钻石●）。
9. 打开黑门（使用第一次兑换得到的黑色钻石●）。
10. 变为空筒状态，走到出口。

想到这里我察觉到，最初选择的“S →○ S ●”这种兑换方案，正如刚才得到的结论所述，“不选择”或“无论重复选择多少次”，都可以最终走到出口。而在这次兑换中获得的钻石，在打开第一扇白门和第六扇黑门时被用掉了。这两扇门正是对应着下面语句中的第一和第六个文字。

○○○●●●
1 2 3 4 5 6

第二次兑换也同样选择了“S →○ S ●”这种兑换方案。这次兑换中获得的钻石，被用来打开第二扇白门和第五扇黑门。也就是上面句子中的 2 和 5 这个组合。

这不就是老师所说的“可以对 1 和 6、2 和 5 使用“省略”和“延长”咒语”的理由吗？老师列举的诸如 1 和 4、3 和 6 这些组合，都相当于是使用“在别的时间点得到的钻石”打开的门。另外，像 3 和 4，相当于是用在第三次兑换中得到的钻石打开的门。而这次兑换，既不能省略，也不能重复。

也就是说，能被“省略”和“重复”的组合，正是与那个房间中，在“不选择或是无论重复选择多少次都可以的兑换方案”中同时得到的两颗钻石联系在一起的。

“你醒啦？”

少年的声音让我回过神来。屋门敞开，在外面大片灰暗阴郁天空的背景下，伫立着一个人影。

“就感觉你差不多应该醒来了。”

做作的温柔音调令我感到恶心。

“我明明是来看望数月未见的‘朋友’，可我一露脸你就跑掉了，真是过分。你忘了我还教过你魔法呢？”

我没有回答。一瞬间，我眼前闪过一丝微弱的光亮，是一把剑。拉米鲁正持剑而立。我不由得全身僵硬起来，我现在的状态根本就不是那把剑的对手。那剑很怪，剑刃上刻着○和●这样的文字。

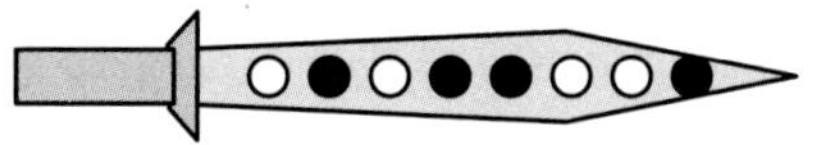

“看你一言不发，想必已经明白我的目的了吧？用这个很容易让你受伤，你还是赶快说比较好。”

“……你想……让我说什么啊？”

我端详着他的脸。那张脸瘦骨嶙峋，眼神空洞。

“别装傻了，你不可能不知道。上次见你的时候，你还战战兢兢，可现在你给人的感觉完全不同了。他绝对已经将第四十七古代璐璐语咒语的秘密告诉你了。”

我默不作声。

“不再让你吃点儿苦头就不会说是不是？你还不明白现在的情况对你非常不利吗？”

他说完便念起咒语来。

拉米鲁的咒语一出口，绑着我的布条便越缠越紧。

“你可能看不到，这块布条上写着第四十七古代璐璐语的文字。这句咒语着实方便，不仅可以将自然存在的物体看作古代璐璐语的语句，还能像这样事先在物品上写下古代璐璐语的语句后自由地改变其长短。实在好用。”

拉米鲁正对写在布条上的语句使用“省略”咒语。被省略的文字所占的部分会缩短。

“再不回答的话，你会越来越难受。”

“不要……”

拉米鲁再次念起咒语来。

“是你的不对，都怪你不听我的话。”

我痛苦的样子让他十分享受。

之后不知持续了多久，在布条数次收紧之后，我的左肩脱臼了。我痛得差点儿失去意识，好不容易才忍住。拉米鲁蹲下身盯着我。

“你还真是固执啊，还是不想说吗？”

“……”

“啊？你嘟囔什么呢？”

“……”

“什么？你再说得大声一点儿。”

“……咒语……持续时间……”

“你说什么？”

“变得……越来越……短了呢！”

我其实只是在虚张声势，但还真的吓到了拉米鲁。他慌忙起身，脸色愈发惨白，泛着黑，攥紧的拳头也在颤抖。

“你这……混蛋。”

拉米鲁拿起背后的剑，蹒跚着向我走来。

我计算好时机将身体仰躺过来，之后一脚踹向他的膝盖。

“什……”

拉米鲁的身体比我预想的稍微向后仰倒了一些，之后摔倒在瓦砾堆中。在一阵咔啦咔啦的声响中，传来拉米鲁的叫喊声。

“你这家伙……的腿……为什么？”

我滚向对面的墙壁，利用已经可以自由移动的双腿倚着墙壁站了起来。不过这个动作花费了比我预想更长的时间，拉米鲁这时也站起身来。

拉米鲁挥着剑，横眉怒目，脸上青筋暴突，面目狰狞令人恐惧。

“你小子！到底是怎么解开绑在你腿上的布条的？”

所幸我所在的位置与他的剑有些距离。况且现在我的腿可以移动了，绑在身上的布条也比刚才松了一些，但这些并没有改变我依然处于下风的事实。要是不趁着对手失去冷静的时候赶紧脱身，我便必输无疑。拉米鲁满眼血丝，将剑笔直地向我刺过来，同时念起了咒语。

“在第四十七古代璐璐语中，延长这一列中的 1 到 4。”

剑瞬间变长，向我的脸逼近。我勉强向右避开，剑刃刺进了我刚刚所在的墙壁。

“就算你现在能动了，只要这把剑还在，你就无法伤我分毫。在你碰到我之前，我就能将你切碎……”拉米鲁的声音听起来洋洋得意。

就在拉米鲁将剑从墙上拔出向我再次挥过来时，我看到了刻在剑身上的十二个文字，○●○●○●○●●○○●。里面有六个○和六个●。

我向着剑念出咒语。

“在第八古代璐璐语中，省略这一列中的 1 到 12。”

转瞬间，剑身消失得无影无踪。

“什么？”

我随即向拉米鲁跑去。但就算我想冲他挥拳，手也无法活动，要怎么办才好？

最后我就这么冲了过去，用头撞向他的下颚。从我的额头右侧传来轻微的冲击感，之后便是一阵尖锐的刺痛。恐怕是被拉米鲁的牙咬到了。

“……咕。”

连声像样的声音都没能发出来，拉米鲁就倒在了地上。

对于之后的事情，我的记忆有些模糊，只记得我设法弄断了绑住身上的布条，正摇摇晃晃地想要出去的时候，看到了一个人影，是老师。

“看起来是你赢了。”

看到老师的那一刻，我瞬间没了气力。虽然身后还有敌人，但我还是直接坐到了地上。说起来，老师是何时回来的呢？

“回来的路上亚拓告诉我，有人看到你被一个奇怪的少年带走了。附近的人冒着雨分头找你。”

老师扶我坐好，用平时的手法活动我的胳膊。伴随着咔的一声，我感觉错位的骨头回到了正确的位置上，而我竟没感觉到一丝疼痛。

“你使用了第一古代库普语的咒语了吧？”

“是。”

老师说的是我将捆住双脚脚踝的布条解开的时候，我对着布条上六块并排的血迹使用了咒语。我将三块小一些的血迹看作○，将三块大一些的血迹看作●。

“我将布条上的血迹看作○○○●●●这个语句，延长了这句话中的第一和第六个文字……之后小块血迹和大块血迹便分别变成了四个。之后我又使用了第八古代璐璐语的咒语将布条变得更长了。”

“这么说，你已经找到‘答案’了？”

“是的。”

老师看了看失去意识躺在地上的拉米鲁。

“真是个可怜的家伙，他已经将力量全数耗尽了。你也看到了，若是怠于对魔法的理解，只执着于魔法能带来的效果，就会变成这样。”

老师将拉米鲁的袖子卷了起来。袖子下面的情形吓得我顿时面无血色。他的胳膊上……竟有几个“洞”，大的能直接看到对面。

“估计现在他全身都是这种孔洞了。虽然现在还不会对他的身体机能产生太大影响，但已经是极限了。哪怕再使用一次魔法，他身体的要害部位都会长出孔洞。”

“怎么……会这样……”

“你听好，所谓魔法，并不是只靠自己的力量就能使用的，而是需要借助外界的巨大力量才能发动。当然，借助了力量就必须支付代价偿还。不偿还代价的话，就会失去身体中的某个部位。”

“必须偿还的代价又是什么呢？”

“基于理解的敬畏。”

“基于理解的敬畏……”

拉米鲁的身体抽动了一下。应该是察觉到了拉米鲁的动作，老师向着拉米鲁说：

“拉米鲁，你能听到吗？”

拉米鲁的手微微动了动。

“你已经接连两次想杀死我的弟子了，想必是已经有心理准备了吧？”

老师说话的声音虽然不大，却好似野兽的吼声一样在我耳边回响，我不禁战栗起来。拉米鲁的手也小幅颤动着。

“你会变成现在这个样子，说起来也有我的责任。所以我才一直放任你到现在。”

拉米鲁依然紧闭着双眼，但他眉宇间的动作说明老师的话他全部能听到。

“给你个忠告，从此再也不要使用魔法了，要不然你会没命的。其实你就算不依靠魔法，也能顺遂地生活。我劝你还是放弃那些靠魔法得来的东西，从头来过吧。还有，不要再接近我的弟子了。”

老师将目光投向门外，不觉间雨已经停了，被乌云遮住的夕阳也露出头来。被夕阳映照的老师的脸，不知为何竟难得看起来带着些满足。

“来，咱们回家吧。”

第 9 章
毫无结果的争论

人生第一次造访大都市，那里的“空气”给我留下了深刻的印象。

穿过城门的瞬间，身体便被热情的气氛包围。不知花名的花朵装饰在各家各户的窗边和街道两侧。大路上卖着鱼、蔬菜和各种香料。垃圾散落在道路各处。行人身上的汗水、从他们的身体或是服装上散发的气味、尘埃与砂土，这些交错着的令人愉悦和厌恶的气息混杂着进入鼻腔。但一拐上小路，远离了大路的喧嚣后，只能些微感受到从并排的建筑物背阴面的冰冷石壁对面传来的，那蕴含着水汽的土壤香气。

那日正午过后，老师和我在某座宅邸的门前站立。老师向身着铠甲的守卫说：

“我是魔术师奥杜因。这位少年是我的弟子，伦浓的加莱德。我们受校长大人的邀请而来。”

守卫向着一扇小窗说了些什么，门随即被打开。

“欢迎您，魔术师大人。校长正在等您。”

老师第一次收到位于法加塔的高等学校的校长的邀请，是在半年前。收到邀请信后老师直接回信拒绝了，可那之后邀请信依然不断寄来。在接连拒绝了数次之后，老师终于决定到法加塔走一趟。而我也被要求一同前往。

我打量着一路经过的房间，映入眼帘的尽是擦得锃亮的家具和铺着天鹅绒的椅子。墙壁上装饰着用蓝色和金色的线织成的挂毯。我的脚踩在厚厚的绒毯上，那种像是漫步云上的触感从我的脚尖传递上来。

身着带着光泽的黑色服饰，面容初老的男性向我们走来，和老师寒暄了起来。

“奥杜因大人，我们许久不见了啊！到底有多少年了呢？你看起来依然那么年轻。”

“校长您看起来也很精神。这次多谢您的邀请……”

“不不，是我必须向你表示感谢。明知你并不愿意，我还非要你过来。”

老师露出了些笑意，说道：

“我确实拒绝了很多次，但还是感谢您同意我带着弟子一同前来。”

校长看向了我。

“那么，这位少年就是……”

“他是来自伦浓村的加莱德，目前正跟随我修习魔法。”

我将右手放在胸前，低头向校长行礼。校长凝视着我。

“欢迎你，加莱德。说起来，你毕业于哪所学校呢？”

“我并没有就读过哪所学校。在赛雅哈，我有几年跟随私人教师学习读写和简单的算术。”

听到我的回答后，校长露出了惊讶的神色。老师对我的话进行了补充。

“这孩子出身于被称为夜长村的小村庄，村民们几乎都有血缘关系，他是所谓本家的长男。本来他也是要帮助家里做事，但他父亲斟酌后，决定让他先花几年时间掌握一些基本知识。之后，他便被村子推荐到我这里来。”

“为什么这种经历的孩子，能成为你的弟子？啊，我明白了。他一定是展露了些魔法才能的麟角，从小开始他便能经常创造一些奇迹，是这么回事吧？”

“不，完全不是因为这个。”

“那是为何……不好意思，我有些失礼了。”

校长一脸歉意地望着我。

“加莱德，希望你不要介意，我执着于此是有理由的。我曾向这位魔术师大人推荐过几十名我学校中的优秀学生，他几乎都拒绝了。被收为徒弟的仅有一人，而那又说来话长……”

我想起了拉米鲁。那“仅有的一人”，说的应该就是他吧。校长叹了口气。

“拉米鲁他……真是令人遗憾。”

“啊，那确实是没有办法。最后他变成那样我也感到很遗憾。但万幸的是，拉米鲁得到了为他的所作所为赎罪的机会，他若是能自此踏上正确的道路就好。”

“赎罪的机会是指？”

“拉米鲁在魔法对决中输给了加莱德。”

“什么？这么说的话，你也会使用魔法了？”

我肯定了之后，校长脸上露出了更加惊异的神情。

“这……就是说，魔术师大人的判断是正确的。不，该说是他真正知道如何教导你吧……那么，寒暄就到此结束，在欢迎宴席之后我们再谈正事。”

宴席过后，我们回到了接待室。老师和校长好像是法加塔高等学校的同学。再会后两人之间的生疏客套已经消失不见，校长先开了口。

“这次请你过来的目的，正如先前信中所说。你也知道，我从三年前开始，除了是这所法加塔高等学校的校长外，还是王国学术院的干事。从下周起，王国学术院古代库普语研究总会就要举行了，请你无论如何在会上终止装置派和规则派的争论。”

装置派和规则派？我并未听说过。老师回答道：

“我多次回信也说过了，这纯粹是徒劳。要是能结束的话早就结束了。”

“你是想说在你离开学术院之前吧？”

“正是如此。我多次表示过这场争论毫无意义，但他们充耳不闻。他们从最初就下定结论，无论发生什么也绝不会改变自己的主张。与这样的家伙说什么都没有意义。所以这次，我本没打算来。”

“我不是不理解你的想法。但这场争论旷日已久，已经耗费了过长的时间。我虽不是研究库普语的专家，但也明白他们并没有进行实质上的辩论。他们简直就像是刻意要把这场争论永远进行下去一样。”

“这不是现在才出现的。只要装置派和规则派这样明摆着对立的阵营存在的话，成果就能不劳而获——不，应该说是就容易得到‘像是成果的东西’吧。顺利的话，即使没有能力也能获得一定的地位。事实上，现在的学术院中不就净是这样的人吗?”

“你这样说是不是有点过分了，奥杜因?他们至少看起来在心底都相信自己是正确的。”

“哼！在我看来，那些家伙是一群用自己的欲望和自己的双手戳瞎了自己双眼的人。为了短暂人生中微薄的名声和无聊的权威，便不愿意直视事实，也拒绝直视自己所做的一切。真是愚蠢至极!”

我是第一次看到老师说话时带着如此大的怒气。校长放缓了语气说：

“你生气也是理所当然，特别是考虑到你在学术院的时候受到的对待。但这次我硬要你来，也是为了那些将来要背负起学术院未来的年轻人。迄今为止所有满腹才华的年轻人，全被卷入了这场争论当中。他们被装置派和规则派之间的对立所挟持，不拥护某一方就无法进行研究，被彻底打压、无视，才能也被扼杀在摇篮之中。自你离开学术院之后，就再也没有新的研究与发现了。有能力的人想要去研究，环境也不允许。我只想尽快终结目前的窘况，让怀才者能发挥他们本来的能力。况且……”

“况且什么?”

“说来惭愧，实话说，我自己曾经也无法理解你的论证。因为你的说明过于晦涩……当然，我自学生时代起就亲眼见证了你的优秀和对知识的坦诚，所以明白你的结论是正确的。”

“校长，你这样下判断是十分危险的。我也有犯错误的时候，而就算是那些世人眼中的愚蠢之人，有时也会说出正确的话。”

“抱歉，你说得很对，我好像也犯了与装置派和规则派的那些人一样的错误。不管怎样，你能不能接受我这个委托呢?”

“我来到这里，完全是为了教育我的学生，我自己没有做任何打算。”

“还请你务必……想想办法。我能拜托的人只有你了，‘伟大的奥杜因’。以何种形式都可以，能不能借我一臂之力呢？”

老师的嘴角上挂着一抹难以察觉的微笑，一副正中下怀的表情。

“当真是以什么形式都可以吗？”

“嗯，嗯嗯。”

“那么你看这样如何？刚才你说我的论证晦涩难懂，我有一个提议……同样的论证，让一名十几岁的少年用通俗的语言叙述一遍如何呢？”

“你说什么？”

“这位加莱德，既学过璐璐语和库普语，也稍微会使用一点魔法，但除此之外只是一名普通的少年，本来也不懂那些诘屈的文字。如果就是这样的少年，不仅能理解我的论证，还能将它叙述出来的话……”

我不由得“诶”地叫了出来，声音却被淹没在校长的话语中。

“你莫不是想让这名少年在学术院研究总会上进行论证吧？”

“正是。”

“这种事……可能吗？这名少年能为这场持续了数十年的争论打上终止符？”

“终止符我在很久以前就打上了。而继续着这场争论的家伙，就如同察觉不到自己已经死去的亡灵一般。那些人就算听了通俗易懂的论证，态度想必也不会发生任何改变。但要是有心人的话……”

校长考虑了一会儿，像是下定决心般说道：

“我明白了，就按你说的办吧。虽然我无法判断会不会顺利，但总好过放任现状继续下去。还有就是……”

校长看向了我。

“我也对加莱德能做到什么程度充满兴趣，你就尽情展示自己的力量吧。”

◇

我对自己要做些什么毫无头绪，但我能感觉到那应该是一件不得了的大事。在校长回到自己的房间后，老师开始向我解释。

“你应该也从我和校长的对话中察觉到了，古代库普语的研究者从很久前就分成了‘装置派’和‘规则派’，争论不休。装置派主张‘装置’是古代库普语的本质，而规则派则认为‘规则’才是其本质。你理解这个对立应该花费不了很长时间吧？”

“不是吧？我目前可是还一点儿也没搞懂呢！”

“你其实已经对‘装置派’的‘装置’非常熟悉了，就是那些有白门和黑门的遗迹。而‘规则派’的所谓‘规则’，指的是这些。”

老师在纸条上写了下面的内容拿给我看。

第一古代库普语的“规则”
(1) S→○ S ● (2) S→○●

第三十三古代库普语的“规则”
(1) S→○ S ○ (2) S→● S ● (3) S→○○ (4) S→●●

“这些是古代库普语遗迹中‘兑换券’的兑换方案吧？”

“没错。上面那些你在伊奥岛的‘试炼之屋’遇到过，而写在下面的，你在小艾璐巴村的‘妹之祠’中见过。他们将这些方案称为‘规则’。你曾见过的‘规则’，是作为遗迹的组成部分存在的‘兑换券的兑换方案’。但实际上，‘规则’本身也可以表现古代库普语。”

“‘规则’本身也可以表现古代库普语？这又是怎么回事？”

“你听好。首先，将规则中的○和●视为第一古代库普语的文字。在‘试炼之屋’中，这些文字以钻石的形式出现，而在‘妹之祠’中，这些文字则以石子的形式出现。”

“好。”

“其次，我们就 S 来进行思考。S 可以说是‘生成库普语语句的种子’，是‘能转换成某种文字序列的记号’。”

“‘生成库普语语句的种子’？‘能转换成某种文字序列的记号’？”

“是的。S 本身并不是库普语的文字，它拥有可以转换成某种文字序列的使命，是进行 S →○ S ●和 S →○ ●这些转换时的规则。‘→’的左侧可以转换为右侧的文字。”

我的头脑开始混乱了。

“你有些糊涂了？看来还是讲实例比较好。假如你手边就有作为‘生成库普语语句的种子’S，依照 S →○ ●的规则将其改写，那么 S 会变为什么呢？”

“我想想，顺着考虑的话，会变为○ ●这样吧？”

“这样就可以了。而○ ●是第一古代库普语中最短的语句，利用 S 这颗‘种子’，通过 S →○ ●这条‘规则’，生成了○ ●这条语句。”

老师继续写出了下面的内容。

S
↓（使用S→○ ●将S替换）
○●

“那么我们来看看其他情况吧。这次，如果通过 S →○ S ●这条规则将 S 替换，会生成怎样的文字序列呢？”

“会生成○ S ●吧？”

“是的。但这组文字中依然残留着 S，也就是还残留着必须被替换成文字的记号。在这里继续使用 S →○ S ●将 S 替换的话，整体会变为什么样子呢？”

“嗯……原本的○ S ●中间的 S，会被替换为○ S ●，最终会变为○○ S ●●。”

我将这个过程写在了纸上。

S
↓（使用S→○S●将S替换）
○S●
↓（使用S→○S●将S替换）
○○S●●

“没错，这样生成的组合中依然含有S。这之后重复用S→○S●这条规则进行替换的话，你认为最后的结果会是什么呢？”

“将○○S●●中的S利用S→○S●这条规则替换后的结果是○○○S●●●，将这一替换继续下去的话会得到○○○○S●●●●。这就说明，一直重复利用S→○S●这条规则的话，这组文字将变得越来越长，而正中间的S会一直存在。”

我回忆起在“试炼之屋”中不断选择S→○S●这种兑换方案的情形。只要一直这样选择，就能不断得到钻石，可也永远无法离开那里。我感觉遇到了和当时同样的状况。

“这之后，在某个时刻使用S→○●这条规则便可以将这列文字中的S消除，于是，这列文字中将不再有可以被替换的部分。能够通过这样的方式产生的文字序列，全部都是……”

“在一个以上的○后，连接着相同数量的●的文字序列对吧？”

“正是。这就告诉我们，只通过S→○●和S→○S●这两条规则，便可表现第一古代库普语中的全部语句。这就是只通过规则便可以表现库普语语句的含义。上面列举的第一古代库普语的规则，也被规则派的那些家伙称为‘卡西规则’。”

“卡西是个人名？”

“卡西大师是名垂库普语研究史的伟大学者。但是，现在这个名字只是被规则派的家伙拿来显示权威罢了。”

只要一提起规则派和装置派，老师的遣词就会变得刻薄。

“你知道光靠‘规则’就可以表现库普语是怎么一回事了吧？就算不作为遗迹中‘兑换券的兑换方案’的一环，依靠规则也可以生成古代库普语。”

“我明白了。”

“规则派的主张正如我刚才所说，认为库普语的本质是‘规则’而非‘装置’。为了对这一观点进行证明，他们想表明能用‘规则’表示而不能用‘装置’——也就是遗迹——来表示的库普语语句。”

“存在可以用‘规则’表示而不能用‘装置’表示的语句吗？”

“不存在。”

老师斩钉截铁地回答。

“不存在？”

“是的，根本不存在那样的语句。因而，寻找那样的语句没有任何意义。这便是你要证明的第一点。”

老师的话令我不安。说到底，这是我能做到的事情吗？

“你要论证的第二点便是，也不存在能用‘装置’表示而不能用‘规则’表示的库普语语句。”

“能用‘装置’表示而不能用‘规则’表示的库普语语句……和刚才正好相反。”

“是啊！装置派的主张与规则派正好相反，即‘装置’才是库普语的本质。为了证明这一观点，装置派的家伙便想表明能用‘装置’而不能用‘规则’表示的语句是存在的。”

“但是那样的语句也是不存在的吗？”

“是的。既然不存在能用‘规则’而不能用‘装置’表示的语句，那么反过来，能用‘装置’而不能用‘规则’表示的语句肯定也是不存在的。也就是说，规则与装置的表现力其实完全相同，因此哪一方也不比另一方更具有古代库普语的本质。故而，这场规则派与装置派之间的争论实在毫无意义。”

“可是要如何才能证明呢？”

“证明的要点其实很简单。首先，我们要阐明，从任何库普语的‘规则’中，都能生成可以表现相同语言的‘装置’。其次，我们同样要阐明，从任何库普语的‘装置’中，也都能生成可以表现相同语言的‘规则’。”

“从‘规则’中生成‘装置’，从‘装置’中生成‘规则’……”

“你要做的，就只是在那些学者的面前介绍生成的方法。我现在要开始说明这个方法，我们先来看这张图做一下准备。”

老师将一张大纸摊开，是一张遗迹的设计图。

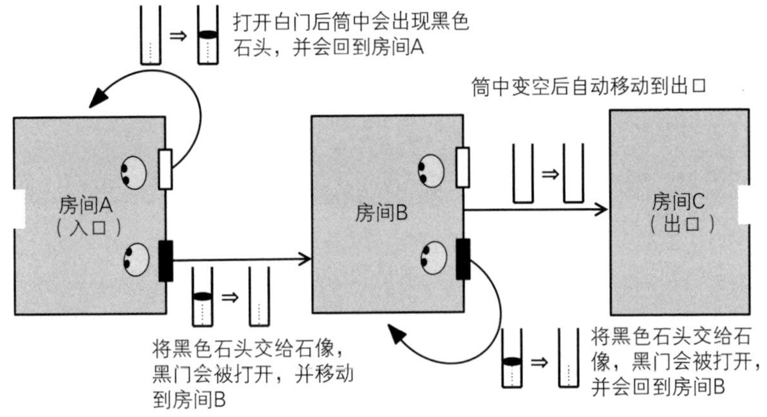

“你再看一下这些规则。”

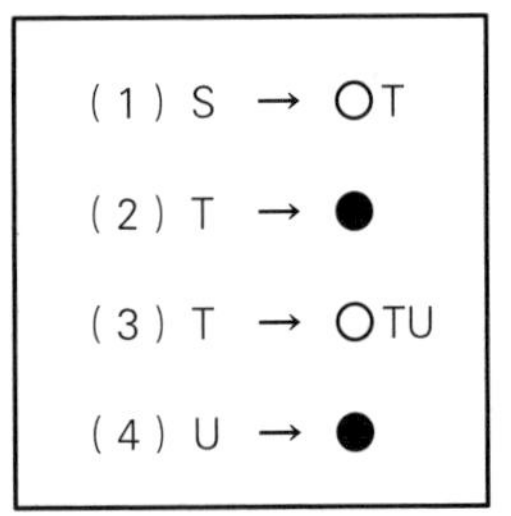

“你试着思考一下，这些都表示怎样的语言？”

我先是想象自己进入了这张设计图描绘的遗迹中。我身上自然戴着那个透明小筒。但是，空荡荡的筒中并没有装入兑换券。我站在入口房间 A。

我怎样才能走到出口房间 C 呢？

首先，我要想办法从房间 A 中打开黑门进入房间 B。但想打开黑门，就必须有黑色石头，怎么才能拿到手呢？想要得到黑色石头，就要在房间 A 打开白门。如此一来，就能得到一块黑色石头，并再次回到房间 A，从而也具备了打开黑门的条件。在房间 A 打开黑门后便能移动到房间 B，而伴随着这次移动，筒中的石头也被用完了。

其次，在空筒状态下到达房间 B 的话，不用开门就会移动到房间 C，其实就是到达了出口。而途中打开的门的白和黑，相当于○●这两个文字。这也是到达出口的最短路线。

若是在房间 A 中连续两次打开白门又会怎样呢？第一次打开白门时筒中便会像刚才一样出现一块黑色石头，而在这种状态下再一次打开白门，筒中的石头便会多出一块变为两块。这时打开一扇黑门的话会用掉一块黑色石头，还剩一块。移动到房间 B 时，必须用光筒中的石头。因此，在到达房间 B 时打开了黑门。虽然打开黑门会回到房间 B，但此时筒中的石头全被用完，也可以到达出口。这次的路线是白白黑黑，也就相当于○○●●。

在这座遗迹中，不管之前将白门打开几次，只要之后打开数量相同的黑门就可以走到出口。而这是由筒中石头的数量确定的。筒中石头的数量会随着白门打开的次数增加，而只有打开黑门才能让石头的数量减少。可见，这座遗迹表现的，也是第一古代库普语。

我这么向老师解释，老师表示赞同。

“这座遗迹存在于漂浮在凯亚里亚海上的阿玛库岛的西岸上。我记得以前也和你讲过，这座遗迹是奇诺先生的祖先一族移居到伊奥岛之前建造的，因此是一座不使用兑换券的较为古老的遗迹。而它表现的也是第一古代库普语。在装置派的学者中流传着的‘能表现第一古代库普语的装置’，正是这座遗迹。”

“原来是这样啊！”

“那么接下来，咱们再说一说规则。你能看出来下面的这些规则表现的是哪种语言吗？”

（1）S → ○T
（2）T → ●
（3）T → ○TU
（4）U → ●

这些规则当中出现了我以前从未见过的 T 和 U 这样的记号，令我十分困惑。

“这些规则当中含有 T、U 这样的记号呢！”

“T、U 其实和 S 一样，都属于‘能转换成某种文字序列的记号’。但是，出发点只能是 S。因此，在进行替换时必须从步骤（1）开始。可以认为在开始时你手中只有 S。”

我想了一下，若是从步骤（1）开始，将 S 替换后，就得到了“○ T”。

S
↓［利用（1）S→○T替换S］
○ T

替换后得到的内容中包含 T。既然 T 也是“能转换成某种文字序列的记号”，那么也必须将其替换掉。替换 T 的规则有（2）和（3）两种。如果选择（2）的话，那么 T 便会变为●，而“○ T”则会变为“○ ●”，至此不能再继续进行替换了。

○ T
↓［利用（2）T→●替换T］
○●

而若是将“○ T”当中的 T 利用规则（3）替换的话，则会变为“○○ TU”。

○ T
↓［利用（3）T→○TU替换T］
○○ TU

接下来，将结果中的 T 利用规则（2）替换为“○○● U”，再继续将 U 利用规则（4）替换便会变为“○○●●”。

○○ TU
↓［利用（2）T→●替换T］
○○● U
↓［利用（4）U→●替换U］
○○●●

将“○○ TU”中的 T 利用规则（3）替换后会得到“○○○ TUU”。将里面的 T 反复利用规则（3）替换后，则会是“○○○○ TUUU”“○○○○○ TUUUU”……这样延长下去。

○○ TU
↓［利用（3）T→○TU替换T］
○○○ TUU
↓［利用（3）T→○TU替换T］
○○○○ TUUU
↓［利用（3）T→○TU替换T］
○○○○○ TUUUU

在上面的任意一步中将 T 利用规则（2）替换后，再将 U 利用规则（4）替换后，文字内容便会变为“○○○●●●”“○○○○●●●●”“○○○○○●●●●●”……○和●数目相同的无限长的文字列。

“难道说这些规则表现的也是第一古代库普语吗？”

“没错。这些规则是卡西大师的弟子罗瓦吉大师从古代文献中发现的，之后被人们称为‘罗瓦吉规则’。虽然不像‘卡西规则’那样有名，但规则派中热衷于研究的学者估计都知道。”

“这样一来，我已经明白了‘阿玛库岛的遗迹’与‘罗瓦吉规则’都能表现第一古代库普语。可这些与我要进行的论证又有什么关系呢?”

“能表现第一古代库普语的规则和装置，你就分别知道两种了。首先引入从‘规则’中生成‘装置’的方法，这时可以利用‘卡西规则’和‘伊奥岛的遗迹’作为示例。接着利用‘阿玛库岛的遗迹’和‘罗瓦吉规则’这组例子讲述从‘装置’中生成‘规则’的方法。要阐明，利用‘卡西规则’可以建成‘伊奥岛的遗迹’，而利用‘阿玛库岛的遗迹’可以总结出‘罗瓦吉规则’。”

“利用‘卡西规则’可以建成‘伊奥岛的遗迹’，而利用‘阿玛库岛的遗迹’可以总结出‘罗瓦吉规则’……”

“在研究总会开始前，你要彻底理解其中的方法。下面我就为你进行讲解，你一定要听仔细了。”

说完老师就开始了冗长的说明。我还来不及从路途的劳顿中恢复，头脑中就接二连三被新知识塞满。而这些知识我无法一次理解，只能在总会日之前反复温习。

深夜好不容易被带到客房时，我的意识已经有些朦胧。都已经到这个时间了，大路上似乎还有人在，脚步声、欢闹声和音乐声不绝于耳。空气干燥得更加彻底，分不清究竟是燥热还是寒冷。从瓶中倒出的饮用水，总让人觉得带着一股咸涩。我被身处大都市的兴奋、不安及不适感所包围，栽进床上的刹那便陷入了睡眠。

第 10 章
微小的变化

自我们到访法加塔已经过去一周。这天一早，我被校长带到王国学术院古代库普语研究总会的会场，那是一个巨大的圆形空间。座位呈研钵状展开，会场正面的大理石舞台熠熠发光。老师今天没有一同前来，据说是原本就没有跟我一同前来的打算。

会议时间一到，身着白领黑袍的学者便纷纷入场就座。校长小声向我说：

“加莱德，你看看那些坐席，越是年长的学者坐得便越高，年轻的学者一般坐在靠下的位置。面向你左侧坐的是规则派，右侧坐的则是装置派。很抱歉没有你的座位，所以到你发言之前，你就待在舞台里侧吧。”

校长小声说的话居然能发出这么大声响，真让我吃惊。看来是为了更便于演讲才特意这样设计的。我将要在这里发言……光是想象一下我就膝盖发软。

在校长漫长的开幕致辞后，学者依次登台发言。我对代表着这个国家“知识的殿堂”中会进行怎样的讨论充满兴趣，但渐次听下来我越发烦闷。

几乎所有的话题，不是在发表“第几古代库普语的某条语句可以利用规则表示却不能利用装置表示”的主张，就是在强调“第几古代库普语的某条语句可以利用装置表示却不能利用规则表示”。比如说，“第二十九古代库普语中第 3891 条语句，就无法通过规则表示。因为……”听着大家的发言，我渐渐领悟到这样的论调才是这个会场的“主流”，才是“规则派和装置派的对立”造就出的“形式”。每个人的发言内容中论证的思路都极其复杂，其间尽是些难解的用词，空洞无物。

但在上午最后一名发言的红发高挑的年轻学者的报告，与众不同。他就最近新发现的库普语进行了一些阐述。

“在研究记载着西面山地历史的古代文献中，我发现了一种由○和●构成的语言。这种语言会在一个以上的○后，连接着相同数量的●，最后再以相同个数的○结束。这一特征和目前已发现的一百九十八种古代库普语都不相同，因此暂时将它称为‘第一百九十九古代库普语’。”

目前它还不为世人所知。我兴趣十足，但会场反响平淡。红发学者对“第一百九十九古代库普语”进行说明后，这样说道：

“在我的调查中，能表现这种语言的规则和装置，至今尚未被发现。虽然想要得到确切的结论还需要更加详细的考察，但我不禁猜测这种语言是否无论用怎样的规则和装置都无法表现呢？也就是说……”

他的话音未落，会场就像被捅的蜂巢一样骚动起来，红发学者虽想要继续刚才的话题，但场面已经没有办法控制了。

规则派的学者指出这种语言一定可以被规则表示却不能被装置所表示。而装置派的学者却对此表示出强烈的反对，说规则肯定无法表示，只有装置能够办到。但是，无论是利用装置表示的方法，还是利用规则表示的方法，大家似乎都毫无头绪。我还想再多听一些红发学者的想法，但会场的其他学者已经把发言者抛到一边，竟自谩骂起对立的一方来。这哪里是讨论，分明就是争吵。

“说到底，无法理解规则的重要性的家伙，都是感觉有问题的人，肯定缺少一些作为一生向学的学者，不，是缺少一些作为人类的什么东西！”

“一派胡言！规则根本无法比肩装置的力量，那位伟大的阿尔比大师在一百多年前就已经写下了如此语句。你们连这都不知道吗？”

“既然你这样说，就该重新思考一下规则这个词语的意义！规即是法，是支配宇宙的法则！而与之相比，规则不过就是一件物品。法则比物品具有更高的地位不是显而易见的事实吗？”

“什么？居然违背阿尔比大师之见，不可原谅！”

“你们才是一直在违背被称为库普语学的圣人卡西大师之意！我看你们

还是把学再重上一遍吧!”

“你们才应该再上一遍小学!”

眼看就要变为一场骚乱的讨论，随着正午钟声的响起终以毫无结论告终。被没有意义的情绪化争论打断话题，被迫中途结束演讲的红发学者那一脸受够了的表情，不知为何让我印象深刻。

而下午第一个要登台的，便是我了。

在为大家备好轻食的、宽敞的谈话室中，校长递给我一件黑色的长袍。

“奥杜因说要你穿着这个登台。”

这长袍看起来并不高级，但像我这个年纪的人穿得太过华丽反而会让人感觉违和。再说，在亲眼看到上午的景象后，我觉得不管穿什么，结果很可能都是一样的。

“校长先生，我真的能做到在那些人面前发言吗？不会像刚才那位红发学者那样从中途就被吵架打断，根本无法讲到最后吧？”

“奥杜因已经为这种情况做好了准备，让你穿着这件长袍也是他计划的一环。这件长袍具有穿在身上就能让其他人集中注意力的功效。你穿着它，不仅不会因为年纪小被人看轻，而且你所说的一切也都能让听众洗耳恭听。”

“原来如此。”

我俩身后聚集着一群年轻学者，其中一位一脸青春痘的学者正一脸得意地向其他学者讲着什么。我认出他就是那个在上午的演讲中主张第二十九古代库普语的某条语句无法用规则表示的人。他和他的拥护者一起走向一位坐在窗边椅子上的小个子学者，并向他搭起话来：

“嘿，布恩。听说你这次又要发表哪座遗迹的调查报告？可真是辛苦你了。但是，装置派现在已经没有像你一样拼命进行实地调查的家伙了吧?”

被唤作布恩的小个子学者保持着沉默，连看都没看正在跟他说话的人。一脸青春痘的学者却自顾自地继续说着：

“因为做这些都是徒劳无功嘛！上午最后演讲的那家伙……是叫规则派的尤斐什么来着？他也一样，在这里讲这些暧昧不明的观点不是毫无意义吗？要是不明确加入规则派或是装置派中的一方，是不会被上面的人重用的。既不会被推荐为中级会员，也找不到像样的工作。我的学长主张第九十三古代库普语中的第 1736 条语句无法用规则表示，就被装置派的纳马吉先生纳为了后继者。”

话音一落，他的拥护者就发出了“这样啊”“真厉害啊”这样的声音，而作为他诉说对象的小个子学者仍对他视若无睹。从那双被金发遮住些许的双目中，透露出明显的厌恶。

“你也听说我这次要被推荐为中级会员了吧？不为讨好上面的人讲些他们爱听的话，可是你自己的损失。”

听到这话的校长也是一脸厌烦。我则愈发不安。

“若是所有人都像他一样，想必没有人会对我说的话感兴趣吧？”

“你不用过于忧虑，尽管放手去做便是。”

“但……怎么看都觉得反响应该不会太好。”

“加莱德，想收到好反响是不可能的。但从学术院的角度看，你完全是个外人。你说了什么，获得了怎样的反响，你都不会有任何损失。因此无须像那些家伙一样为了出人头地而顾忌学术院中那些高层人士的评价。我也是考虑到这一点后，才对位于你这样立场的人的发言满怀期待的。”

校长重新看向我的眼睛对我说：

“加莱德，你还记得你的老师昨晚说过的话吗？”

我回想起老师昨晚对我最后的忠告。

“记得。老师说‘不必顾虑气氛。把他们所做的工作全部推翻也没有关系’。”

“正是这样。你就按老师所说，去给这淤塞的世界打开一个缺口吧！”

被这么说了之后，我的心情豁然开朗。

◇

我一登台，整个会场便被奇怪的气氛所包围。恐怕是因为我这个年纪的人站在台上，所以大家才都是一副古怪的表情。我简单地介绍了一下自己，并说明了自己是受校长之邀而来。这是我自出生以来第一次被这么多人注目。但大概是这件长袍的功劳，我毫不紧张，站得笔直，按照之前的练习开始发言。

“在开始前，我想向大家确认两件事。”

我这样一说大家便安静下来。与其说是在用心聆听，倒不如说是好奇我这小辈究竟会说些什么。

“首先想向大家确认的是，被大家称为‘库普语装置’的东西究竟是什么？能不能将其特征总结为以下四点呢？”

- 在遗迹中有数个房间，每个房间都装有白门和黑门。
- 筒中的物品会遵从一定的条件发生变化。
- 在哪个房间中选择打开哪扇门，以及目前筒中物品的状态，共同决定之后会移动到哪间房间。
- 越靠后放入的物品会越早被使用，而最先放入筒中的物品最后才能被使用。

“如果大家对此没有意见的话，我会把这些特征作为下面内容的前提。”

一开始说的这些内容，是提前和老师商量好的“作战”方案之一，目的是想重新梳理并明确一下装置的定义。这一定会对后面的论证起到一些作用。但装置派的学者像是对此毫不关心，没有给出任何回应。我做了个深呼吸，准备继续。

“看来大家对此都没有意见。那么接下来，我还想和大家确认一下被称为‘库普语规则’的又是什么？能否将其特征总结为以下两点呢？”

- 在“→”左侧有唯一一个“能转换成某种文字序列的记号”。
- 在“→”右侧有文字序列或是“能转换成某种文字序列的记号”，抑或两者都有。

大家先是沉默了一阵，之后有一位规则派的中年学者神气十足地站起来说：

“你这样是不是将规则的定义太过简化了呢？你可能还不知道，库普语规则的形式可是多种多样的。那雕刻在法加塔湾发现的金印上的，散落于库库久的群岛上的，隐藏于簟斗的罗库萨地区居民的储藏室中的，还有……”

我本想等他说完，可感觉他会没完没了，便开口将他打断了。

“不同的规则在各地以不同的形式被发现，与我现在要说的并无任何关系。我刚才列举出的，是被大家称为‘库普语规则’的共同的特性。换言之，是只存在于库普语规则中，而不存在于其他事物当中的性质。”

本想展露自己博学的中年学者一脸不快地坐回到了座位上。虽然我的举动很失礼，但我不过是个外来人。我再次想起老师交代过让我“不必顾虑气氛”，便继续开口讲道：

“比如下面的内容，就不能被称为‘库普语规则’。”

- ST → U
- STU → ●○

“S、T、U 都是‘能转换成某种文字序列的记号’。在‘→’左侧并列着两个以上这样的记号，就不是库普语规则。在这一点上，我想大家的意见是一致的。”

大多数规则派的学者摆出一副“为什么要说这些理所当然的事情”的表情。我径自继续。

“那么，接下来进入正题。今天，我在这里想证明两个问题。第一个是，所有能被‘规则’表示的语言也必然能被‘装置’表示。第二个是，所有能被‘装置’表示的语言也必然能被‘规则’表示。”

在场所有人的神情都紧张起来。“你在说什么？！”“不要再说这种荒谬的话了!”会场中不断有人喊着。这些反应都在我的意料之中。伴随着不绝于耳的谩骂声，我再次做了深呼吸，扫视了会场，注意到左侧规则派的座位上有一个人正认真地注视着我。是上午最后发言的那位红发年轻学者。而在右侧装置派的座位上，刚刚在谈话室中看到的那位小个子学者也正盯着这边。我决定暂时“向着这两个人”讲解，于是再次开了口。

“各位，我的第一个主张，是基于古代库普语的语句不论用怎样的规则表示，都有办法制作出同等表示能力的装置这一事实。而下面我将向大家展示这个方法。”

我在脑中重现着老师说过的话，开始了说明。

到达法加塔的第一天夜里，老师一边画图一边向我解释。

“我先教给你根据库普语‘规则’制成表示相同语言‘装置’的一般方法。这种方法比较简单，就连你也能很快理解。我们先看这三个房间。”

“房间 A 是入口，房间 C 是出口，装有白门和黑门的只有房间 B。从房间 A 不用开门就可以移动到房间 B，同时筒中会被装入一张兑换券。而只要处于空筒状态，就能从房间 B 移动到房间 C。”

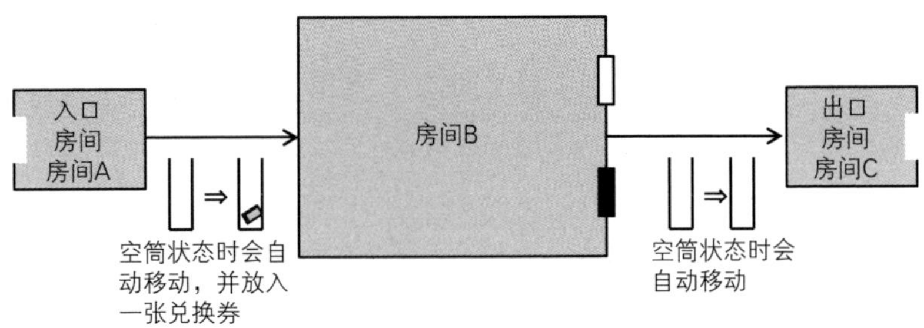

“而在中间的房间 B，不管是打开白门还是黑门，都会回到房间 B。而想开白门需要白色石头，想开黑门则需要黑色石头。”

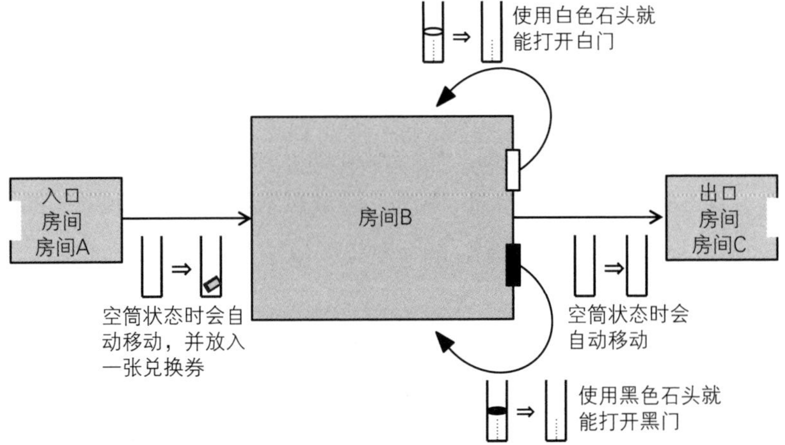

“而最后一步，是在房间 B 中设置一个‘兑换负责人’，利用库普语‘规则’进行兑换券的兑换。比如在这里将第一古代库普语的‘卡西规则’作为‘兑换方法’的话，就可以建成一座表现第一古代库普语的遗迹。”

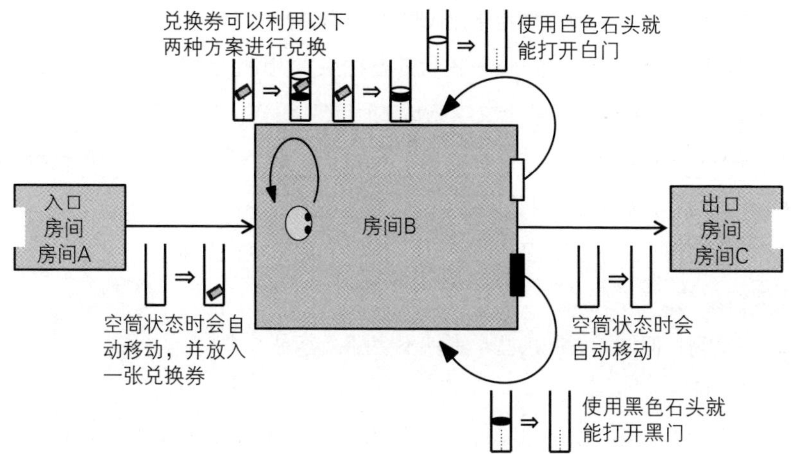

“这不就和伊奥岛的‘试炼之屋’完全相同了吗？”

“正是如此。但如果在这里使用第三十三古代库普语规则的话，就变成了同小艾璐巴村的‘妹之祠’相同的设计。”

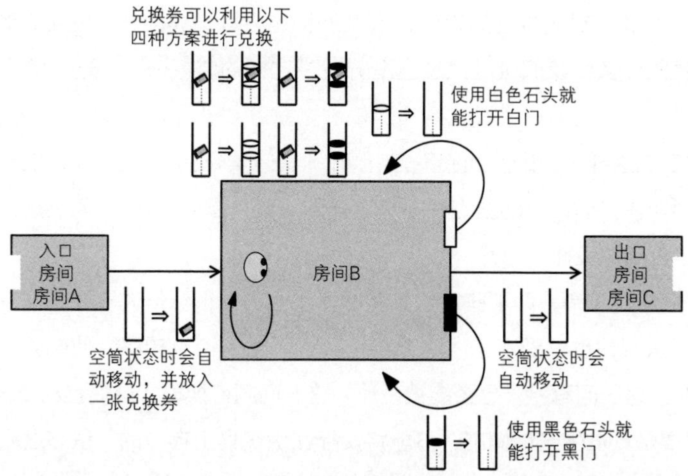

“其他库普语规则也一样。只要将房间 B 中的‘兑换方案’替换为其他库普语规则，就可以设计出表现其他库普语的遗迹。”

没想到如此简单，我竟感到有些扫兴。

“这种方法真的可以应用于全部的库普语吗？”

“可以。就拿第一百一十一古代库普语来举例吧。第一百一十一古代库普语，是将‘所有由奇数个文字组成的回文’看作语句的语言。这一规则和利用这一规则制定的‘兑换方案’构成的‘装置’，都可以表示这种语言。你之后可以确认看看。”

“我明白了，一会儿我会试一下。但是利用‘规则’制成‘装置’还真是够容易的。”

“是啊！但估计说服那些学者就不会那么容易了。”

“为什么？”

“因为大家都不知道设置有‘兑换券机制’的遗迹的存在。那样的遗迹十分罕见，我也只知道伊奥岛的‘试炼之屋’和小艾璐巴村的‘妹之祠’这两座而已。因此，普通的研究者就更难有所了解吧？不仅如此，伊奥岛的‘试炼之屋’是奇诺一族的秘密，而像小艾璐巴村的莱莱露的祠堂那样已经成为低级神祇住所的遗迹，平时也很难接近。因此，就算你进行了利用规则制成装置的论证，大家恐怕也会以‘兑换券？兑换负责人？这都是些什么？我们可没见过也没听说过这样的装置……’这样的说辞带过吧。”

“怎么这样……即使他们不曾听闻，但这样的遗迹是实际存在的啊……况且，现在我们讨论的重点并不是这样的遗迹‘是否存在’，而是这样的遗迹‘是否能被设计’吧？”

“你说得没错，而那些家伙其实心里也明白得很。但你不要忘记，他们既不想认可，也忍受不了你这个结论。为了将争论点转移，他们会用‘是否存在’这一问题将‘是否能被设计’这一问题替换掉。这很容易预料。”

“要是真发生这种情况，不能将实际在伊奥岛上存在的‘试炼之屋’的设计图拿给他们看吗？直接展示这种遗迹真实存在的证据，不就把他们的退路堵住了吗？”

“这不可能。这样做要事先获得奇诺一族的允许，那可不是一件简单的事，至少不可能赶上研究总会的日期。”

“这样吗？那公开小艾璐巴村的‘妹之祠’总可以吧？有必要的话我会将我画的设计图展示出来……”

“那倒是没什么问题。但是，那张设计图是你基于个人调查绘制而成的，多少欠缺一些说服力。还是公布像‘试炼之屋’那样，有所有者认可的设计图更好。这次实在是没有办法，我们只能期待有人对你讲的内容抱有兴趣，能亲自去确认。”

在我结束“从规则中生成装置的方法”的说明后，会场一片嘈杂。而刚刚的红发学者和小个子学者，则一直在做笔记。

“这只是利用规则所设计的遗迹之一。在房间 B 中，如果将‘兑换方案’变为其他库普语‘规则’的话，便能表示其他库普语。所以结论就是，只要我们知道某个库普语规则，便可以利用它制成表示同种语言的装置。”

一直以一副躁动不安的样子听着的装置派的其中一人说道：

“真是荒唐透顶！你说这是一座表示第一古代库普语的遗迹？这座遗迹压根儿就不存在！说起来，表现第一古代库普语的遗迹，是在凯亚里亚海的……”

“您是想说阿玛库岛西海岸的那座遗迹吧？”我先一步说了出来。

装置派的学者因为被抢了话而哑口无言。

“我明白，那座遗迹与我所描述的这座遗迹是有区别的。但是，我描述的遗迹，同样满足我在论述的一开始便提出的，大家也都认可的‘装置’应满足的条件。若是今后发现了这样的遗迹的话，大家不也是一定会称它为‘库普语的遗迹’吗？”

这时其他学者也插进话来。

“你说这些有什么用？不存在的东西就是不存在！”

事情的发展完全在老师的预料之中。我明明是在论证“是否能够设计”这样的装置，而人们却在将话题带向“是否存在”这样的装置。会场中嘈杂无比，完全听不清谁在说些什么。我准备姑且先将小艾璐巴村的‘妹之祠’的设计图公开出来。

就在这时，装置派的座位中，有一位学者默默站了起来。是那位小个子学者。其他学者注意到他的举动，渐渐安静下来。待到会场又重回归安静之时，他开了口：

“我是今天预定要在最后登台的人。反正也是准备要向大家发表的内容，我就在这里先说了。其实，我知道一座真实存在的遗迹，和加莱德先生刚才所描述的那座‘利用规则建成’的遗迹一模一样。”

我眼看着在场的学者的脸色逐渐变得铁青。

“我本想在今天向大家宣布这一消息。我最近去了趟比哉地区的寇迦，在那里获取了掌权者的信任，向他询问了他名下‘遗迹’的情况。并被许可在不透露遗迹正确位置和用途的前提下，我可以在这里公开遗迹的内部构造。我从遗迹的主人那里誊写了一份遗迹的设计图，现在就将它展示给大家。”

我震惊于这预想之外的发展。居然有人能获得奇诺先生的‘试炼之屋’的设计图。他继续说道：

“不仅如此，我还查明，在同样位于比哉地区的小艾璐巴村中，也有一座相同种类的遗迹。并且……目前为止，我进行了几次尝试，确如加莱德先生所说，只要将房间 B 中的‘兑换’规则替换，就能设计出表示其他语言的遗迹。我虽然试验了第二古代库普语到第十六古代库普语，但可以预见这对其他的语言也同样适用。随着调查开展，之后会发现更多类似遗迹。我认为在引入‘兑换券’这一机制之后，遗迹中的房间数量就能下降，遗迹的建设便能更加迅捷，而这也正是这一机制被矮人采用的原因。”

说完之后，他便坐回到座位上。整个会场一片静谧。获得了意外的“帮助”，我感觉力量涌现了出来。因此我没有留给他们喘息的时间，随即投下了“第二颗炸弹”。

“我现在开始对我的第二个主张进行论证。也就是……我要证明所有库普语的‘装置’，都能表示生成同种语言的‘规则’。”

◇

我开始了第二轮证明。

“作为例子，让我们来看一下如何从阿玛库岛的遗迹中总结出可以表现第一古代库普语的规则吧。”

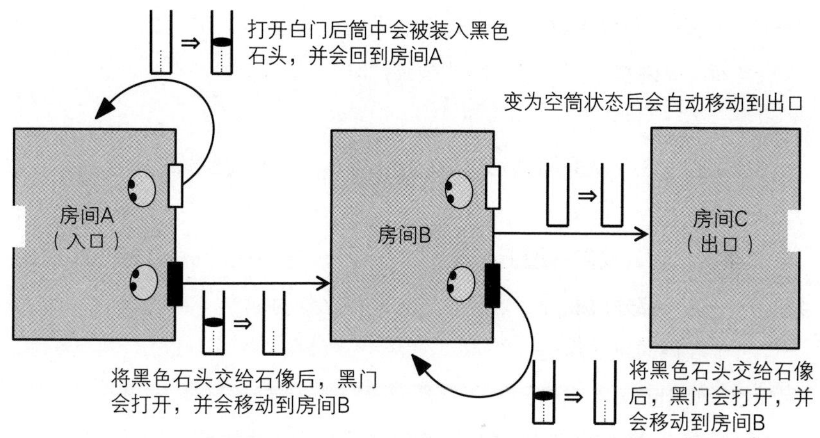

我面向装置派的座位提出了问题。

“我想问一下装置派的各位。对于‘遗迹’来说，语句究竟意味着什么呢?”

刚才发言的小个子学者这样回答道：

“对于‘遗迹’来说，语句就是从遗迹的入口到出口所选择的路线吧?换言之，就是‘从入口至出口依次打开的门’。不知这是否可以作为答案呢?”

他的回答完美回应了我的期待。他那顺畅又准确的回应令我不禁涌现出一股尊敬之情。我到达法加塔的那天夜里，老师向我提出了完全相同的问题。我的记忆再次被带回到了那天晚上。

那天晚上，老师继续着说明。

“想从‘装置’中总结出‘规则’的第一步，便是要将‘装置’中所谓‘语句’和‘规则’中所谓‘语句’对应起来。对于‘装置’来说，‘语句’是通过‘从遗迹入口到出口的路线’来表示的。而与此相对，对于‘规则’来说，‘语句’是通过‘S 这个记号’来表示的。首先我们要建立将这两者结合起来的规则。在阿玛库岛的遗迹中，入口是房间 A，出口是房间 C，‘语句’就是从房间 A 到房间 C 的路线。”

老师这样说着，写下了下面的规则。

（规则 1）S →从房间 A（入口）到房间 C（出口）的路线

“在这之后，我们再把上面规则的右侧——也就是‘从入口到出口的路线’——这一部分再细分。划分的方法是将之分为：

（1）获得道具的路线；

（2）使用道具的路线；

（3）既没获得也没使用道具的路线。

“这三个步骤，根据获得的‘道具’进行划分。在阿玛库岛的遗迹中，从房间 A 到房间 C 的路线要如何按（1）、（2）、（3）的步骤划分呢？”

我一边看着设计图，一边想象自己真的走进了阿玛库岛的遗迹中。在我进入房间 A 时，筒中什么都没有。我必须想办法获得黑色石头。为此，我就要在房间 A 中打开白门。那样，我会获得一颗黑色石头，并会回到房间 A。

“第一段路线是从房间 A 到房间 A 的路线吧？这样移动会获得一颗黑色石头。”

“之后呢？”

之后我该怎么做呢？既然得到了黑色石头，我便应该用它打开黑门，移动到房间 B。这样一来，就将刚才获得的黑色石头用掉了。

“嗯……第二段路线是从房间 A 到房间 B 的路线吧？这段路线能将刚才得到的黑色石头用掉。”

“没错。接下来呢？你还没走到出口呢！”

“从房间 B 到房间 C 的路线不需要借助石头，可以自动移动。”

“那这便是第三段路线咯？”

老师说完，又写下了下面的规则。

（规则 2）从房间 A（入口）到房间 C（出口）的路线
　　→从房间 A 到房间 A 的路线（获得一颗石头）
　　　从房间 A 到房间 B 的路线（使用一颗石头）
　　　从房间 B 到房间 C 的路线（既没获得也没使用石头）

“这便是第二条规则。像这样，箭头的左侧是被‘划分前’的路线，而箭头右侧是‘划分后’的路线。这之后要做的事情基本和刚才相同，就是将右侧这三段路线各自用和刚才相同的方法再继续划分为更加详细的步骤，并按照规则的形式表示出来。话虽如此，也有不能再继续细化的情况。比如规则 2‘→’的右侧，可以获得一颗石头的‘从房间 A 到房间 A 的路线’还能被细化吗？”

“我觉得不能了，因为这段路线中只打开一扇白门。”

“确实。像这种只打开一扇白门或黑门的单纯路线，可以规定将其替换为‘○’或‘●’。”

（规则 3）从房间 A 到房间 A 的路线（获得一颗石头）
　　→○（打开一扇白门）

“那么规则 2‘→’右侧的‘从房间 A 到房间 B 的路线’又如何呢？”

“这段路线中只打开一扇黑门，所以是将它替换为‘●’？”

“你说得对。”

（规则 4）从房间 A 到房间 B 的路线（使用一颗石头）
　　→●（打开一扇黑门）

“但在这里必须要注意一点，还存在其他‘从房间 A 到房间 B 的路线’，而且也使用一颗石头。”

还有其他使用一颗石头，并从房间 A 到房间 B 的路线？我在设计图中看不到除了在房间 A 打开黑门进入房间 B 之外的其他方法。其他的路线是什么呢？

“我除了打开黑门之外找不到其他路线了。”

“你还需要更加发散的思维。如果要求是找到从房间 A 到房间 B 的‘最短’路线的话，那确实只能是‘打开一扇黑门’。但我并没有要求必须是从房间 A 到房间 B 的最短路线。”

即使老师对问题进行了补充，我依然云里雾里。

“比如这样如何呢？假设你在房间 A 中已经打开过一扇白门了，并且手中还有一颗黑色石头。你要思考如何从你目前的状态使用一颗石头并到达房间 B，其中一种方法便是像刚才所说直接用这颗石头在房间 A 中打开黑门，但若是不打开房间 A 中的黑门，而是再打开一次白门会怎么样呢？”

我闭起双眼，一边想象自己正身处于遗迹中一边回答：

“如果再打开一次白门的话，就能得到另一颗黑色石头。”

“用掉那颗刚得到的黑色石头将黑门打开，就能到达房间 B。”

“是的。”

“那么现在，就用筒中还剩下的那颗石头——也就是你一开始便拥有的那颗石头——将房间 B 的黑门打开。这样的话，就能回到房间 B，而你一开始便拥有的那颗石头也消失了。”

我惊异地睁开眼睛。

“原来如此……确实这也能满足老师刚才提出的从房间 A 到房间 B，并使用一颗石头的要求呢！”

“你能将刚才的路线划分为（1）获得道具的路线、（2）使用道具的路线和（3）既没获得也没使用道具的路线这三个部分吗？”

“我想想看……从房间 A 到房间 A 这段是‘获得石头的路线’，从房间 A 到房间 B 这段是‘使用石头的路线’，而从房间 B 到房间 B 这段，也是

‘使用石头的路线’吧？”

我说完，老师继续写下了下面的规则。

（规则 5）从房间 A 到房间 B 的路线（使用一颗石头）
→从房间 A 到房间 A 的路线（获得一颗石头）
从房间 A 到房间 B 的路线（使用一颗石头）
从房间 B 到房间 B 的路线（使用一颗石头）

“在规则 5‘→’右侧出现的三段路线中，第一段‘从房间 A 到房间 A 的路线’依据规则 3，可将其替换为○。而第三段‘从房间 B 到房间 B 的路线’相当于只打开一扇黑门的路线，因此可以将这段路线替换为●。那么，我们就得到了下面的规则。”

（规则 6）从房间 B 到房间 B 的路线（使用一颗石头）
→●（打开一扇黑门）

“而第二段‘从房间 A 到房间 B 的路线’，既可以依据规则 4 将其替换为●，也可以被规则 5 自身所替换。”

老师的话让我产生了混乱。现在，老师应该正在向我讲解规则 5‘→’右侧的各段路线可以按照其他规则被替换。然而老师却又说规则 5‘→’右侧出现的一段路线可以被规则 5 自身替换。我觉得这并不符合常理。

“老师，规则 5‘→’右侧出现的‘从房间 A 到房间 B 的路线’，被规则 5 自身所替换也可以吗？”

我的问题让老师笑了出来。

“这才是‘规则’的完美之处。需要注意的是，‘从房间 A 到房间 B 的路线’，且在只使用一颗石头时有无数条这一事实。”

“有无数条？”

“比如，在房间 A 中打开白门‘两次’，再打开黑门移动到房间 B，再在那里打开黑门‘两次’这种路线。另外，如在房间 A 中打开白门‘三次’，再打开黑门移动到房间 B，再在那里打开黑门‘三次’……这种路线。”

“这样啊……无论在房间 A 中打开白门多少次，之后移动到房间 B，再在那里将黑门打开相同次数的路线，都可以归类为‘从房间 A 到房间 B 的路线’？”

“是的。因此，想‘列举’出所有‘从房间 A 到房间 B 的路线’是不可能的。但规则 5 存在的话，就可以将所有这些路线表示出来。”

“这又是怎样做到的呢？”

“在房间 A 中打开白门‘两次’，再打开黑门移动到房间 B，再在那里打开黑门‘两次’的这一路线，其实相当于将‘从房间 A 到房间 B 的路线’利用规则 5 替换之后，将替换后的路线中的第二段中包含的‘从房间 A 到房间 B 的路线’再次利用规则 5 替换后得到的产物。”

从房间 A 到房间 B 的路线（使用一颗石头）
（利用规则 5 替换）
从房间 A 到房间 A 的路线（获得一颗石头）
从房间 A 到房间 B 的路线（使用一颗石头）
从房间 B 到房间 B 的路线（使用一颗石头）
（利用规则 5 将上面的第二段路线进行替换）
从房间 A 到房间 A 的路线（获得一颗石头）
从房间 A 到房间 A 的路线（获得一颗石头）
从房间 A 到房间 B 的路线（使用一颗石头）
从房间 B 到房间 B 的路线（使用一颗石头）
从房间 B 到房间 B 的路线（使用一颗石头）

就结果来说这条路线看起来较为复杂。在房间 A 中获得石头的路线有两段，从房间 A 使用一颗石头到房间 B 的路线有一段，在房间 B 中使用石头的路线又有两段。但这确实相当于“在房间 A 中打开白门‘两次’，再打开黑门移动到房间 B，再在那里打开黑门‘两次’的路线。”

“在这里再次利用规则 5，将‘从房间 A 到房间 B 的路线’替换后，便能表示在房间 A 中打开白门‘三次’，再打开黑门移动到房间 B，再在那里打开黑门‘三次’这一路线了。”

“原来如此……这样一来，只要重复利用规则 5，想表示多少条‘使用一颗石头从房间 A 到房间 B 的路线’都能办到。”

“就是这么回事。到目前为止，我们便将规则 2 的‘从房间 A 到房间 A 的路线’‘从房间 A 到房间 B 的路线’的规则总结出来了。规则 2 最后的‘从房间 B 到房间 C 的路线’是一条不需要开门的路线，我们可以将其看作长度是零的‘空’文字列，记为规则的形式的话就会像下面这样。”

（规则 7）从房间 B 到房间 C 的路线（既没获得也没使用石头）→

“这样就得到了七条规则。”

（规则 1）S →从房间 A（入口）到房间 C（出口）的路线
（规则 2）从房间 A（入口）到房间 C（出口）的路线
→从房间 A 到房间 A 的路线（获得一颗石头）
从房间 A 到房间 B 的路线（使用一颗石头）
从房间 B 到房间 C 的路线（既没获得也没使用石头）
（规则 3）从房间 A 到房间 A 的路线（获得一颗石头）
→○（打开一扇白门）
（规则 4）从房间 A 到房间 B 的路线（使用一颗石头）
→●（打开一扇黑门）
（规则 5）从房间 A 到房间 B 的路线（使用一颗石头）
→从房间 A 到房间 A 的路线（获得一颗石头）
从房间 A 到房间 B 的路线（使用一颗石头）

从房间 B 到房间 B 的路线（使用一颗石头）

（规则 6）从房间 B 到房间 B 的路线（使用一颗石头）

→●（打开一扇黑门）

（规则 7）从房间 B 到房间 C 的路线（既没获得也没使用石头）→

“完成是完成了，但总感觉毫无章法。”

“这可不能算完成，我们还要对它们进行一些加工。为了让规则看起来更加简洁，我们要将‘○’和‘●’之外的部分——也就是目前被我们记为‘从某房间到某房间的路线’这一部分——替换为更简单的符号。举例说……这样吧，我们就把‘从房间 A（入口）到房间 C（出口）的路线’替换为 V，把‘从房间 A 到房间 A 的路线’替换为 W，把‘从房间 A 到房间 B 的路线’替换为 T，把‘从房间 B 到房间 B 的路线’替换为 U，把‘从房间 B 到房间 C 的路线’替换为 X。那之前的规则就会变成下面这样。”

（规则 1）S → V

（规则 2）V → WTX

（规则 3）W →○

（规则 4）T →●

（规则 5）T → WTU

（规则 6）U →●

（规则 7）X →

刚才还纷乱无章的规则现在一下就有了“库普语规则”的感觉。

“怎么？很惊讶吗？如果继续将不需要的规则去除的话，就能变得更加简洁。”

就算我向听众展示了这七条规则，但台下依然反响平平。从规则派的

座位那边传来“我们可没有见过这样的规则”的声音。我回应道：

“我同刚才探讨装置的问题时持相同意见，也就是这些规则是否已经被发现，是否实际存在，与我们现在讨论的问题毫无关系。重要的是，这些规则是否满足大家最初认可的‘库普语规则’应具有的特征？”

话虽如此，但大多数学者摆出一副绝对无法接受的神色。我只得准备给他们最后一击。

“我看大家依然无法接受，那我就再进行一些说明吧。从阿玛库岛的遗迹中总结出来的七条规则，有一些多余的内容。

“比如，规则 1 仅是将 S 替换成 V，因此把它和规则 2 整合到一起记为 S → WTX 也没有问题。另外，上述规则中的 X 其实就对应着规则 7 中‘长度是零的空文字列’，把这一点也考虑进去，将规则 1 和规则 2 整合后的‘S → WTX’，再与规则 7 进行合并的话，就可以将其变为更短的‘S → WT’。

“而根据规则 3，W 很明显已经被替换为○，故而将规则 1、2、7 合并后得到的‘S → WT’中的 W 与规则 5 中的 W，都可以被替换为○。这样一来，多余的内容就被剔除了，将这些规则整理为更简洁的形式后，我们就得到了下面四条规则。”

S →○ T（将规则 1、2、3、7 合并之后的产物）

T →●（规则 4）

T →○ TU（将规则 3 和 5 合并之后的产物）

U →●（规则 6）

“不知规则派的诸位学者还记得这四条规则吗？”

规则派的座位上鸦雀无声，红发学者大声回答：

“这是‘罗瓦西规则’。”

“正是。将从阿玛库岛的遗迹入口到出口的路线利用上述方法置换为规则，并将多余的内容剔除后，在某一阶段就能得到与‘罗瓦西规则’实质完全相同的产物。这是从装置中得到规则的一个范例。当然，其他库普语也能利用相同的方法从遗迹中将规则提取出来。”

临近演讲结束的时间了，我慌忙开始对内容进行总结。

“今天，我向大家展示了通过库普语规则可以设计出能表示相同语言的遗迹的方法，同时，也证明了从表示库普语的装置中同样可以将表示相同语言的规则提取出来。而这，并不只限于第一古代库普语，而是对所有属于库普语系的语言都适用。

“作为结论……我认为对于古代库普语来说，争论装置与规则究竟谁是本源毫无意义。因此，第几古代库普语的某条语句可以用装置表示但无法用规则表示，或可以用规则表示但无法用装置表示这些说法，全部是错误的。”

这时，我被告知演讲结束的时间到了。

“我的发言到此结束。”

抽身回到舞台里侧，我暂时放下心来。我讲得够清楚吗？达到想要的效果了吗？随着兴奋感渐渐平复，我也多少搞清了周围的状况。

下一位登台的人正在舞台上进行着演讲。而他所讲的主题是“第五十八古代库普语的第 823 条语句虽不能被装置表示，却可以被规则表示”。与会的学者就像刚刚什么也没发生过一般，若无其事地听着演讲，时不时还会提问或讨论。这与我进行演讲前的上午的光景别无二致。

我认为自己已经尽力了，但没有任何意义。我感觉到不管是我的演讲还是我的存在都被“抹去”了。

“加莱德，你已经做得很好了。”

虽然校长这么说，但我还是提不起精神。

“但是……那些人……没有任何改变不是吗？”

“那些都是预料之中的反应，奥杜因在过去也与你有相同的经历。”

“我所做的一切，是否都毫无意义呢？”

“不会的。多亏了你，至少我自己现在已经很好地理解了奥杜因的论点。这已经是不小的收获了。不仅如此，或许以你今天的演讲为契机，今后也会发生一些改变。只要能看到这样的希望，我就已经满足了。”

突然，会场中出现了骚动。有谁在大声说着什么。我从舞台里侧向外窥探，是先前回答过我问题的红发学者在发言。

“……快停止这样的闹剧吧。刚刚，加莱德先生已经证明了争论规则和装置谁是本源没有任何意义。并且，他还用实例印证了这个观点对于一部分库普语是成立的。所以现在，比起依然执着于争论规则和装置谁是本源，还是先检验加莱德先生的观点比较重要吧？”

会场上响起了惊愕与非难的声音，就像是想把这些声音统统消除一般，他用更强硬的语气说道：

“……我明白了！我受够了。我今后不会再参与规则派和装置派的争论，我现在就离开学术院，从此开始独自研究。”

说完他便黯然离开会场。而这时，装置派的座位上也有人站了起来，是那位小个子学者。

“我也赞同尤斐因先生的意见，我将交回学术院下级会员的资格。我早就厌倦了被说什么这样做能被上面的人接受，能出人头地……这样的话了。”

而在他身旁，一脸青春痘的学者面色惨白。其他学者也只是哑然目送着两位年轻学者离开会场。

校长带着满意的笑脸对我说：

“看起来，变化已经开始了呢！”

在会场外的庭院中，我、校长和刚刚离开会场的两位年轻学者进行了一番交谈。两人中，红发个子较高的学者是库斯的尤斐因，而金发的小个子学者是奇立玛的布恩。校长对两人说：

“我从以前就知道你们二人。之前你们也好几次不被规则派和装置派所束缚，发表过很有意思的内容吧？”

尤斐因回答道：

“您过奖了。我从以前就希望能够自由地进行研究，但迟迟无法下定决心。今天听完加莱德的演讲后我便做出了决定。”

布恩也说：

“我也一样。那些家伙在加莱德的演讲之后装聋作哑的态度，实在令人唾弃。那就是如今的学术院的本来面目啊……但加莱德实在是太优秀了，你究竟是师从哪位高人呢？”

“我的老师是魔术师奥杜因。”

“什么？你居然是那位‘伟大的奥杜因’的弟子！”

两个人都一脸惊异。

“你们听说过我的老师吗？”

“那是自然。在年轻的学者中，一直都流传着魔术师奥杜因的传说。‘伟大的奥杜因’啊，‘守塔人’啊这些……”

校长向两人询问：

“说起来，你们之后是如何打算的呢？”

尤斐因回答道：

“我想继续今天发表的关于第一百九十九古代库普语的研究。这门语言迷雾重重，充满魅力。我想先查明它的规则。”

布恩这时说：

“尤斐因先生，若是可以的话能不能让我助你一臂之力呢？在我调查过的遗迹中，也许有哪座遗迹和这种语言有所联系。”

“那真是求之不得，请一定和我一起研究。我们之后好像要被迫开始孤独地战斗了呢？”

“确实啊！况且，因为这次事件，之后学术院也不会再给我们介绍工作了……恐怕会变得很清闲。”

在苦笑的两人面前，我感到有点儿不好意思。

“都是因为我的演讲，才影响了你们二人之后的前途……”

不等我说完两人就打断了我。

“不，即使没有你今天的演讲，我们总有一天也会踏上相同的道路。”

“是啊！不如说早该这样决定了。”

校长轻轻地干咳了一声，大家都看向校长。校长一本正经地说道：

“尤斐因和布恩你们两个听我说。其实我的学校，最近在招聘教员。可以的话，想请你们到我的学校来任教。”

这突然的提议让尤斐因和布恩两人一时不知该说什么好。反应了一会儿，两人才都绽开笑脸，接受了校长的邀请，并向校长表示了感谢。

“我的学校今后正是需要像你们这样的人才。拜托你们了。”

这么说着，校长看向我，像是恶作剧似的冲我挤了挤眼睛。

我在这时终于理解了校长当初邀请老师的真正意图。不为别的，只是为自己的学校发掘优秀且有气概的青年。要是老师知道后会说些什么呢？但老师也是为了教导我才利用了这次机会。彼此彼此吧。

我突然如释重负。喷泉的声音，过午时分温柔地穿透树叶的阳光。原来在大都市中也会吹拂让人如此舒适的微风。我将头脑放空，深深地吸了一口气。

第 11 章

决　断

需要作出决断的时刻总是来得突然。离别的时刻也是如此。

从法加塔回来之后已经过去数月，我的学业进展顺利。在古代库普语的课程全部结束的那天，老师开始向我讲解“伪库普语”。

“目前为止教给你的古代语，和我们平日里使用的语言毫无共同之处，而伪库普语却和我们的语言十分相似。与通常的古代库普语不同，伪库普语具有明确的‘词语’这一单位。并且，其中一部分词语的意义目前已经明确了。”

一直认为古代库普语是“意义不明的文字的集合”的我，在听说有这样的语言存在的时候十分震惊。

“诶？居然还有这样的库普语啊？但是为什么前面有一个‘伪’字呢？”

“因为这是一种人类创造的语言。正如你所知，古代库普语系的所有语言都是矮人使用的秘密语言。而与此相对的伪库普语，是以古代库普语作为参考，为了某种特殊目的而创作的‘人工语言’。目前我们知晓其含义的词语有下面这些。”

老师向我展示了下面的“词语集”。

【名词】

1 月：●●○●○	2 月：●○●○●○	3 月：●●●○●○
4 月：●○○●○●○	5 月：●○●●○●○	6 月：●●○●○●○
满月：○○	新月：●●	时间：●●○●
希望：●●●○○	白色：○○○	黄色：○●○
浅绿色：○○●	黑色：●●●	紫色：●○●

蓝色：●●○　　虚无：○○○○○　　上：○●●●

下：●○○○　　这里：●●●●　　人：○●○○

【形容词】

正确的：○○○○○　　白色的：○○○●○　　黄色的：○●○●○

浅绿色的：○○●●○　　黑色的：●●●●○　　紫色的：●○●●○

蓝色的：●●○●○

【动词】

看：●○○●　　改变[①]（自动词）：●○●○

改变（他动词）：●○●○○　　上升：○○●●

下降：●●○○　　停留：●●○●

【其他】

如果：○●●　　助词（は）[②]，一般用来提示主语：○●

然后，之后：●●●　　或：○●○

助词（に）[③]，一般用于动词前指示行动的目的或变化的结果：●

"另外，在实际书写的伪库普语诗中，还有这种情况。本来是只含有○和●的诗歌，为了便于阅读，会在标题的后面加上'：'，并在段落最后加上'。'。不仅如此，还会为从（标题 1）到（标题 6）的每句话，标注（句子 1）到（句子 18）这样的号码。"

（标题 1）●●○●○：

（句子 1）○○○●○○○●○○●○●●○●○●●○●○○●●●○●●●●○○●●。（句子 2）●●○●○●●○●○●○●●○●○。

（句子 3）●○●●○●●●○○●○●●○●●●●○○●●。（句子 4）●●○●○●●○●●○●○●●○●○。

---

① 日文中的动词分为自动词和他动词。自动词指动词本身能完整地表示主语的某种动作，他动词需要一个宾语才能完整地表示主语的动作或作用。——译者注

② 日语（原文）中的主语与汉语中的主语相同，是执行句子的行为或动作的主体。但日语中的主语后多接提示助词は。——译者注

③ 在日语（原文）中，助词に一般用在动词前指示行动的目的或变化的结果。后文中会给出具体例子。——译者注

（标题 2）●○●○●○：

（句子 5）○○○●○○○○●○●○●●○●●●○○●○●●○●●●●○○●●。

（句子 6）●●●●○●●●○○●○●●●○●●●○●○○●●●○●●●●○○●●。（句子 7）●●○●○●●●●○●○●●○●○。

（标题 3）●●●○●○：

（句子 8）○○●●○○○○●○●●●●○●●●○○●○●●○●●●●○○●●。

（句子 9）○○○●○○○●○○●○●●○○●●●○●○○●●●●○○○●●●○○。（句子 10）●●○●○●●○○●○●○●●○●○。

（标题 4）●○○●○●○：

（句子 11）○○○●○○○○●○○○●●○○○●○○●○●●●○○○●●●○○。（句子 12）●●●●○●●○●○●○●●○●●●○○●○●●●○○○●●●○○。

（句子 13）○●○●○○○●○○●○●●○●●●●○○●●。（句子 14）●●○●○●●●○●○●●○●○。

（标题 5）●○●●○●○：

（句子 15）●○●●○●●○●○○○●●○○○●○○●○●●○●●●●○○●●。

（句子 16）○○○○○●○○●○●●●○○○●●●○○。（句子 17）●●○●○●●●○●○●○●●○●○。

（标题 6）●●○●○●○：

（句子 18）○○○○○○●○○○●●●●●●●●○●。

并排着这么多个○和●，看得我目瞪口呆。

“我们现在明白这首诗的意义了吗？”

“那是自然。这首诗中，只含有刚才的‘词语集’中包含的词语。”

我忍耐着晕眩将这首“诗”和“词语集”进行比对，却看不出哪个部分应该对应哪个词语。因为文字只有○和●两种，所以我不知该在哪里断开才好。

老师这时开了口：

“首先应当从最简单的部分开始看起。这首诗一共被分为六个部分，每一个部分都有对应的标题。而这些标题的意义，稍作思考便可以推断出来。”

的确，这首诗的标题共有六个。将这些标题全部列出后就是下面这样。

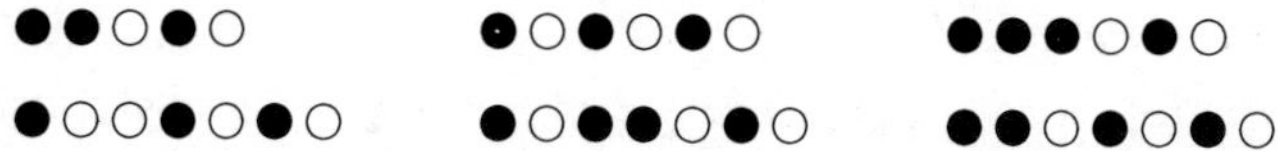

我对照着“词语集”，发现这些标题对应着月份。第一个标题是“1 月”，之后是“2 月”……最后则是“6 月”。

“标题分别是 1 月、2 月、3 月、4 月、5 月和 6 月，没错吧？”

“没错。像这样将句子断开，并从最简单的地方开始解读是铁则。但哪怕是一些短句，即使明白词语的意思，只凭借这些解读句子的意义有时也十分困难。比如这首诗的（句子 2），应该可以归为较短的句子一类，但也非常难以解读。你要不要试试？看能否推测出这个句子的意思。”

（句子 2）●●○●○●●○●○●○●●○●○。

我将（句子 2）的内容与词语集比对，试着翻译了几处。

●●○●○（1 月）●●（新月）○●○（或）●○●●○●○（5 月）。

●●○●（停留）○●●（如果）○●○●○（黄色的）●●○●○（蓝色的）。

●●（新月）○●○（或）●●○●○（蓝色）●（助词）○●●（如果）○●○（黄色）。

我看了看完成的译文，完全泄了气，根本看不出这个句子想表达什么。但说起来，我连如何才能正确地翻译都不了解。

“怎么样，有什么感想吗？”

“该说是毫无头绪呢，还是完全找不到方向呢？倒是能够将句子‘断开’成一系列的词语，但我没有判断这样断句是否正确的方法，因此最后也没办法理解句子的含义。”

老师微微点头表示同意。

“确实是这样。由于伪库普语中的文字只有○和●，因此暧昧不明的地方很多，想找到将词语断开的位置也就很困难。但，若是了解了这种语言的‘规则’，就会对解读有很大帮助。”

“规则？伪库普语也有规则吗？”

“当然有了。毕竟伪库普语是参考着古代库普语创造的语言。”

“那它具有怎样的规则呢？”

“这恐怕要过一段时间才能给你讲，因为我现在要为旅行做准备了。”

“旅行？”

“是啊！我一周后要出趟远门，而且这次旅行的时间估计会很长。”

老师的话倒没怎么让我吃惊，毕竟老师每次出远门都通知得很突然，反倒是这次在一周前就告诉我有些稀奇。

“我还是要留在家里吗？”

“不……你这次不负责看家了。”

“嗯……就是我也要和老师一起去了？”

“……那倒也不一定。”

老师的话让我摸不着头脑，而这样闪烁其词的老师也实在少见。

“这次旅行对我非常重要，关系到我作为‘守塔人’的使命。”

“‘守塔人’……”

说起来，在法加塔时，尤斐因先生和布恩先生就这样称呼过老师。

“‘守塔人’是自古以来魔术师代代相传的称号。我也是以前从我的老师那里继承的，连同那个‘使命’一起。”

“‘使命’指的又是什么呢？”

“现在还不能说。但是，这次旅行即是为了完成这项使命。而那时，我必须和我的后继者一同前往。”

我霎时感到胸腔沸腾起来。

“加莱德。”

老师难得叫出了我的名字，然后继续说道：

“我希望你能成为我的后继之人。”

那天晚上我整夜无法入眠。出发日期是在一周后，在那之前，我必须决定是否与老师同行。若是不同老师一起前往——也就是我无法成为老师的后继者的话——我便会返回故乡。

我早就下定决心要成为一名真正的魔术师，而那决心至今仍未改变。但我从不曾考虑我自己会在何时，以怎样的形式独当一面。我认为自己总有一天会回到故乡——回到夜长村——在那里用自己的力量为村子和家族做些贡献。我的家人和村子里的人肯定也是这么希望的。但我还是想在老师的家中继续这样生活一段时间，因为我感觉还有很多知识要学……

若是正式成为了老师的后继者，恐怕就无法再回到家乡了吧？我一定也会像老师那样为了回应各种请求四处跋涉，过着一生都在帮助他人、教导他人的生活吧？那将是无上光荣的人生。但若真是如此，我的家人会怎么想呢？我眼前浮现出很久没有见面的亲人的面孔。父亲、母亲、弟弟……大家都还好吗？

我梦到了许久未见的故乡。

◇

马的嘶鸣声和急切的叩门声将我从睡梦中惊醒。

刚蒙蒙亮的天空中还挂着星星。我一边揉着眼睛一边走向玄关，从那里传来似乎在哪里听过的叫喊声：

“快开门！”

打开门后，弟弟莱乌利出现在我眼前。一看见我，弟弟便大声喊着“哥哥”，朝我冲了过来。

“发生什么事了？突然这个时间过来找我。”

“父亲……父亲他……”

“父亲？父亲怎么了？”

“父亲突然晕倒……失去意识了！”

“你说什么？”

“奶奶说……有可能没希望了……”

弟弟话还没说完就哭了出来。我的心像被挂了颗铅球般沉重，多希望这是恶作剧的玩笑。弟弟抽噎着继续说着：

“……没想到父亲竟会遭遇这样的变故。母亲也已经疲惫不堪，多亏了附近阿姨的帮忙才能勉强支撑……”

我顿时面如土色，一阵眩晕。但我绝不能在弟弟的面前倒下。我靠在柱子上，好歹支撑住身体。弟弟将我的双手牢牢抓住。

“拜托了，和我一起回去吧！哥哥你回去的话，一定能……”

“好，咱们这就出发。”

我条件反射般地做出回答后，感到有人站在身后才回过神来。转身一看，原来是老师。我便打算向老师说明一下事情的原委。

“老师，那个……”

“你们的对话我刚才已经听到了。你的父亲情况比较危险吧？”

“是。”

“你要回去吗？”

在老师的注视之下，我一下子不知该如何回答。若是现在回到故乡的话……意味着什么呢？

但我现在满脑子想着都是父亲的病情，想尽早赶回家中。

“我要回去。请您让我回去吧！”

老师脸上的表情并没有任何改变。

“我明白了。”

火速赶回家中，家里氛围凝重。失去意识昏睡在床上的父亲，弱小得令人震惊。父亲究竟是在何时变得如此年迈？眼睛下面布满了深深的皱纹。

被邻里的阿姨搀扶着的母亲，一看到我，便向我倒了下来。

“加莱德……”

“母亲！”

母亲哭泣着对我说：

“……你父亲他，一年前开始身体便大不如前……但是他……一直硬撑着。我好多次想叫你回来，但是……你父亲不同意，还说‘绝对不要告诉加莱德’。”

“父亲他为什么要这样……”

“他不愿意因为自己的原因而耽误了你的修行……”

我若是早点儿回来的话，父亲是不是便不会倒下？我懊恼不已。至少现在，我要为父亲，为这个家拼尽自己的全力。

接下来的三天都异常忙乱。除了照看父亲，还有其他很多工作。不仅要最低限度地将父亲本来的工作完成，还要接待许多来探病或是来帮忙的人。在邻里的帮助下，我和弟弟两人拼命干活，而父亲别说是有好转的迹象，反倒看起来更加衰弱了。我们因此大受打击。

回到家的第四天——也是离开米拉卡乌的第五天——亚拓先生带着马匹前来拜访。带着弟弟从米拉卡乌出发时，我依照老师的意思借了一匹好马，把弟弟那匹筋疲力尽的马寄养在了亚拓先生的家中。

“您寄养在我家的马已经恢复了体力，魔术师大人便让我给您送回来。另外，魔术师大人还说要我把这个交给您。”

亚拓先生将一个小瓶递给了我。

“说是让您父亲喝下这个。”

“这是什么？”

“这是魔术师大人自己调制的药物。虽然无法让您父亲痊愈，但至少可以帮助他恢复。魔术师大人十分担心您父亲的情况。”

“亚拓先生，能拜托您向老师表达我的谢意吗？”

“当然可以。但有件事我跟您讲了之后您可不要告诉别人……魔术师大人最近终日里坐立不安，这可十分少见。像是一直在等待着您回去……”

“是这样吗……”

将亚拓先生送走后，我将药物拿到了父亲那里。祖母喂父亲服药后，父亲痛苦的神情便有所缓和。又过了几十分钟，父亲苏醒了过来。

“父亲！”

父亲的眼睛动了动，向我看了过来。

“加莱……德！”

用像是从洞穴深处吹来的风一样沙哑的嗓音，父亲唤出了我的名字，随即这样对我说：

“……你……为什么在这里？”

“父亲，是我将哥哥叫回来的！为了父亲，我从魔术师大人那里将哥哥带了回来。”

听了弟弟的回答，父亲的表情凝重起来，但没过多久又平静地睡了过去。

听说父亲恢复了意识后，家人和村民都略感安心。连日来，我和弟弟因为紧张与极度疲劳几乎没怎么好好吃饭，那天也大块朵颐了一番。父亲的状态依然无法让人安心。但我……不，正因为这样才更有必要进行短暂的修整。附近的叔叔阿姨今天也格外话多，纷纷夸奖我能干。

“哎呀，多亏加莱德你回来了。这几天工作的样子可真是了不得。”

“真的是，不觉间变得这么优秀了。”

“加莱德从以前就和我家的孩子不一样，从小就很能干。”

“有加莱德在，我们就都很安心啊！”

虽然这些话令我十分难为情，但又给我带来了难以抵抗的舒适感。我的归来令大家欣喜不已。我应该存在、应该生活的地方，果然还是只有这里吧……

送走了动身回家的村民之后，我抬头望了望星空，一轮满月挂在半空，那完美的圆形令我想起了早已熟习的古代语文字。回到这里之前，我好像正在学习解读伪库普语吧？那节课也就是几天前的事，却感觉过了很久。很多问题在我脑中渐次浮现出来。那首诗的意思究竟是什么呢？老师要去往哪里呢？老师的使命又是什么呢？而我，这之后究竟要如何选择呢？

老师教会我很多知识，还为父亲送来了良药，甚至有意让我成为他的后继者，而我却还未报答过老师的恩惠。真的要自此离开老师的身边吗？我现在应该怎么做？我无法决定。

我走进父亲正在休养的房间，在病床旁的椅子上坐了下来。父亲此时的睡脸是这几天中最安逸的。我就这么看着父亲，不觉间睡了过去。

“加莱德。”

呼唤我名字的声音将我从睡梦中惊醒。四周很暗，看起来还是深夜，而呼唤我的竟是父亲。我点上灯，看到父亲正冲着我这边。父亲的声音沙哑依旧，但比起白天来要清晰很多。

“加莱德，你为什么要回来？得到魔术师大人的准许了吗？”

“嗯……暂且是得到了许可，但是……”

“但是？这是怎么回事？”

我向父亲说明了事情的原委，讲了老师想让我成为他的后继者，而我必须决定是否和老师一起踏上“使命之旅”。父亲听完我的话后一脸不可思议。

“成为那位魔术师大人的后继者，这不是很难得吗？而你居然在这么重要的时候回到家里来……真不知道该如何说你才好。”

“可我……也是因为担心父亲的安危。”

“那么……你之后是如何打算的呢？”

我苦于如何回答父亲的问题。我想了很多，可越是思考越是不知如何是好。在我开口之前，父亲先说道：

“加莱德，你可别拿我或是村子作为你的借口。”

我不太明白父亲话里的意思。父亲继续说：

“我明白你将这个家族，将这个村子看得很重。但你现在要把如何选择未来与对家族的感情、对故乡的责任分开来考虑。同样，你对魔术师大人的感谢与恩义也要暂时放在一边。不仅如此，做这些是失是得，能否获得名誉，是不是快乐这些想法也全部忘掉比较好。”

“……为什么？”

“这是为了看清自己内心真正的想法。”

我果然还是无法理解。无论是对家族和故乡的爱，还是对老师的感激，对于我来说都无比重要。这些感情不才是“看清自己内心真正想法”所必需的吗？父亲看着我，继续说了下去：

“加莱德，你要听好。你能明白愤怒呀、憎恶呀这些负面情感会妨碍人们进行合理的思考与正确的判断吧？”

“是的。”

从我儿时起，父亲就经常这样对我说。

“但有时，基于感情或看似合理的思考方式，也会妨碍我们的判断，尤其是在决定自己未来道路的时候，如果被这样的思考方式所束缚，将会很难看清自己的真实想法。”

“那这么说来，我现在还没有看清自己内心真实所想了？”

父亲过了一会儿才回答我。

“至少在我看来是这样的。就我看来……你已经做好了决定。你还没做好的，一定只是……”

躺在床上的父亲看着我，双眸闪烁着光辉。

“你的‘决心’而已。”

我的心像是突然被揪紧了。

“其实在你心里……已经决定要成为魔术师大人的继承人了，但没有自信能跟上魔术师大人的脚步。这一定才是你的真实想法。”

“我……”

我想说些什么，却组织不出语言。

“加莱德，你这么惦念我和村子让我十分高兴，你现在在这里也给了我极大的慰藉。但是，我希望你不要将这些同你心底里的不安、恐惧和不自信混为一谈。更何况……”

父亲直视着我的眼睛。

“要是你拿我或者村子作为借口，迟迟无法下定决心，向着正确的道路前进的话……我死也不会瞑目的。”

我发现自己在不觉间流下了泪水。那定是发自我内心深处的眼泪。

“加莱德，你快点儿回米拉卡乌去吧。”

“但是……”

“魔术师大人即将踏上旅程了吧？那样一切就都来不及了。”

“……但是，这就要和父亲道别了吗？”

“你这笨蛋，还是没有明白我对你说的话吗？你母亲那边我会跟她说的，你快点儿去吧。”

“父亲……”

我握住了父亲的手。那双手又大又温暖。

下次回来会是什么时候呢？那个时候我还能再触碰到父亲温暖的手掌吗？一想到这些，我就怎么也无法挪动身子。父亲什么也没有再说。

窗外天色已经开始发白，夜色快要褪去。父亲开了口：

“快去吧。”

我轻轻颔首，将父亲的手放开了。之后转身离开了房间，打点好简单的行李便走出家门。

我乘上马离开了家。只一味看着前面，连走出村子的时候我也没敢回头。浓雾被我吸入了口鼻，我已经无法分清自己和空气的交界。白色的气体不留情面地将我的眼球润湿，连闭上眼睛都变得十分困难。我在模糊的视野中艰难辨别着方向，只一味驱使着马匹。我告诉自己绝不能停下脚步，因为我已经如此决定了。

经过乌瓦雅山几小时后，我又花费了数小时从麦那、罗古基兹和司缪附近通过。在遥远地平线的彼方，能隐约看到丘陵地带的轮廓。再往东一点便是米拉卡乌了。我这才意识到自己一路走来，如今不论是乌瓦雅山的景色，还是笼罩着故乡的浓雾，都早已离我远去了。

我在这里才敢回首，而后痛哭流涕。

我在第二天接近正午时回到了老师的家中而那天正好是老师预定出发的日子。

我下了马，晃晃悠悠走过去打开门。要是出发前老师能给我两三小时的休息时间就好了。

“老师！我从夜长村回来了！”

我向门里喊了一声，但没有得到回应。

“老师！”

我在家中四下寻找了一番也没看到老师的身影。一股不祥的预感袭来，我出门走到不远处亚拓先生的家门前敲门。亚拓先生的夫人走了出来。

“啊，加莱德先生，您回来了啊？”

夫人看起来十分惊讶。

“夫人！老师呢？”

“他……今天一大早就出发了。”

我不禁愕然。终究还是没能赶上。

“那……您知道老师去哪里了吗？”

“他并没有告诉我们。”

“那他有没有……给我留下什么话？”

“他什么都没跟我们说。魔术师大人他，似乎认为加莱德您不会回来了……而且……”

夫人似乎想说些什么，又迟疑了。这时，一个女孩的面庞从夫人身后出现，是小米哈。

“大哥哥。魔术师大人说过，‘他不会再回来了’。”

“什么？”

“今天早上，他抚摸着我和弟弟的头……和我们说‘再见了，你们长大了可都要变得优秀哦，好好帮助你们的父母……’”

我看向夫人。

“确实……是这么回事。魔术师大人说他不会再回到这里了……他和我先生这么说完就走了。”

我顿时失去了意识。

醒过来的时候，我发现自己正在亚拓先生的家中，像是夫人将我安顿在这里的。饭似乎已经备好，四周都弥漫着诱人的香气。

夫人将我叫起来和孩子们一起吃了晚饭。夫人一直留意着我是不是还在失落。我当然十分失落。但是，因为睡了一觉又吃了些东西，所以我可以集中精神思考一下“之后的打算”。

“加莱德哥哥，你是不是打算去找魔术师大人呢？”米哈向我问道。

“我是有这个打算。但是，我根本不知道老师要去哪里……”

夫人说：

“我觉得我先生应该也不知道魔术师大人的目的地。毕竟，魔术师大人之前出远门的时候，从不曾和我们说过他会去哪里。”

“这样啊……”

看来，老师离开时没有留下任何线索，也没有给我留下只言片语。

“但我倒是有一个猜测。”

“哦？”

“魔术师大人，是否曾经也有过和加莱德先生您不告而别的时候呢？”

“怎么说？”

“就是说……就我们所知，魔术师大人常年独自一人，连弟子也一直没有收。无数有权势的人，带着优秀的年轻人来想让他‘收作弟子’，但都被拒绝了。只有一次短暂收留过一个男孩，但魔术师大人始终不怎么热心。因此，魔术师大人正式将加莱德您收为弟子，开始正式给您上课的时候，我和我先生都大吃一惊。”

“……是这样吗？”

“魔术师大人那种性格，想必会对加莱德先生非常严厉……但其实他应该为您的到来感到很开心吧？”

我一时说不出话来。

“对这样的弟子，走时连一句告别的话语都没留下，我是无法想象的。他一定会在某处给您留下了……只有您能找到的线索或留言。”

我猛然想到什么，然后站起身来。

“夫人，我这就回老师的家一趟。感谢您的晚饭。”

我回到老师家后，马上来到了书库。书库的结构十分复杂，被分为了数个房间。我循着记忆在房间中移动。在试了几次后，我终于来到了那个似曾相识的房间。那是老师曾传授我古代璐璐语魔法的秘密书房。这里恐怕是只有我和老师两个人知道的地方。

老师的书桌上放置着书和信件。我急切地过去将信封剪开，开始读起信来。信纸上写着下面的内容。

致加莱德：

我决定按预定时间出行。

虽然你无法成为我的后继者令我十分遗憾，但我从不后悔对你的教导。只要你能成为优秀的成年人，在自己选择的道路上做出成绩，我便满足了。

我今生恐怕是不能再与你相逢了。

倘若你某时想起我的话，我希望你能试着解读一下写在这本书最后一页上的诗歌。在最后一堂课上，我曾将这首诗向你展示过。这首诗指明了一个地点。虽然我不在那里，但你在那里可以看到我所在的位置。

奥杜因

我将书拿在手中，书的封面上写着“库修·莱赞兄弟遗稿集（下）莱赞的诗集”。正如老师信中所说，翻开最后一页我便看到了上一次——也就是老师的最后一堂课上我曾看到过的——用伪库普语作成的诗。只要能将这首诗解读出来，我便有可能查明老师的目的地。然而在上一次的课堂中，我已经体验过了解读这首诗的难度。那时，老师的确说过“想解读这首诗必须先了解规则”。因此，我必须找到伪库普语的规则。

我开始在书库中寻找写有伪库普语规则的书，但我根本不知道书存放的位置。书库面积很大且结构复杂，而且老师似乎从不整理，所以其他人根本无法得知书被放在哪里。况且，就算我偶然找到我想要的书，我都无法保证自己能认出来。

接下来我该如何是好呢？继续在书库里找下去很明显也是浪费时间。有没有更好的方法呢？规则……伪库普语的规则……

一个人在我的脑海中浮现出来。那人有一头红发，身材高挑，口齿清晰，声音洪亮。我紧忙打点行装，锁好门户，乘上马匹奔入夜色之中。

而我此行的目的地是法加塔。

第 12 章
解　读

到达法加塔已经是日暮时分。我在馆长的住所前下马，让守门人帮我传话。

“我是魔术师奥杜因的弟子，名叫加莱德·伦浓。我有急事要见校长。”

等了一会儿，门被打开，校长走了出来。

“加莱德，你来得正好。”

看到校长，我的紧张感才多少缓解了一些。

“校长先生，来之前也没有跟您联络，实在是太失礼了。其实……”

“我听说了，你是为奥杜因的事来的吧？我昨天也收到了他寄来的信。我感觉不太寻常，正想派个人去找你。信上说你已经回到家乡去了，我还感觉有些迷惑。我们别在这里站着说话了，咱们先进去，你也一定累了吧？”

我边走边向校长说明了事情的原委。

“原来是因为你的父亲突然病倒了。在那种情况下好不容易下定决心成为后继者，却和奥杜因错过了啊？”

“是的。在留给我的信上，老师说恐怕今生再不会相见……”

将这话从口中实际说出来，我的心情异常沉重。

“校长先生，您知道老师去哪里了吗？”

“啊？嗯嗯。正确的是，已然就……”

校长的话语含混不清。

“但是，若是将奥杜因留给你的诗解读出来的话，应该就能找到一些线索是吧？你正是为此而来的吧？”

“没错。”

“你需要尤斐因的帮助？”

“是，我想借用一下尤斐因先生的知识。”

“你的判断非常准确，我这就联系他。另外，我也会试着调查一下奥杜因的位置。”

第二天一早，我便到达了法加塔的高等学校。高等学校在法加塔的东侧，稍稍远离市区。周边被绿色环绕，让我想起了夜长村和米拉卡乌。学校占地面积很广，简直如同一座小城市。进入校门之后，我缓缓走在偌大的庭院之中。到达“教员楼”后，我叩响了事先问好的房间的门。门打开后，尤斐因先生便现身了。

“你好啊，尤斐因先生！”

“啊，加莱德！能再次见面真的很开心，快进屋。”

我被尤斐因房间的情形震惊了。房间虽然很宽敞，但从地面到天花板的所有墙壁都被书架淹没了。而即便如此还有书放不下，就只能堆放在四处。

“书可真多啊……”

“是的。其实有些这个房间已经放不下了，只好堆到了里面的房间。而我起居都在那个房间，挤得像壁橱一样真的让人有些受不了。”

“这些全部都是研究要用的吗？”

“是啊！这里全部的书我都读过了，其实这里的书大多数是我从各地的藏书馆誊写下来，自制的‘手抄本’。”

我再度惊诧万分。毋庸说是将这里全部的书读完，就光是制作如此大量的手抄本，普通人穷尽一生也无法做到。

“来这里之后，读书的时间和研究的时间都充裕了不少，让我十分欣喜。有传言说高等学校的老师没有多少研究时间，因此不少年轻人都敬而远之。可实际到这里任教后，却发现时间很充足。对了，那之后我和布恩两人，又继续推进了我发现的语言——也就是那次总会上发表的‘第一百九十九古代库普语’——的研究工作。但布恩最近被某座遗迹抢了心神，现在外出调查去了。”

“原来是这样，研究一直在继续啊？”

“是的。其实我们发现，那种语言并非库普语，而是其他系统的语言……”

尤斐因先生本来滔滔不绝，但像是想到什么似的突然停止了话题。

“哎呀，真是抱歉。现在不是说我们研究进展的时候，你是为了找我商量事情才过来的吧？我从校长那里听说，你想将一首伪库普语的诗解读出来？”

“事情就是这样。诗在这里。”

我打开从老师家中带来的《莱赞的诗集》，翻到那首诗拿给尤斐因先生看。

“尤斐因先生，你对这首诗有印象吗？”

“没有，这是我第一次见到。就连这本书我也不曾听闻，更不曾见过。这一定是魔术师大人秘藏的书。这么长篇幅的用伪库普语书写的文章极为罕见，感觉很有难度。”

“我虽然试着参考词语集拼凑出一些词语的意思，但……”

“但不知道这些是否正确，是吧？”

“是的。”

“解读需要‘规则’。而就算掌握了规则，也不能保证能很快得到答案，更不要说答案有时还不止一种。但比起逐个比对词语，正确率还是要高许多。”

“所以还希望‘规则派’的尤斐因先生务必助我一臂之力。”

尤斐因先生浅浅地笑了出来。

“你明明知道我已经不是‘规则派’的一员了。但包括库普语等古代语言在内，世间所有语言的规则，我确实比规则派的任何人都了解得更透彻。你来找我真是找对人了。”

尤斐因先生的话让我觉得他十分可靠。

“只是，这首诗包含了很多长句。句子越长，解读起来也越困难，自然会花费更长时间。想必会得到无数可能的答案。在这里，恐怕还要遵从规则派流传已久的‘解读的铁则’。”

“规则派流传已久的‘解读的铁则’？”

“是的。第一条，‘从短句入手’。第二条，‘哪怕只有一部分，也要找到其正确的翻译’。第三条，‘翻译出其中一部分的话，其余部分便会豁然开朗’。不过，第三条说是铁则，倒不如说是愿望。我们先来看看伪库普语的规则吧。”

【伪库普语的规则】

1. S → U ○●●（如果）U

2. S → M ○●（助词，提示主语）U

3. U → MV

4. U → M ●（助词）V

5. U → M ●（助词）M V

6. U → U ●●●（然后，之后）U

7. M → AN

8. M → N

9. M → M ○●○（或）M

10. V → 某一个动词

11. N → 某一个名词

12. A → 某一个形容词

“居然有这么多的规则啊？”

“这种语言的规则并不算多。另外，第 10、11、12 条规则是下面这些规则合并之后的产物。本来，规则的数量应该和动词、名词以及形容词的数量一样多，就是说，现在已经知晓其含义的词语有多少，规则便有多少。”

V →●○○●（看到）

V →●○●○[改变，变为（自动词）]

V →●○●○○[改变，变为（他动词）]

V →○○●●（上升）

V →●●○○（下降）

V →●●○●（停留）

N →●●○●○（1 月）

N →●○●○●○（2 月）

N →●●●○●○（3 月）

N →●○○●○●○（4 月）

N →●○●●○●○（5 月）

N →●●○●○●○（6 月）

N →○○（满月）

N →●●（新月）

N →●●○●（时间）

N →●●●○○（希望）

N →○○○（白色）

N →○●○（黄色）

N →○○●（浅绿色）

N →●●●（黑色）

N →●○●（紫色）

N →●●○（蓝色）

N →○○○○○（虚无）

N →○●●●（上）

N →●○○○（下）

N →●●●●（这里）

N →○●○○（人）

A →○○○○○（正确的）

A →○○○●○（白色的）

A →○●○●○（黄色的）

A →○○●●○（浅绿色的）

A →●●●●○（黑色的）

A →●○●●○（紫色的）

A →●●○●○（蓝色的）

“规则能对翻译起到什么样的作用呢？”

“了解了规则，就能知道文字会以怎样的顺序在句子中出现。特别是在伪库普语中，‘词语’这一单位是明确存在的，因此也能理解为，对某个词语在哪个位置进行预测。”

“靠这就能预测某个词语会出现在哪个位置吗？”

看我完全没有理解的样子，尤斐因先生继续说道：

“嗯，我们来具体思考看看怎么样？我们通过观察上面的十二条规则，很快就能发现一个规律。那就是，伪库普语句子末尾出现的词语只有一种。你能看出是哪种词语吗？”

我就尤斐因先生提出的问题思考了一番。在句子末尾出现的词语只有一种？为什么这个规律只通过观察规则就可以发现呢？看我一直没有作声，尤斐因先生补充道：

“正如你所了解的，想要从规则中生成语句，出发点一般都是记号 S。因此，上面的十二条规则中，最先被使用的，不是规则 1 就是规则 2。我们来看看这两条规则有什么共同之处吧。”

1. S → U ○●●（如果）U
2. S → M ○●（助词，提示主语）U

观察了一阵规则 1 和规则 2 后，我的确有所发现。这两条规则的“→”右侧，都是以 U 这个记号结尾的。

“这两条规则中，S 都是‘要被替换的目标’，并且都以 U 结尾。”

“你的着眼点非常准确。规则 1 和规则 2 都是将 S 替换为‘以 U 结尾的记号列’的规则。如果将替换用图来表示的话，就是下面这样。”

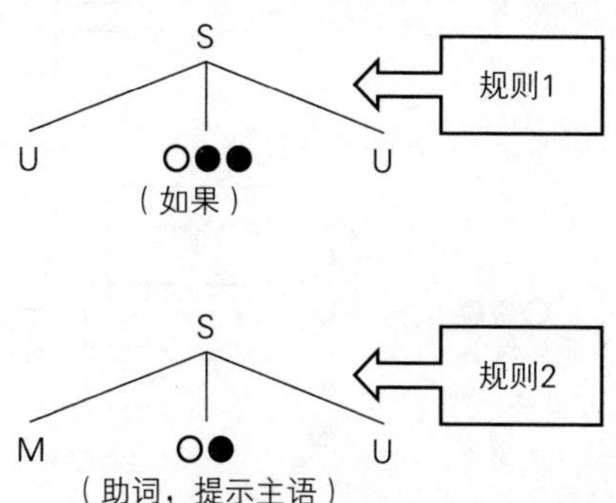

“我们习惯将利用规则生成句子的过程用这样的图来表示，这样看起来会更加清晰。这种图被我们称为‘树’。”

“为什么将它称为‘树’呢?”

“因为它和树一样，都是从一棵树干中分出很多枝干，而这些长出的枝干彼此却不会有任何交集。与自然生长的树不同，这种图的最上方才是根，而枝干全向下生长。接下来，我们就来看一看替换 S 后得到的最后一个记号 U 会被替换为怎样的文字列吧。”

我观察了一下 U 在“→”左侧的规则，一共有以下四条。

3. U → MV

4. U → M ●（助词）V

5. U → M ●（助词）MV

6. U → U ●●●（然后，之后）U

“第 3、4、5 条规则，都是以 V 记号结尾的。”

“是的，规则 1 生成树右端的 U 和规则 2 生成树右端的 U，分别被规则 3、4、5 替换后，会产生六种可能性，每一种在替换后都以 V 结尾。”

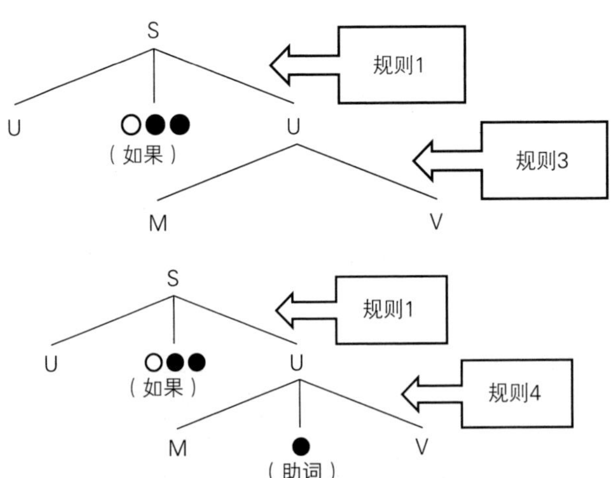

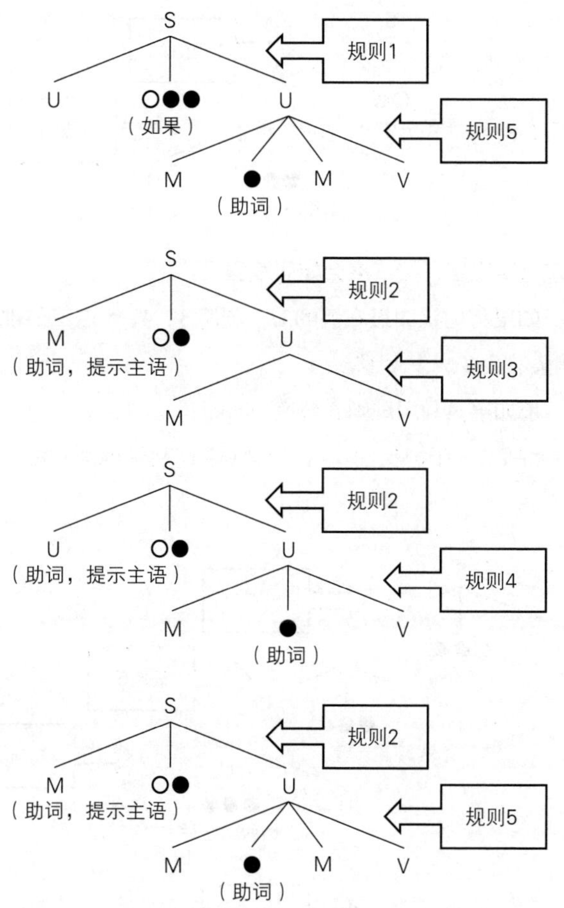

“那利用规则 6 进行替换又会如何呢？规则 6 不也是以 U 结尾的吗？”

“确实是这样。我们试着用规则 6 来画一下树状图，会发现能画出下面这两张。”

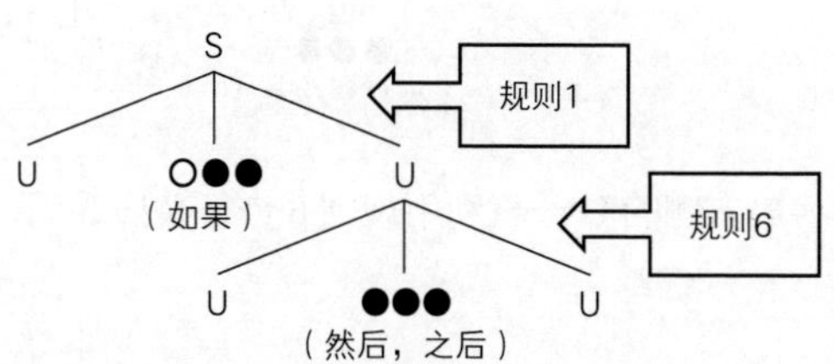

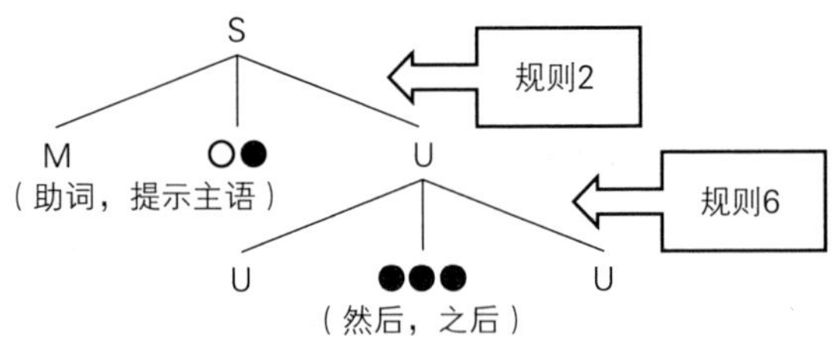

“你知道这两张图，接下来会如何发展吗？”

“嗯……如果将树状图最右侧的U，利用3、4、5这三条规则进行替换后，最右侧果然会变成V呢！”

“没错。那如果再利用规则6替换一次呢？”

我试着绘制了一张树状图。将最右侧的U利用规则6替换后，最后依然是U。

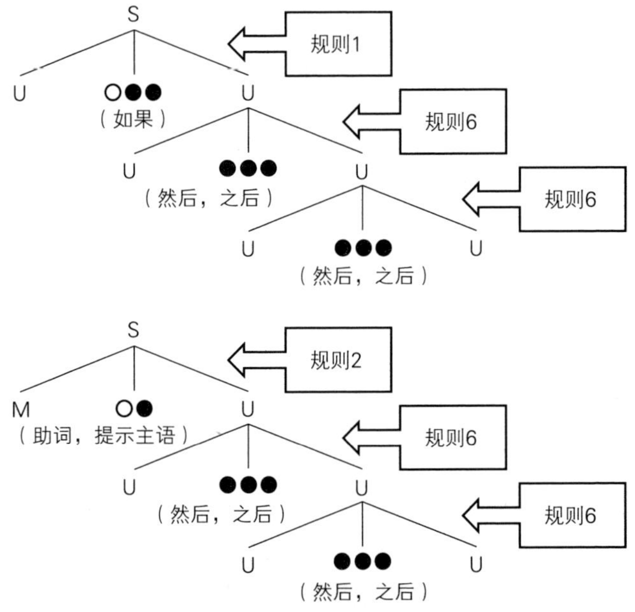

“像这样，将最右侧的U一直利用规则6进行替换的话，最右侧会一直是U。”

“确实是这样。无论是规则 6‘→’的左侧还是右侧都有 U 存在。你对这种形式的规则有没有印象？”

我当然还记得这种形式的规则。这种规则，“→”的左侧和右侧有相同的记号。类似的规则在伊奥岛的遗迹和小艾璐巴村的遗迹中都以“兑换方案”这一形式出现，在研究总会的“论证”过程中，从遗迹中总结规则时也出现了。这种形式的规则确实允许“重复”。

“可以通过重复使用这类规则生成长句。”

“没错。但即使反复使用这类规则，最终的产物也不是句子。因为，‘能转换成某种文字序列的记号’U 无法被消除，所以，也就不能成为一个句子。所谓句子，是只有○和●构成的文字列，因此不能有 U 之类的记号。为了最后能得到句子，必须在一定的时刻终止规则 6 的使用，改为使用其他规则。”

“规则 6 最后的 U，可以用 3、4、5 这几条规则进行替换吧？”

“是啊！这样一来，规则 6 最右侧的 U 会在某一时刻被替换为‘以 V 结尾的文字列’。”

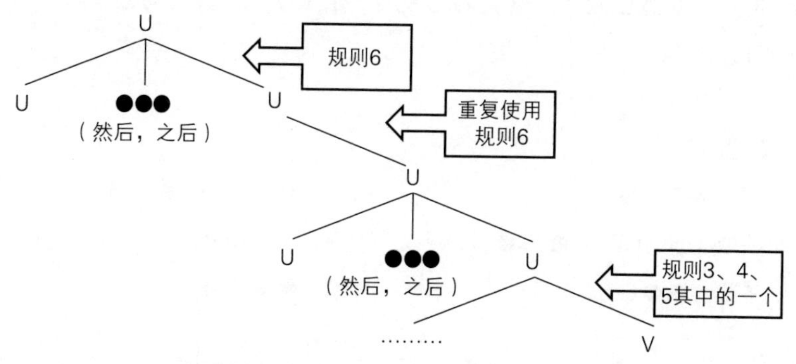

“那替换 V 的规则，就只剩下一条了。”尤斐因指着规则 10 说。

10. V → 某一个动词

“也就是说，V 可以被替换为某一个动词。我想想看……”

把目前为止的信息进行整理的话，我发现 S 被替换后必然以 U 结尾，而 U 被替换后必然以 V 结尾，最后 V 会被替换为某一个动词。这就是说……

“伪库普语的句子，最后一个词语必然是动词。”

我作出回答后，尤斐因先生十分满意地点了点头。

“伪库普语的句子必然会以动词结束，这对解读来说是非常重要的信息。我们来看下面这个句子，是刚刚那首诗的（句子 2）。我们先遵从‘解读的铁则’，从短句入手。”

（句子 2）●●○●○●●○●○●○●●○●○。

之前，我将这句话翻译成了像“●●○●○（1 月）●●（新月）○●○（或）●○●●○●○（5 月）”或是“●●○●（停留）○●●（如果）○●○●○（黄色的）●●○●○（蓝色的）”这样完全不通的语句。但是现在我已经知道这句话的最后一定是动词。我将动词表和（句子 2）进行比对。

【动词】

看：●○○●

改变（自动词）：●○●○

改变（他动词）：●○●○○

上升：○○●●

下降：●●○○

停留：●●○●

“（句子 2）是以●○●○结束的，是‘改变’的意思。”

“答案正确。正如你所看到的，动词只有六个，除了最长的‘改变’一词有五个文字外，其余五个都由四个文字组成。这就表示，只要查看句子最后的四个或五个文字就可以了。而且，所有动词的文字组成都不同，可以说丝毫没有不确定性，理解起来非常简单。”

尤斐因先生给（句子 2）的末尾加入了注释。

（句子2）●●○●○●●○●○●○● ●○●○（改变，变为）。

“这首诗看起来具有某种规律，可以通过所有句子的结尾部分看出来。”

我重新审视了一下整首诗。每句话的结尾动词几乎都是“上升”“下降”和“改变”这些词中的一个，只有最后一句以“停留”一词结尾。

“在‘上升’‘下降’和‘改变’这几个词前面，几乎都伴有相当于我们语言中的‘助词’的‘●（助词）’，去指示行动的目的或变化的结果①。这首诗也不例外，动词前面一定也伴有相当于助词的‘●’。”

说着，尤斐因先生又将新的信息加入了（句子2）中。

（句子2）●●○●○●●○●○●○ ●（助词，指示变化的结果）●○●○（改变，变为）。

“接下来的问题就比较复杂了。我们已经将句末的助词和动词确定了，那现在就要进一步弄清再前一个词语是什么。你知道在‘助词’，也就是●之前的词语是什么吗？想找到线索，只要锁定能生成这些句子最后部分的规则就可以了。”

被尤斐因先生这么询问以后，我的目光又重新回到了那组规则上。现在所知道的是，语句的最后是助词“●”和动词“改变”。这样的文字列是由哪个规则生成的呢？我首先找到了能在句末生成动词的三条规则。

3. U → MV

4. U → M ●（助词）V

5. U → M ●（助词）MV

---

① 日文（原文）的句子结构中，谓语——比如上升、下降、改变这些动词——一般在一句话的最后。而为了指示上升下降的目的地或是变化的结果，需要在动词前加上助词**に**，而行动的目的或变化的结果要写在**に**这个助词前面。举例来说，“A 变为了 B”这句话如果用日语表达，就要写成 A（主语）**は**（主语的提示助词）B（变化结果）**に**（指示变化结果的助词）**わる**（动词，改变、变为）。——译者注

而这三条规则之中，在动词……也就是 V 前面是“●（助词）”的，只有规则 4 一条。

“……就我目前的观察，只能找到规则 4。”

“没错。而规则 4‘●（助词）’的前面是记号 M。因此，句子中‘●（助词）’前面的部分一定是通过 M 生成的。”

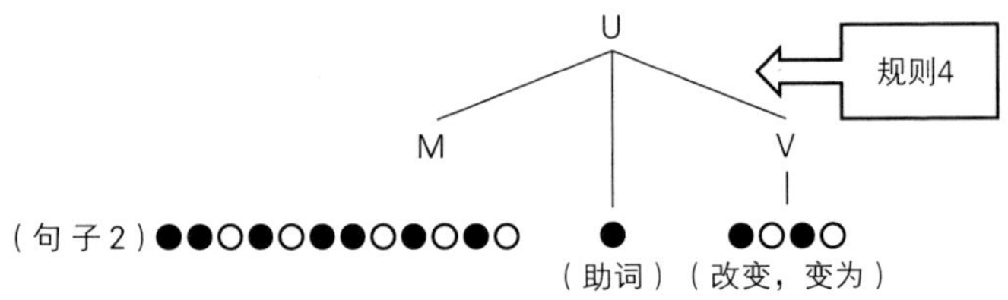

“但是，还是无法立即判断（句子 2）从哪里开始是由 M 生成的，而且替换 M 的规则有 7、8、9 三条……”

7. M → AN

8. M → N

9. M → M ○●○（或）M

“确实无法立即判断出（句子 2）从哪里开始是由 M 生成的。但是观察规则 7、8、9 的话，至少能弄清“●（助词）”前面的词语是什么。”

我开始观察这三条规则，7 和 8 以 N 结尾，9 则以 M 结尾，而这条规则和之前的规则 6 一样，可以产生重复的内容。因此，它终会在某个阶段被规则 7 或 8 替换。那也就是说……

“M 最终会被替换为‘以 N 结束的记号列’对吧？”

“嗯。而可以替换 N 的规则只有一条。”

11. N → 某一个名词

“这样啊？出现在（句子 2）中“●（助词）”前面的，必然是某一个名词。”

“正是如此。那就让我们来考虑一下，是哪一个名词吧。”

（句子 2）●●○●○●●○●○●○ ●（助词，指示变化的结果）●○●○（改变，变为）。

我将（句子 2）中“●（助词）”前面的部分和名词表逐一比对。

【名词】

1 月：●●○●○　2 月：●○●○●○　3 月：●●●○●○
4 月：●○○●○●○　5 月：●○●●○●○　6 月：●●○●○●○
满月：○○　新月：●●　时间：●●○●
希望：●●●○○　白色：○○○　黄色：○●○
浅绿色：○○●　黑色：●●●　紫色：●○●
蓝色：●●○　虚无：○○○○○　上：○●●●
下：●○○○　这里：●●●●　人：○●○○

可名词的数量太多了，我根本不知道该从何处着手。

“名词有很多种类，长短不一……看起来比锁定句末的动词还要难。”

“是啊！但每个名词都是由两个以上的文字组成的，而且文字的数量最多不超过七个。因此，只要查看“●（助词）”前面的七个文字就可以了。咱们先从最长的词语看起吧。”

我按尤斐因先生所说，先从最长的词语入手。“●（助词）”前面的七个文字“●●○●○●○”正好对应着“6 月”这个名词。而“●（助词）”前面的六个文字“●○●○●○”则与“2 月”这个名词是一致的。与五个文字的“○●○●○”和四个文字的“●○●○”一致的名词我没有找到。“●（助词）”前面的三个文字“○●○”，我发现名词表中的“黄色”这个名词语与其一致。“●（助词）”前面的两个文字“●○”，没有名词与之对应。最后，“○”这个文字，也没有能与之对应的名词。结果，可能性被缩小为三种。

（可能性 1）“●（助词）”前面是“●●○●○●○（6 月）”的情况：

（句子 2）●●○●○ ●●○●○●○（6 月）●（助词，指示变化的结果）●○●○（改变，变为）。

（可能性 2）“●（助词）”前面是“●○●○●○（2 月）”的情况：

（句子 2）●●○●○● ●○●○●○（2 月）●（助词，指示变化的结果）●○●○（改变，变为）。

（可能性 3）“●（助词）”前面是“○●○（黄色）”的情况：

（句子 2）●●○●○●●○● ○●○（黄色）●（助词，指示变化的结果）●○●○（改变，变为）。

“好了，可能性只剩下三种了。它们各自都对应着怎样的‘树状图’，让我们在已知的范围内试着画一下吧。目前，还不知道 M 会按哪条规则被替换，所以从 M 到 N 的过程就用虚线表示。”

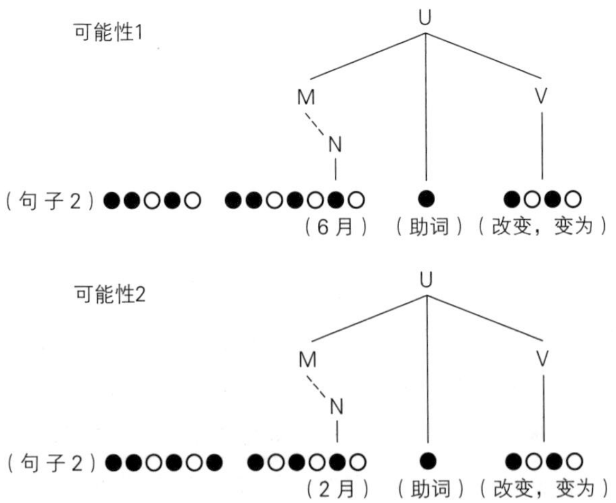

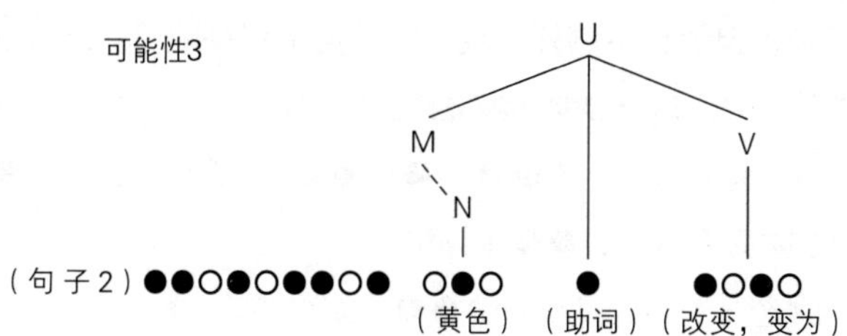

“那这之后要怎么办呢？”

我稍作考虑之后回答道：

“那就还像之前一样从后向前考虑如何？这次仍按照规则7、8、9，对（可能性1）到（可能性3）中的每个名词前面会出现什么词语进行预测……”

“确实有这种正面解决问题的选择。但进展到现在，剩下的文字已经越来越少了。所以，我们再稍微拓宽一下视野吧。”

“拓宽视野？”

“我们再来看看以S开始的规则。正如你所了解的，S是所有规则的出发点。因此，句子2也必然是以规则1或2为起点而生成的。你从这两条规则中有没有发现什么端倪？若是找到的话，就能将可能性减少一种。”

1. S → U ○●●（如果）U
2. S → M ○●（助词，提示主语）U

我看着这两条规则作出了回答：

“一打眼看过去，这两条规则含有‘○●●（如果）’和‘○●（助词，提示主语）’这点很让人在意……”

“嗯，这点确实很重要。以S开始的规则只有这两条，因此伪库普语所有的句子中就必然都含有‘○●●（如果）’或‘○●（助词，提示主语）’。（句子 2）自然也不例外。我们就从这里打开缺口。这样的话，刚才的三种可能性之中，有一种就能被立即排除了。”

我看了看（可能性 1），“●●○●○●○（6月）”之前的●●○●○这组文字中很明显没有“○●●（如果）”。

“在（可能性 1）中，没有‘○●●（如果）’。”

“那有没有包含‘○●（助词，提示主语）’的可能性？”

“相当于‘○●（助词，提示主语）’的文字倒是有的，就在‘●●○●○●○’（6月）之前的●●○●○这里。”

我将（可能性 1）的文字分成了下面这些部分。

●● ○●（助词，提示主语）○ ●●○●○●○（6月）●（助词，指示变化的结果）●○●○（改变，变为）

尤斐因看了之后说：

“嗯，相当于‘○●（助词，提示主语）’的文字确实存在。但是，这样的分割方法是不是有些奇怪呢？”

被这么一说，我也觉得有些违和感，而违和感源于‘○●（助词，提示主语）’之后的“○”。

“我觉得在‘○●（助词，提示主语）’和‘●●○●○●○（6月）’之间夹着‘○’这个文字很奇怪。”

“为什么？”

尤斐因先生继续问道。虽然与老师不同，语气非常徐缓，但不会允许我敷衍地回答。我努力在头脑中整理着答案。

“若这是正确的分割方法的话，‘○●（助词，提示主语）’和‘●●○●○●○（6月）’之间夹着的‘○’就必然也是一个词。但是，在伪库普语中并没有单个‘○’构成的词语。”

尤斐因先生点了点头。

“差不多可以这样理解。但是，我们还是充分理解为好。伪库普语的句子必定由词语构成。至于为什么会这么肯定，是因为伪库普语的规则只能生成这种词语的序列，不是词语的单纯文字序列并不算伪库普语的语句。因此，在伪库普语的句子中，词语与词语间夹着的，也必然是单个或复数个词语。故而，这个既不是词语也不是词语序列的‘○’会出现就是不正常的情况。”

“这么说，（可能性 1）中既不含有‘○●●（如果）’，也不含有‘○●（助词，提示主语）’了……”

“这样，（可能性 1）就‘不存在’了，我们只要考虑（可能性 2）和（可能性 3）就可以了。（可能性 2）中看起来像是有‘○●（助词，提示主语）’，而（可能性 3）中似乎同时包含着‘○●●（如果）’和‘○●（助词，提示主语）’。”

“原来如此。”

“范围已经缩小了，那我们现在来考虑一下（可能性 2）的‘●○●○●○（2 月）’前面和（可能性 3）的‘○●○（黄色）’前面究竟有哪些词语吧。”

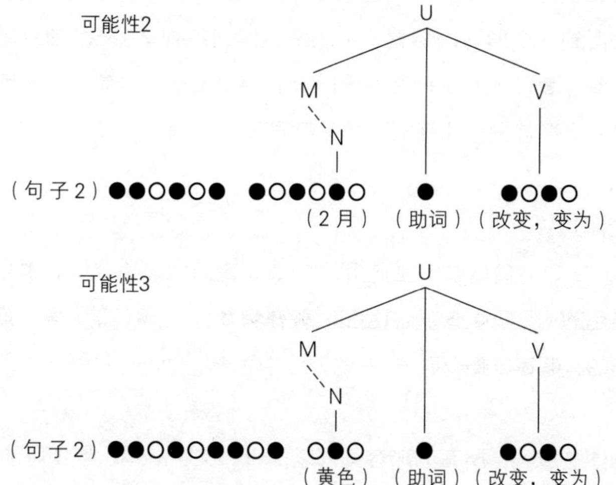

“也就是说，要考虑树状图中 M 是根据规则 7、8、9 中的哪条规则被

替换的，对吧？”

7. M → AN

8. M → N

9. M → M ○●○（或）M

“你先想一想，M 有没有可能是根据规则 7 被替换的呢？”

我看了看规则 7。根据规则 7，M 会被替换为 A 和 N。N 之后又会被替换为某一个名词，这一点刚刚已经得到了确认。而替换 A 的规则只有下面这一条。

12. A →某一个形容词

看来 A 会被某一个形容词替换掉。这就表示，如果将 M 按规则 7 替换之后，会得到一个形容词接着一个名词这样的序列。那么，在（可能性 2）的“●○●○●○（2 月）”前面和（可能性 3）的“○●○（黄色）”前面都应该是一个形容词。我开始比对形容词表。

【形容词】

正确的：○○○○○　白色的：○○○●○　黄色的：○●○●○

浅绿色的：○○●●○　黑色的：●●●●○　紫色的：●○●●○

蓝色的：●●○●○

我随即注意到，所有的形容词都以“○”文字结尾，但（可能性 2）和（可能性 3）中尚未解读出来的文字序列都以“●”结尾。

“M 不可能根据规则 7 进行替换。”

“你发现了啊，是通过形容词的构成判断出来的吧？那下面就该考虑规则 8 了，这种可能性是肯定要被保留的。因为利用规则 8 会将 M 替换为 N，而我们已经知道 N 是存在的。”

说完，尤斐因先生画了下面的图。

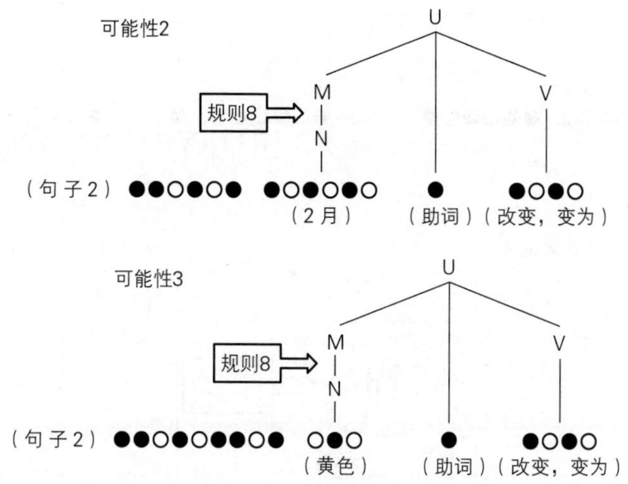

“最后只剩下规则 9 了，感觉规则 9 判断起来则有些麻烦。”

“是吗？”

“如刚才所见，规则 9 可以被重复使用。而且，如果 M 依据规则 7 或是规则 8 被替换的话，也没有办法立即就知道使用的是哪一条规则……无法立即确定的因素太多了。比如像这种情况。”

为了说明我也开始画图，当然这并不是为了帮助尤斐因先生理解我的话，而是为了整理自己的思路。

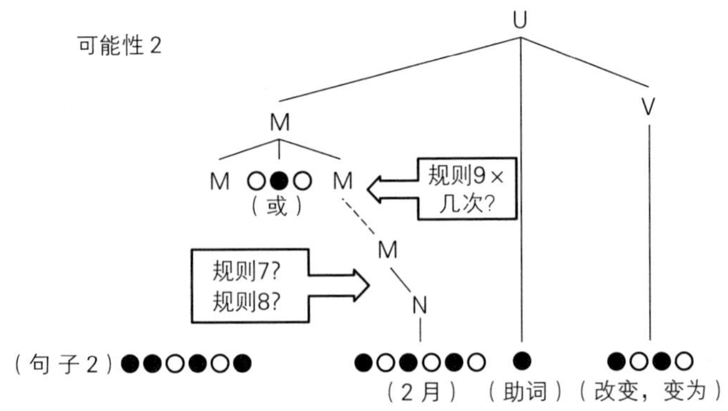

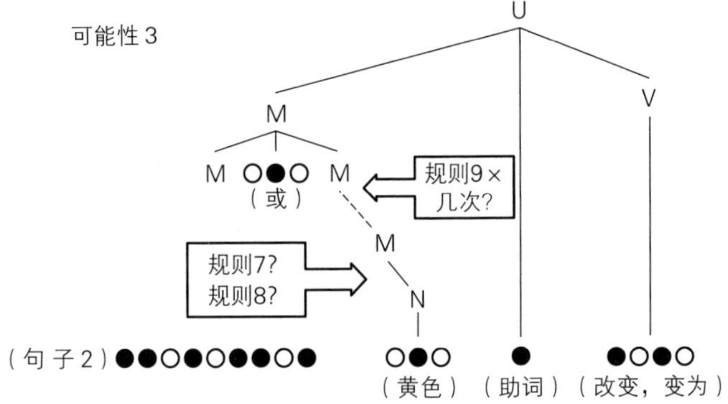

尤斐因先生开口说道：

“你的担忧是正确的，但咱们再进一步考虑一下。最下面的部分究竟是根据规则 7 还是规则 8 替换得到的，通过之前的讨论我们已经得到了答案。”

我重新审视了一下自己画的图。最下面的部分吗……原来如此。

“最下面的部分是不可能根据规则 7 替换得到的，（可能性 2）的‘●○●○●○（2 月）’前面和（可能性 3）的‘○●○（黄色）’前面都没有形容词。”

“就是这个原因，最下面的部分只可能根据规则 8 替换后得到。接下来就剩下不知道规则 9 会被重复利用几次的问题了。不管利用了几次，只要使用了规则 9，就会得到下面的结果。”

尤斐因先生将（可能性 2）和（可能性 3）的树状图的一部分放大了。

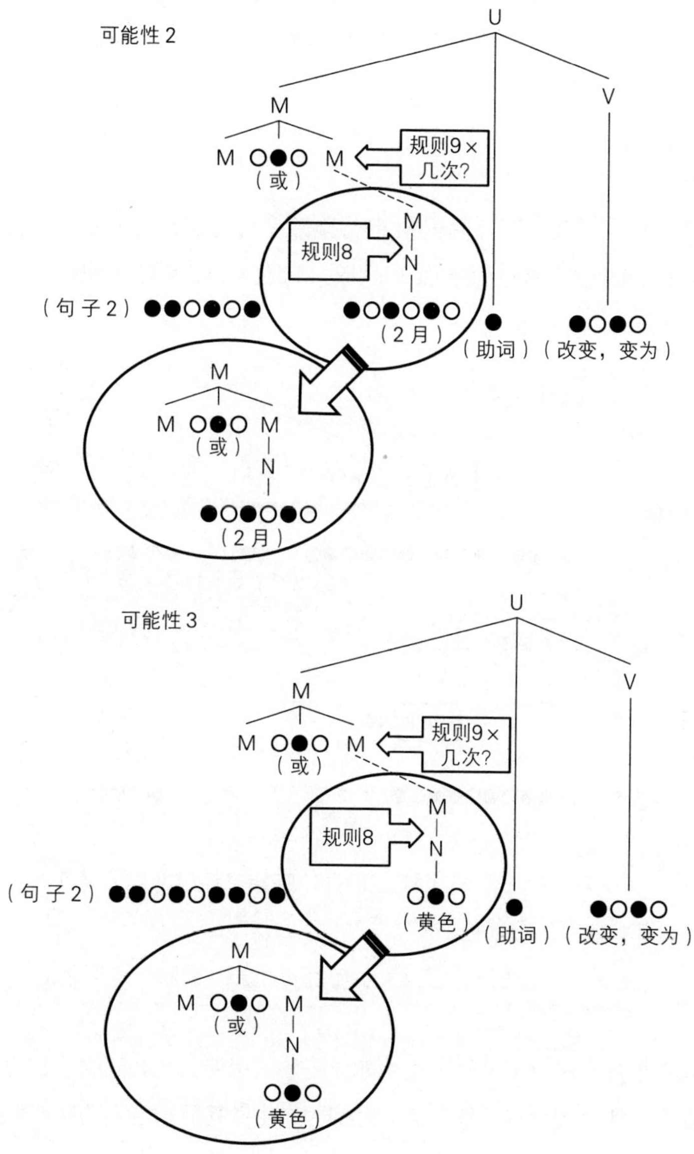

我通过这两张图注意到了一点。

“(可能性 2)的‘●○●○●○(2 月)’前面和(可能性 3)的‘○●○(黄色)’前面，都应该有‘○●○(或)’这个词才对。”

“没错。如果假定根据规则 9 将 M 替换的话，最下面的部分中，名词前面应该会有‘○●○(或)’这个词。”

“但事实上，(可能性 2)和(可能性 3)中的名词前都没有‘○●○(或)’。”

“对，所以，我们可以得到 M 的替换并没有使用规则 9 这一结论。那在替换(可能性 2)和(可能性 3)中的 M 时，能使用的规则就只剩下规则 8 这一条了。”

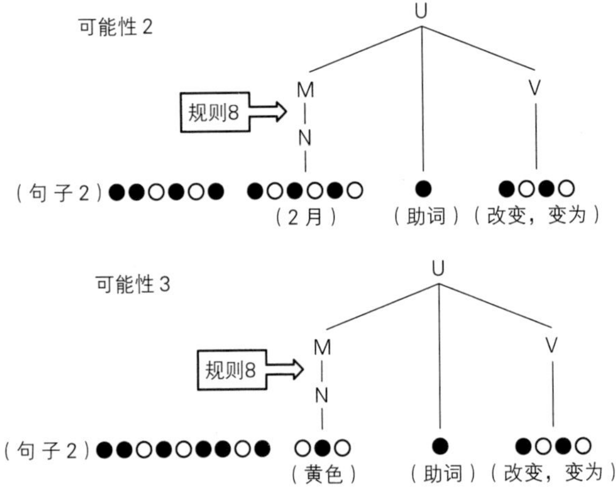

“这一下，我们终于弄清了从上面的 U 开始是经过怎样的替换得到的词语序列。那就让我们继续吧。”

◇

我不禁开始佩服起尤斐因先生如此巧妙的思考，与此同时头脑也开始有些迷糊，注意力很难再集中了。尤斐因先生像是看出了我的状态似的对我说：

“累了吧？咱们稍微休息一下。”

被尤斐因先生关照让我觉得有些不好意思。本来是我有求而来，占用了尤斐因先生的宝贵时间，到头来却因为自己的精力问题中断了讨论。

“实在抱歉……”

“不用在意，刚接触翻译工作都会不适应，反而是你第一次就能理解到这个地步已经很优秀了。”

说着话，尤斐因先生站了起来，说了句“我马上回来”便走出了房间。虽然获得了尤斐因先生的夸奖，但我被很多东西所触动，完全高兴不起来。虽说尤斐因先生比我年长，但其实也没有比我大出许多，也就五六岁的样子，而我们之间的实力却相差甚远……他思考的深度、精神的集中度以及清晰的表述都令我震惊。原来一流学者与我这种比门外汉强不了多少的人之间，居然横亘着如此巨大的差距。

“你怎么了？想什么居然想得这么出神。”

尤斐因先生端着点心盘回来了。

“啊，没什么。对了，尤斐因先生，您能不能继续给我讲讲您的研究呢？”

听我这么说了之后，尤斐因先生一脸欣喜，好像已经迫不及待了。

“……你还记不记得我在研究总会上提出‘第一百九十九古代库普语’时，当时规则派的人一直在争论什么样的规则可以生成这种语言？那之后谁也没有找到答案，我也一直在苦苦思索。但是，利用古代库普语的规则怎么也无法成功。终于在某天，我发现有一组规则可以顺利生成这种语言。但是，违背了古代库普语规则的条件。”

“违背了古代库普语规则的条件？”

“你看了这个应该就能理解了。”

规则 1. S →○●○

规则 2. S →○ BT ○

规则 3. T → ABT ○

规则 4. T → AB ○

规则 5. BA → AB

规则 6. ○ A →○○

规则 7. B ○→●○　　　　　　　　规则 8. B ●→●●

“这些是……”

“是不是很奇妙？从规则 1 到规则 4 都与古代库普语的规则没什么两样。但是……”

“从规则 5 到规则 8，都不是古代库普语规则可能具有的形式呢？”

“是啊！这几条规则违背了你在研究总会发言中一开始说的‘古代库普语规则的条件’中，在‘→左侧有唯一一个能转换成某种文字序列的记号’这个条件吧？”

“是的。规则 5 中，‘→’的左侧存在两个‘能转换成某种文字序列的记号’。而规则 6 到规则 8 的‘→’左侧，‘能转换成某种文字序列的记号’是与文字并列的。不管哪个都违背了古代库普语规则的条件。”

“因此，我和布恩才敢确定，那种语言不属于古代库普语系，也就是，那不是矮人使用的语言。当然，它也不属于古代璐璐语系……不是精灵的语言。倘若真是如此的话，问题就会变成，曾使用过那种语言的又是谁呢？这时，布恩想到了曾经居住在西面山岳一带的巨人族。说起来，我正是在一篇描述山岳地带的古代文献中发现这种语言的。”

“巨人族？”

“是的。曾经，在陆地的精灵与海中的矮人主宰这个国家的时代，虽然数量很少，但巨人确实也曾在此生活。因为他们只在山岳地带活动，所以知道他们的人很少。布恩查明巨人族的后裔居住在杰乌山，并在那里发现了类似遗迹的建筑物。他的调查能力真是不得不令人钦佩。所以他才一个人前往杰乌山了。”

杰乌山是这个国家最高的山峰，地理位置十分偏僻。而且，既然巨人族的后裔在那里生活，不就表示十分危险吗？我不禁担心起身材矮小的布恩先生来。

“独自一人到那种地方去，布恩先生没问题吧？”

“一定没问题的。布恩为了调查遗迹一直四处奔波，早已习惯。而且你不要小看布恩，他其实十分强悍。”

“诶？强悍是指？”

“当然是指打架了。我以前也没想到，但有一次我俩一起在酒馆喝酒时被奇怪的家伙纠缠，我什么忙都没帮上，布恩一个人将他们全部解决了。”

“全部解决了？”

“我都不知道他是如何做到的。对方向布恩扑过来的时候，力气突然像被抽走了一般，瞬间，他们宛如被大头针钉住的虫子，一动也不能动。不管对方有多少人，身材多么高大，全是一样的结果。你不亲眼见到恐怕无法相信。”

“那恐怕是用了魔法吧？”

“我一开始也这么认为，但布恩否认了。他说那是一种名叫‘那拓伽’的技术，他像是掌握得相当熟练了。当然了，若非是那样的豪杰，也没办法成为装置派的一员吧。”

“这样啊！”

伴着有趣的话题和美味的点心，我的精神正逐渐恢复。尤斐因先生舒展了一下身体。

“让我们来把（句子 2）解决吧！”

我们再次回顾了一下（句子 2）剩余的两种可能性。

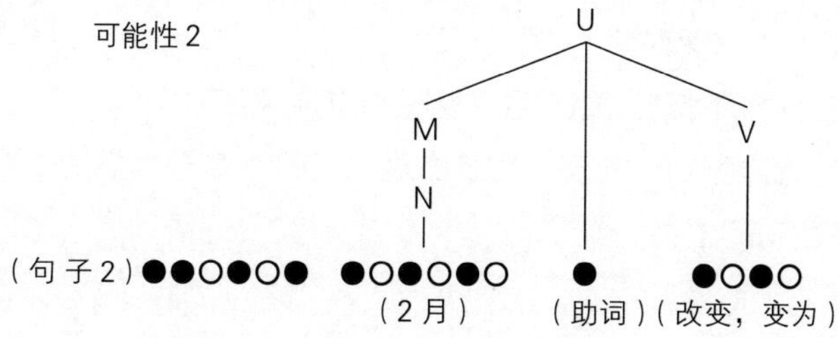

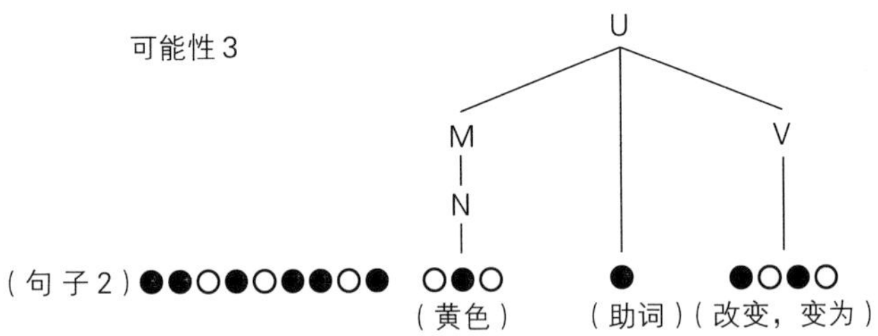

“那么，接下来应该如何思考呢？”

“我们必须明确（可能性 2）的‘●○●○●○（2 月）’前面和（可能性 3）的‘○●○（黄色）’前面是什么词语。而目前我们已经知道这个词语既不可能是形容词，也不可能是‘○●○（或）’这个词。”

“是的，那具体要怎样做呢？”

“现在要确定位于‘树状图’最上面的 U，是根据哪条规则生成的。”

“没错。不管是在（可能性 2）还是在（可能性 3）中，U 都包含着这句话从中间到结尾的内容。这就告诉我们，想确定 U 是根据哪条规则生成的，只要找到‘→’右侧最后是 U 的规则就可以了。”

这样的规则共有三条。

1. S → U ○●●（如果）U

2. S → M ○●（助词，提示主语）U

6. U → U ●●●（然后，之后）U

“是规则 1、2 和 6。”

“那它们中的哪条生成了现在树状图中的 U 呢？”

我看了看规则 1。若现在树状图最上面的 U 是根据规则 1 生成的话，那就应该是下面这样。

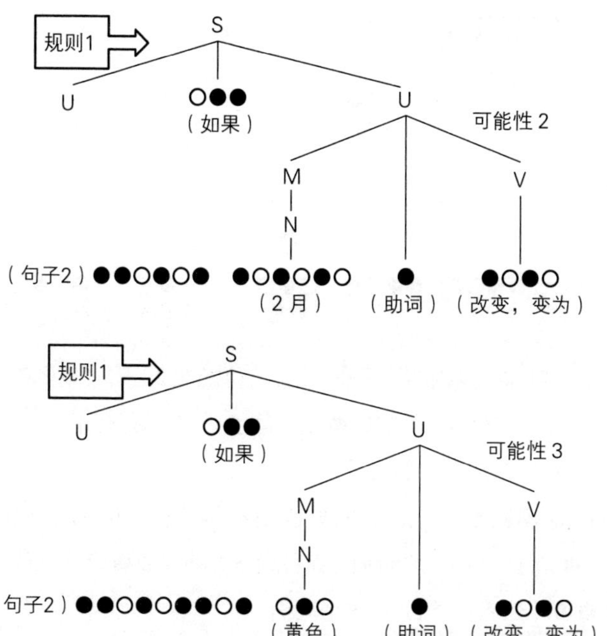

但这是不可能出现的结果。因为这样的话，（可能性 2）的“●○●○●○（2 月）”前面和（可能性 3）的“○●○（黄色）”前面就会出现“○●●（如果）”这个词语，但实际不是这样。

我继续验证规则 2。如果 U 是根据规则 2 替换而来，那树状图将会变为下面这样。

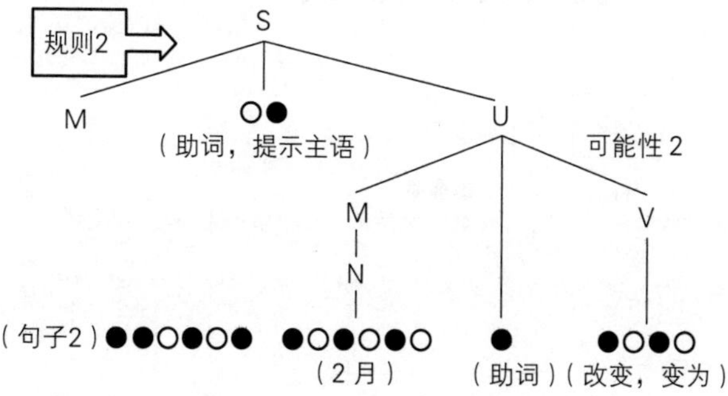

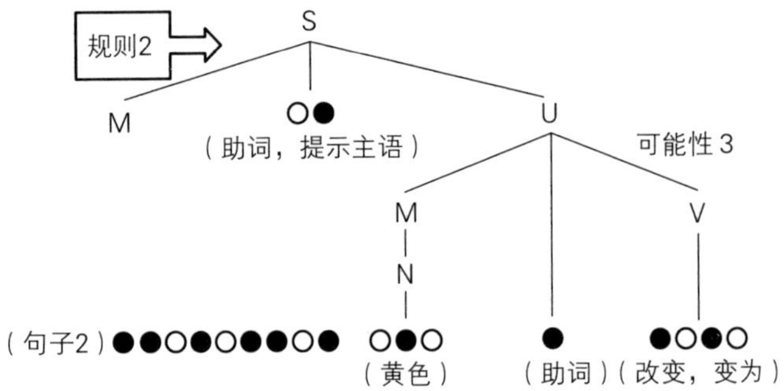

这倒是与目前得到的结论没有矛盾。（可能性 2）的“●○●○●○（2月）”前面和（可能性 3）的“○●○（黄色）”前面都有相当于“○●（助词，提示主语）”这个词语的文字序列。

最后就是规则 6 了，这条规则也是不可能的。因为（可能性 2）的“●○●○●○（2 月）”前面和（可能性 3）的“○●○（黄色）”前面都没有“●●●（然后，之后）”这个词语。

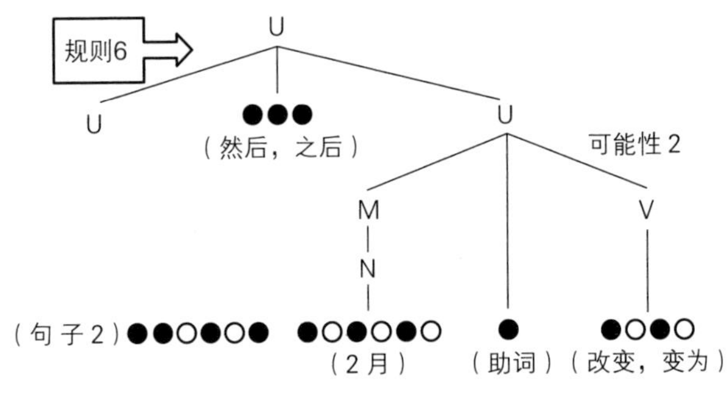

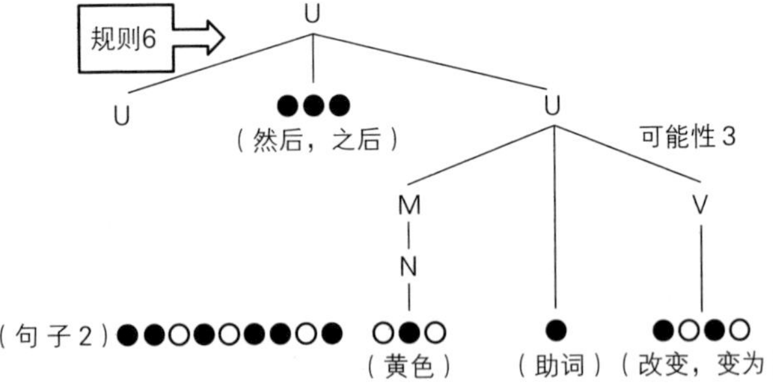

结果，只剩下规则 2 这一种可能性了。我得出结论，（可能性 2）和（可能性 3）的树状图会变成下面这样。

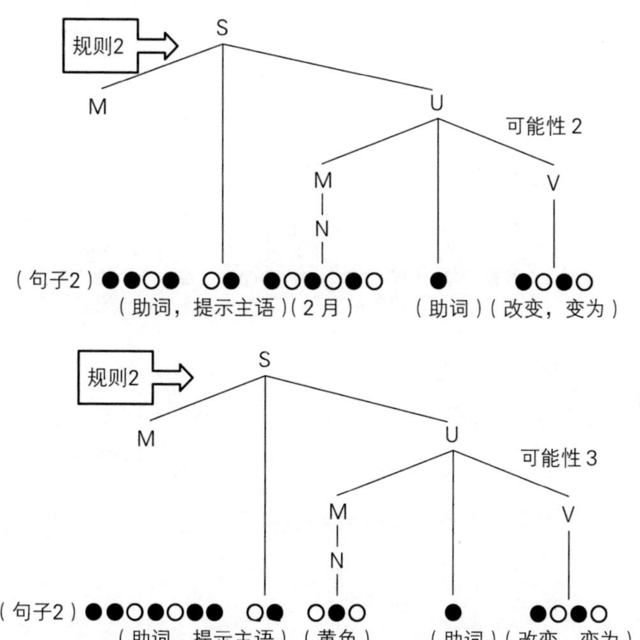

我将图这样画出来后，尤斐因先生似乎很满意地露出了微笑。

“对，就是这样。好了，现在终于有眉目了，尤其是（可能性 2）几乎就快完成了。你看得出来剩余的文字序列对应着怎样的词语或是词语序列吗？”

我观察了一下（可能性 2）的树状图，看出剩余的“●●○●”这部分是替换 M 后得到的产物。刚才我们已经分析过，不管是怎样的情况，替换 M 的结果最后肯定是 N，也就是一个名词。我开始对照名词表，发现了“●●○●（时间）”和“●○●（紫色）”这两个词语。如果假定这几个文字是“●●○●（时间）”这个词语的话，翻译就结束了。如果认为在替换

M 时是根据规则 8 的话，那么这里出现“●●○●（时间）”这个词语便顺理成章。

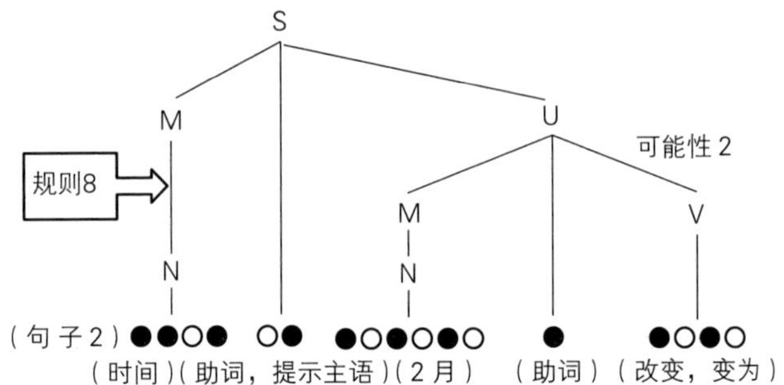

另一种情况，若假定剩余的部分是以“●○●（紫色）”结束的话，就会产生新的问题。正如下图所示，剩余文字“●”便不太好处理。词语集中虽然有“●（助词）”这个词语，但是通过规则很好判断它不可能出现在这里。

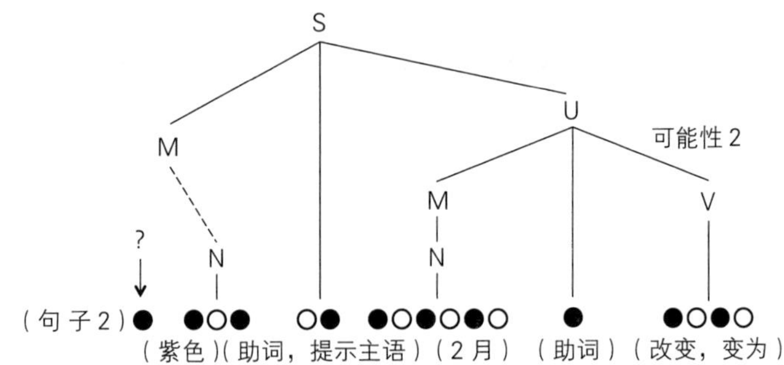

“（可能性 2）的译文，是‘时间变为 2 月’对吧?”

“是的。这句译文非常通顺，是个很有力的候选项。那么，接下来我们来看看（可能性 3）吧。”

（可能性 3）还未翻译出来的文字序列是“●●○●○●●”，这部分自然也会以名词结尾。而与这部分一致的名词，竟然只有“●●（新月）”这一个。

"'●●○●○●●'的最后，只能是'●●（新月）'这个语词啊！"

"你说的没错，最后只能是'●●（新月）'了。那么，剩下的'●●○●○'呢？"

"我想想……啊！"

我偶然看到的一个词语和这组文字序列完全一致。

"有一个形容词是'●●○●○（蓝色的）'对吧？"

"有的。那把这个词放在这里有没有问题呢？"

我想了一下。若是将 M 根据规则 7 替换的话，得到的结果将是一个形容词后面连着一个名词。而"●●○●○（蓝色的）"和"●●（新月）"正好是形容词和名词。我画了如下的图。

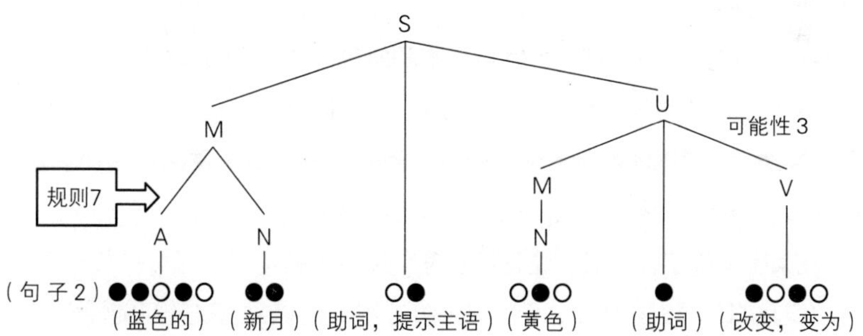

尤斐因先生深深地点了点头。

"是啊！这样我们就得到了另一句候选译文。'蓝色的新月变成了黄色'，这句话也很通顺。"

"结果，可能性还是有两种……"

我刚想松一口气，尤斐因先生就对我说：

"其实，可能性还有一种。它的意思虽然有些奇怪，甚至有些令人匪夷所思。"

"那是怎样的可能性呢？"

"是这种。"

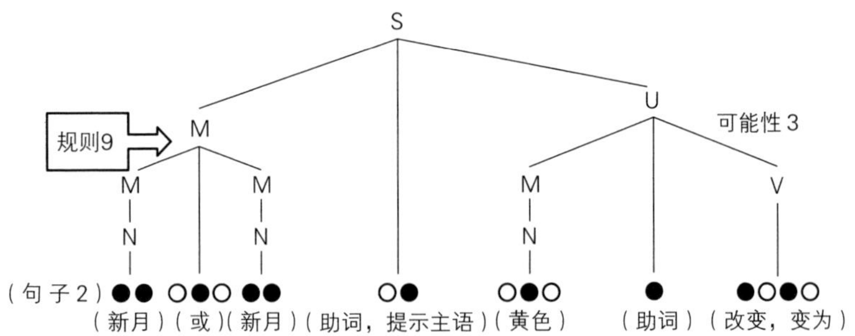

看了尤斐因先生画的图，我有种豁然开朗的感觉。确实，如果根据规则 9 将 M 替换的话，就会出现这样的译文。

“咱们还是先不考虑这种可能性了，我只是希望你明白它姑且是一种合乎规则的解释。”

我点了点头。也有这种虽然意义不明但是符合规则的情况。

“最终，候选的两句译文，究竟哪句是正确的呢？”

“很遗憾，‘时间变为 2 月’和‘蓝色的新月变成了黄色’这两句译文哪一句是正确的，我们无法从规则层面上判断出来。”

我束手无策了，到最后还是没能确定最终答案。

“但我们并非无路可走，至少能判断出哪一句译文正确的可能性更高。”

“是吗？”

看我一脸吃惊的样子，尤斐因先生开始解释：

“（句子 2）是从诗中挑选出来的句子。值得庆幸的是，在这首诗中，还有很多句子都和这句话相似。将以‘变为什么’结尾的句子挑出来的话，有下面这些。长度相似，完全可以假定它们表示的都是相似的内容。”

（句子 2）●●○●○●●○●○●○●●○●○。

（句子 4）●●○●○●●○●●○●○●●○●○。

（句子 7）●●○●○●●●●○●○●●○●○。

（句子 10）●●○●○●●○○●○●○●●○●○。

（句子 14）●●○●○●●●○●○●●○●○。

（句子 17）●●○●○●●●○●○●○●●○●○。

“假设（句子 2）由可能性 3 得到的‘蓝色的新月变成了黄色’这句译文是正确的。那我们将其他所有句子按照与（句子 2）类似的方法进行分割，就会得到下面的结果。”

（句子 2 的译文）蓝色的　新月　助词，提示主语　黄色　助词　改变，变为

（句子 2）●●○●○　●●　○●　○●○　●　●○●○

（句子 4）●●○●○　●●　○●●　○●○　●　●○●○

（句子 7）●●○●○　●●　●●　○●○　●　●○●○

（句子 10）●●○●○　●●　○○●　○●○　●　●○●○

（句子 14）●●○●○　●●　●　○●○　●　●○●○

（句子 17）●●○●○　●●　●○●　○●○　●　●○●○①

“你有没有注意到什么？”

“我看看，（句子 2）和其他句子不一样的地方就在‘○●（助词，提示主语）’这里了。（句子 4）的这部分是○●●，（句子 10）是○○●，（句子 7）是●●……”

“没错。要是（句子 2）与其他句子内容相似的话，那么我们自然可以预测其他句子的这部分肯定也是某个词语或词语序列。”

“但是，（句子 2）的这部分的○●是‘助词，提示主语’，而（句子 4）的○●●是‘如果’的意思，（句子 10）中的○○●可以解释为‘浅绿色’或是‘变为满月’，（句子 14）的●是‘助词’，（句子 17）的●○●则是

---

① 这里的语序为了不打乱原文中○和●的排列顺序，保留了日语的句子结构，即主语 + 助词 + 变化的结果 + 动词这样的结构。日语原文为：青い新月**は**黄色**に**変**わる**。——译者注

‘紫色’……总感觉没有统一感。”

“那我们来看看另一个候选项吧。我们假定（句子 2）的译文是（可能性 2）得到的‘时间变为 2 月’，我们把它对应的分割方式应用到其他句子上试试看。”

（句子 2 的译文） 时间 助词，提示主语 2 月 助词
改变，变为

（句子 2）	●●○●	○●	●○●○●○	●	●○●○
（句子 4）	●●○●	○●	●○●●○●○	●	●○●○
（句子 7）	●●○●	○●	●●●○●○	●	●○●○
（句子 10）	●●○●	○●	●○○●○●○	●	●○●○
（句子 14）	●●○●	○●	●●○●○	●	●○●○
（句子 17）	●●○●	○●	●●○●○●○	●	●○●○

“（句子 4）的●○●●○●○是‘5 月’，（句子 7）的●●●○●○是‘3 月’，（句子 10）的●○○●○●○是‘4 月’，（句子 14）的●●○●○是‘1 月’或‘蓝色的’，（句子 17）的●●○●○●○是‘6 月’……啊！和（句子 2）的‘2 月’相同的位置，也都是月份呢！”

“是的。如果（句子 2）的译文是‘时间变为 2 月’的话，那么其他句子的译文也就可以确定了。虽然无法断言，但十有八九。”

“若是这样的话，就可以一次性将六句话一起翻译出来了。”

“你说的虽然没错，但剩下的句子更长，因此翻译也会耗费更多的时间，甚至可能是几天。”

“这样吗……”

我也的确没有想到光是翻译一句话就会耗费这么多的时间与精力。

“既然你来到这里了，咱们就来找一找有没有哪一篇文献上记载过这首诗的译文。虽然我看过的文献中都没有记载过这首诗的译文，但我们可以再扩大一些搜寻范围。我们也可以以全国的藏书馆为目标，查询有没有记

载这首诗的文献。明天我会去调查，而你继续翻译工作。”

“太感谢您了。”

“你已经明白翻译方法了吧？之后只要遵循‘解读的铁则’，尽量从短句入手，将一部分内容的译文确定下来就可以了。”

尤斐因先生说话的工夫，有仆人拿着一封信走进房间。尤斐因先生接过信，立刻将信拆开了。

“噢，是布恩寄来的。太好了，他已经平安到达了……什么？”

尤斐因先生突然惊叫。

“怎么了？尤斐因先生。”

“加莱德……你快过来看看这个。”

尤斐因先生说着将一张信纸递给了我，上面简短地写着。

致尤斐因：

前天，我到达了杰乌山，一切顺利。你能否告知我一同寄过去的诗出自哪本典籍？这首诗似乎和我要调查的遗迹有关。原文是用哪种语言所作虽然不明，但我想你可能知道。

布恩

于杰乌山 迦札明旅馆

于是我拿起来第二页，信上的内容令我不敢相信自己的眼睛。

1月：

若是看到白色的满月，变成了黄色，然后向上升。时间变为2月。

若是看到紫色的新月，向上升。时间变为5月。

2月：

若是看到白色的满月，或是紫色的新月，向上升。

若是看到黑色的新月，变成了紫色，然后向上升。时间变为3月。

3月：

若是看到浅绿色的满月，或是黑色的新月，向上升。

若是看到白色的满月，变成了浅绿色，然后向下降。时间变为4月。

4月：

若是看到白色的满月，或是浅绿色的满月，向下降。若是看到黑色的新月，或是紫色的新月，向下降。

若是看到黄色的满月，向上升。时间变为1月。

5月：

若是看到紫色的新月，或是浅绿色的满月，向上升。

若是看到虚无，向下降。时间变为6月。

6月：

正确的人，在这里停留。

"尤斐因先生，这是……"

"太好了，咱们赶紧来验证一下，确认一下你拿来的那首诗和布恩寄来的这首诗是不是同一首。"

我和尤斐因先生将词语逐个进行比对，最后确定我拿来的诗与布恩先生寄来的诗之间并无矛盾。全部完成之后，尤斐因先生整个人靠在椅子上，仰面朝天。

"太不可思议了。刚翻译出来一部分，剩下的译文居然就送到了手边。"

"还真的……会有这种事呢！"

我无法抑制住自己兴奋的心情。尤斐因先生对我说：

"加莱德，我们必须马上与布恩会面，咱们一起出发去杰乌山吧。"

第 13 章
塔

在一弯蛾眉月的照耀下，指向我们的长枪和弓箭闪着寒光。

我们正处于杰乌山的半山腰。我和尤斐因先生沿着山道爬了整整一天，依然没有到达目的地。空气中袭来阵阵凉意，我们又往上走了一段，突然被一群壮汉包围。对方都全副武装，我们两人进退维谷。尤斐因先生大声喊道：

“你们为什么要这样做？我们只是普通的旅行者，没什么能交给山贼的！”

一个站在右边的人说：

“你说我们是山贼可太过分了，明明是你们侵入了圣域。”

“圣域？”

“别装傻！你们是故意闯进来的吧？”

“我们不知道什么圣域。我们只是来拜访在杰乌山中的友人！”

“不要再撒谎了！村落在比这里低很多的地方。爬到这么高的家伙，绝对是对圣域有企图。喂，你们赶紧把他们抓起来。”

我和尤斐因先生对视了一下。看来，我们是在哪里走错了路。男人们手持弓箭和长枪渐渐缩小包围。我扫视了一下，他们共有十二人。武器有弓箭和长枪两种。手持弓箭的有四人，拿着长枪的有八人。我在尤斐因先生的背后小声念道：

“根据第八古代璐璐语，省略这一列中的第一个到第十二个。”

男人们手中的武器消失了。

“哇！怎么回事？”

“我的长枪！”

我拽了拽呆住的尤斐因先生的衣服。

“尤斐因先生，咱们快逃吧！”

“啊，啊啊……好的，就趁现在。”

我们从手忙脚乱的男人们的包围中钻出来，向来时的路奔去。然而，一个硕大的身影挡在了我们面前。

“你们是什么人？居然使用妖术。究竟是你们两个当中谁做的？先说好，那种招数对我可没用。”

他的体格让我和尤斐因先生都脚下发软。这个男人要比其他男人高许多。虽然尤斐因先生也很高，但这个男人要比尤斐因先生还高出两头。

“你们肯定是盯上圣域了吧？你们这样的人，我奇亚弗·布康绝不原谅！你们要有心理准备！”

高大男人向我们逼近。那男人每踏出一步，地面就震颤不已。被月光照亮的巨大面庞，倒竖的头发，充血的眼睛，还有那胡须间隐约能看见的大颗牙齿，吓得我连咒语都忘了念，只能瑟瑟发抖。尤斐因先生从我身边跨出一步，站在了高大男人面前。

“我，我们……真的不知道圣域是什么。但若是你不相信的话，就只能由我来当你的对手了。”

我看向这样说着的尤斐因先生，他的衣服正在微微颤动，看来他也在发抖。高大男人转了转眼珠，看向了尤斐因先生。

“这位仁兄气度倒是不小。可惜，你绝不是我的对手。况且，你们往身后看看。”

转过身，我们看到刚才的那群人，手中再次握着武器向我们逼近。看来是魔法的效力消失了。

“死心吧，你们这些入侵者。”

我可以让武器再次消失，但是，眼前的这个高大男人要如何处理呢？不行，头脑因为恐惧没办法好好思考。我除了蜷着身子缩在尤斐因先生身边之外别无选择。而这时，高大男人的背后传来喊声。

“奇亚弗先生，耽误你一会儿可以吗？”

那是宛若慢了半拍一般的，毫无紧张感的声音。那礼貌的语气与眼前的场面完全不搭调。但那高大男人马上转过身去，好像非常惶恐似的回了话。

“老爷！您在这里做什么？”

“还问我做什么……他们是我的朋友，我想让你不要攻击他们……”

“您说什么？”

在高大的男人身后出现了一个矮小的身影，是布恩先生。

“哟！尤斐因和加莱德，欢迎你们来到杰乌山。”

“真是的，我家这位就知道给别人添麻烦。”

我们沿着山道向下走了一会儿进入村落，到达了迦札明旅馆。老板娘迦札明立刻为尤斐因先生端上淡色啤酒，给我则是倒了一杯热牛奶。刚才的高大男人……奇亚弗先生，正坐在我们邻桌。借着旅馆灯光再次看到他的身形，果然是硕大异常。和刚才不同，他现在正猫着腰，脸上还是一副严厉的表情，但不知哪里又透着一丝可爱，眉宇间也带着一股知性。

“那个……刚刚……我真的是太失礼了……”

“不，没有关系。反正现在事情已经弄清楚了……”

从刚才开始，奇亚弗先生和尤斐因先生就一直重复着这样的对话。布恩先生开口说：

“你们两个，来这里倒是可以，可也该事先写封信通知我一下呀！”

“因为事出突然，所以没有来得及。”

老板娘说：

“我丈夫简直是无可救药了，居然袭击了布恩先生的朋友。”

“可守护圣域是我们的使命，没办法啊！”

“你嘴上虽这么说，可还不是带着刚认识没多久的布恩先生去圣域参观了嘛！你还不如从一开始就不要怀疑。”

“不，毕竟布恩老爷是特别的。”

我对他如此信赖布恩先生感到不可思议。这时，老板娘说：

“你这人，‘打架和酒量都很强的男人值得信赖’这种观念早就过时了！”

“吵死了！对我来说那是唯一的衡量标准！我从出生到现在，还是第一次像个小孩子一样被人摆布。除了信赖还能怎样？”

我震惊地看向布恩先生。虽然听尤斐因先生讲过布恩先生技艺超群，但居然连这样高大的男人都不是他的对手。

“布恩先生他啊，不仅是打架，酒量也很了得。这里所有的男人都喝不过他。”

“可不是，他就快把杰乌山特产的火酒‘巨人倒’全部喝光了。但说起来，布恩先生的朋友们也很有本事嘛！”

布恩先生对尤斐因先生说：

“尤斐因想和奇亚弗先生对抗属实令我没想到。我记得你完全不会和人打架吧？”

尤斐因先生难为情地说：

“那样的情况下，也只好如此了……哈哈哈。”

尤斐因先生一定是因为自己比我年长几岁，才想着一定要掩护我吧？尤斐因先生问奇亚弗先生：

“那圣域究竟是什么呢？你们为什么要守护圣域？”

“圣域啊……对我们来说，无比重要……”

奇亚弗先生眯起眼睛娓娓道来。

“虽然很长的时间里已经混入了其他种族的血脉，但我们都是巨人族的子孙，其中我的家族曾统领着住在杰乌山的一族。我家代代都有这样的传说。

“在遥远的过去，精灵和矮人之间曾爆发过一场大战。就连我们的祖先——住在杰乌山的巨人一族——都感到恐惧，害怕自己哪天也会被卷入斗争之中。虽然巨人的体格硕大，力量也很强，但人数寥寥。而且……当然，我说这话可能欠缺一些说服力，但巨人本来就不喜欢纷争。更何况我们的祖先并不能驾驭精灵和矮人使用的那种力量。”

“精灵和矮人使用的力量……”

“精灵和矮人最擅长的武器，便是蕴藏在他们秘密语言中的魔法之力。他们还进一步建成了能使那力量提升几倍、甚至数十倍的‘装置’。而与之相对的，巨人族的语言则被认为不具备那样的力量。”

“‘被认为’……那意思就是实际力量是存在的了？”

“嗯，确实存在。将这些教会我们的祖先，将他们从混乱中拯救出来的，是从外面来的兄弟二人。”

“兄弟二人？”

“他们既非精灵也非矮人，而是人类。他们在杰乌山顶建造了一座塔，而正是靠着那座塔，巨人才得以从被卷入战争的厄运中幸免。”

“那座塔究竟是如何帮助他们逃离战争的呢？”

“此间因缘我完全不得而知，只知道那座塔可以强化蕴藏在巨人语言中的力量。那力量原本非常微弱，连巨人自己都不曾察觉，然而，那力量其实格外可怕。”

“那是一种怎样的力量呢？”

“借这种力量可以看到你的希冀之物，似乎是和千里眼较为类似。不管多么遥远，哪怕是过去存在的事物，只要你想也都能看到。我的祖先利用那座塔，看到了他们一直渴望得知的，避免被卷入战争的方法。”

我猛然想起老师的信中，写着“虽然我不在那里，但你在那里可以看到我所在的位置”这样的话。我向奇亚弗先生问道：

“请问，现在那座塔依然可以帮人‘看到希冀之物’吗？”

稍作思考后，奇亚弗先生回答说：

“……可以。”

我终于可以确信，老师信中提到的“诗指明的地点”，就是这里。

“虽然可以，但现在塔中已经没有建成时的力量了。那个时候，进入塔中，只要履行必要的步骤，无论是谁都可以看到自己渴望看到的事物。但战争结束后，不知为何，塔的力量正在逐渐减弱。而现在，只有两人能在一月进入塔中，并且进入的时间必须在新月到上弦月这段时间，即使那样也不能保证就一定能看到自己想见的东西。我只有一次借助塔的力量。那差不多是在十年前，我为塔供奉秋天收成的时候，想通过塔看一看转年的运势。结果看到杰乌山上燃起熊熊烈火，直冲夜空，那火势向东侧蔓延，却不曾波及西侧。我便火速让住在东边村落的村民迁到西边去了。”

老板娘补充道：

“那火烧起来的时候实在可怕。但是多亏提前做好了防备，大家都平安无事。”

“太神奇了。”

尤斐因先生感叹道。我这时也下定决心将心中所想问了出来。

“我能不能进入那座塔呢？”

这话让奇亚弗先生和老板娘都有些惊异。

“孩子，啊，你是叫加莱德吧！本来，外来者是绝不能进入塔内的。但是，获得了我们信任的人除外。实际上，这位布恩先生就曾进入过塔中一次。我能不能问问你为什么要进入塔内？像你这样的小孩子来到这么偏僻的地方，一定有什么原因吧？”

我将事情的经由讲了一遍，并表示布恩先生给尤斐因先生寄的信中，有一首诗，与老师留下的信中一模一样。布恩说道：

“这可真是太巧了。那首诗，是奇亚弗先生告诉我的。我想知道它有没有被记载在哪篇文献上，才给尤斐因写了信。”

“那首诗和塔一样，也是我们一族的传说。但是，我不知道那首诗的意思。”

奇亚弗先生又转过头对我说：

“这样一来，事情的缘由我都清楚了。但是还有一个问题没解决，就是我们是否真的可以信任你……”

我有些苦恼，到底怎样做才能取得他们的信任呢？

“嗯……我既不太会打架，酒量也很小……”

布恩先生这时插嘴说：

“奇亚弗先生，没问题的。这孩子可是获得了伊奥岛主人的信赖。”

“你说什么？真的吗？”

我完全没想到，不明白为什么布恩先生会知道这件事。奇亚弗先生兴奋地说：

“这可真令我吃惊。其实，杰乌山一族同伊奥岛一族从古时起就是同盟关系，就是从那场战争开始两族相互扶持。我很清楚，一般人是无法获得那位谨慎的奇诺先生的信赖的。既然这样，我就准许你入塔吧。你抓紧准备，后天入夜之后咱们便行动。”

喜悦感涌向我的胸膛，这样至少能和老师接近一些了。

“太感谢您了，奇亚弗先生。”

“不用这么客气。不过，话虽如此……”

奇亚弗先生的目光在我和布恩先生之间徘徊。

“这几日，居然接连来了两位被伊奥岛主人认可的人啊！”

我惊讶地看向布恩先生。布恩先生总像是睡着一样的眼睛眯得更细了，一脸笑意看着我。这么说来，在那个研究总会上，布恩先生确实提到过伊奥岛的“试炼之屋”。

“莫非布恩先生你也曾经进入过‘试炼之屋’？”

“是啊！虽然被拒绝了很多次，但我几个星期里一直固执地请求奇诺先生，才让他改变了主意。在我进去之前，被多次嘱咐，如果一天以内无法从那里出来的话，关于遗迹的记忆就会消失。”

“看来你最终通过试炼了呢？”

“嗯，该说是通过了试炼吗？我只是打开了几扇门就走到了出口，结果也没弄清所谓试炼究竟是指什么。之后我才知道，是跟钻石有关。”

我张口结舌，布恩先生居然没被那钻石的光辉所蛊惑。

“喂，布恩，你们在聊什么？钻石怎么了？”

尤斐因先生津津有味地向布恩先生问道。布恩先生开玩笑地说：

“尤斐因还是不知道的好。”

◇

我和尤斐因先生被安排在了布恩先生的客房。房间虽然很质朴，但床和被褥都很洁净。桌子上的盘子里有无花果干、杏干和其他不知名的果实。尤斐因先生问布恩先生：

“话说回来，刚才奇亚弗先生提到的‘巨人族的语言’……就是我们之前调查过的那种语言，没错吧？”

“没错。我来到这里之后，每天都会有人带我到塔那里，并详细跟我解释塔是一个怎样的‘装置’。我也找到一些实际进入过塔内的人进行询问，而我自己也在不久之前进入了那座塔内。因此，我大体上已经查明了。”

尤斐因先生和布恩先生正在调查的语言，就是在法加塔的古代库普语研究总会上，尤斐因先生提到的“第一百九十九古代库普语”。在这种语言中，在并列的○后面会有相同数量的●，之后又会接上相同数量的○，比如“○●○”“○○●●○○”“○○○●●●○○○”这样的文字序列。布恩先生继续说：

“这座塔和璐璐语、库普语的遗迹都不相同。也就是说，并不是依次打开门，从一个房间移动到另一个房间的装置。”

“那又是怎么样的呢？”

“倒不如说遗迹给人一种在对门进行检验的感觉。”

对门进行检验究竟是怎么一回事？尤斐因先生像是也不太明白，一脸茫然。布恩先生进一步解释道：

“法加塔的高等学校和王国学术院的会议厅中都装有‘升降机’吧？尤斐因，你坐过那个吗？”

“你说的升降机，是不是就是那个平时只有高层职员和老人乘坐，有时还会被用来装载货物的机器？不借助楼梯就可以上下楼。我在很久以前和我的老师一起乘坐过一次。”

“这座塔和那个升降机有些相似。升降机是一个可以上下运动的悬吊在绳索上的房间，并会在每一层装有门的地方停止吧？这座塔中也有相似的机制。平时，塔就和普通的单层建筑差不多高，正面只装有一扇圆形的石门。打开石门，便可以进入塔的内部。在进去之后，要转身面向石门站立，并利用左侧的‘按钮’‘输入’文字序列。”

“输入？”

“是的。左侧的墙壁上，写有‘○’和‘●’这样的文字，通过触碰文字来输入文字序列。比如说想输入○●的时候，只要按一下‘○’，再按一下‘●’便可。而这样便能使塔身变高。”

“你说塔身会变高？”

“是。输入的文字序列有多长，塔便会变成多少层。输入两个文字的序列后，塔会变为两层，而输入三个文字的序列后，塔会变为三层。每一层上，都装有相当于○和●的圆形门，就像这样。”

布恩先生画了下面的图给我们看。

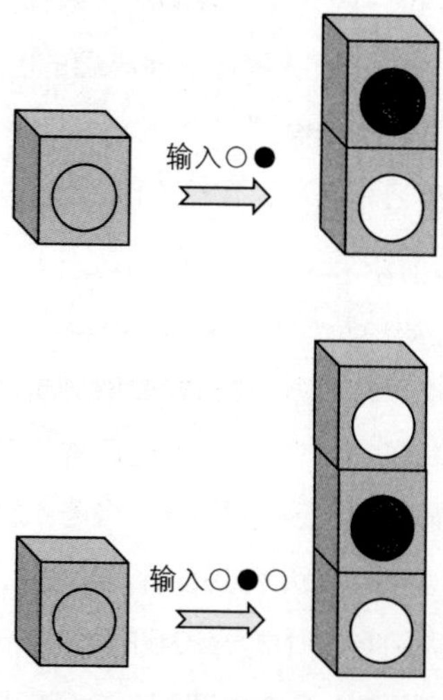

“那不管是多长的文字序列，塔都可以向上延展出相应的层数吗？”

“据说是这样的。”

“在输入文字，塔身‘变高’后，又会怎样呢？”

“我先用进入塔后输入○●○这种情况举例吧。我在塔的一层输入这些文字后，面前的圆形门就变成了白色。不久，那扇门变成了淡黄色，我所在的房间立刻向上升了一层。”

我边听边尽力想象着那个情景。

“上到二层后，我的眼前出现了一扇黑门。而就在这时，门变成了紫色，房间又向上升了一层。三层上有一扇白门……我紧紧盯着那扇门，看到那扇门变成了绿色。说是绿色，其实非常浅。我以为之后会继续向上升，但房间向下降了。我通过了二层那扇紫门，最终又回到了一层。”

“那这就结束了吗？”

“没有。在看到位于一层的黄门后，我所在的房间再一次向上升，经过了二层，而这一次，连第三层也经过了。”

我询问布恩先生：

“按照刚才讲的，塔最高只能到三层，过了三层之后就没有房间了吧？”

“你说得没错。在经过三层之后，我到达了塔顶。当然，我面前已经没有门了。这之后我向下走了一层，停在了最高层的门前。不久眼前一片白，再回过神来时，我已经回到了地面。”

我和尤斐因先生听得云里雾里，完全不明白发生了什么。

“我说，布恩，结果塔接受了○●○这组文字了吗？”

“听奇亚弗先生说，应该是接受了。输入的文字序列如果被塔所接受的话，最后便会安全回到地面。如果有‘想看到的东西’的话在那时便会看到。我什么都没看到便是了。”

“若是输入了不能被塔所接受的文字序列会怎么样呢？”

“据说奇亚弗先生曾经有一次不小心错误地输入了‘○●’。我询问了一下当时的情形，结果从开始到中途都和我的体验完全相同。

“在输入了○●之后塔向上升变为两层，一层的圆形门变成了白色，而二层的圆形门则变成了黑色。而在看到一层的白门变成黄色后，房间就向上升到二层。二层的黑门变成紫色后，房间再次向上升。然而，上升后他直接来到了屋顶。而就在那时，奇亚弗先生被一股不明的力量从后面推了一下，跌落地面。奇亚弗先生告诉我，那便是‘被塔所拒绝’的标志。若不是巨人族后裔的体格，恐怕会因此身负重伤吧。”

“真是座奇特的遗迹啊！但说来说去我还是不太明白这座遗迹的机制。”

“是啊！只要奇亚弗先生允许，我打算一直调查下去，但还是觉得毫无进展。要想弄清这座塔如何做到只接受‘巨人族的语言’，而将其他语种拒之门外，还需要更多信息。而这时，那首‘诗’进入了我的视野。”

“你在塔内的体验确实令人感觉与那首诗大有关系。”

我回忆着诗文。里面确实写有“若是看到白色的满月，变成了黄色，然后向上升”这样的句子，感觉就像是在描述布恩先生进入塔之后最初的体验一样。

“这首诗……是不是在记录塔会如何运行？”

“我也这么认为。这首诗一定是塔的运行原理，应该是塔的设计者留下的。”

我从行李中取出那本记载着这首诗的书，是老师留给我的那本《莱赞的诗集》。

“是不是就是这个叫莱赞的人设计的这座塔呢？”

尤斐因先生对布恩先生说。

“据奇亚弗先生说，传说前来修建这座塔的是一对兄弟。这会让人很自然地认为就是库修和莱赞。”

“是啊！越是反复阅读这首诗，越是觉得这首诗在叙述塔内的一切。但目前还不清楚的是，这首诗中的‘1 月’和‘2 月’这些究竟指的是什么。”

“我稍微想了一下，有没有可能指的是塔的‘一层’和‘二层’呢？”

其实，我听了布恩先生的话后也有这种想法。但是，布恩先生开口否定了。

“我也思考了这种可能性。一层的白门变成黄色后，房间确实会向上升，向二层移动。当二层的黑门变成紫色时，房间会向上升到三层。而在三层，门会变成浅绿色。目前为止，整个过程就如诗中所写。但随后我下降到了二层。然而，在这首诗‘3 月’这个部分，却写着‘若是看到白色的满月，变成了浅绿色，然后向下降。时间变为 4 月’。”

“确实，这样月份名和塔的各层相对应的假设就不成立了。况且，月份名只有 1 月到 6 月，但塔的层数会随着文字序列的长度无限增长。”

“对，‘1 月’到‘6 月’一定表示着别的什么，我们必须将它找到。”

“我们这回算是遇上了与我们所熟悉的‘装置’迥然不同的建筑了吗?”

“是啊！进入这座遗迹之后，我马上就意识到，你所作出的‘那种语言不属于古代库普语系’的假设完全正确。在古代库普语的遗迹中不可能做到的事情，这座遗迹却可以实现。”

听了布恩先生的话，尤斐因先生很满意似的点了点头。

“我说，布恩。咱们差不多该给这种语言起一个新名字了吧？再叫它‘第一百九十九古代库普语’会招致误解，而‘巨人族的语言’也不是个好名字。你有没有什么好提议?”

“我想想看。奇亚弗先生说，巨人一族以前将自己称为‘赛缇’，这个词在古代据说是‘人’的意思。这样的话，就将这种语言命名为‘第一古代赛缇语’如何?”

尤斐因先生欣喜地眯起了眼睛说：

“不错……就这么决定了，我们是为‘第一古代赛缇语’命名的第一代研究者。”

深夜，我从睡梦中恍然惊醒，回顾起这一天的经历。我想起当尤斐因先生与奇亚弗先生对峙的时候……我什么忙都没帮上。正如老师曾反复向我强调的，“省略”和“延长”咒语的力量异常强大。若是使用者不够优秀的话，便发挥不了任何作用，更不要说像今天的我那样恐惧得连声音都发不出来……

布恩先生和尤斐因先生都睡得很熟。他们是成年人，而我还是个孩子。我想要独当一面，不仅要提高魔法技艺，还要积攒学识、锻炼体力，变得更加有气度、更加冷静、更加慎重，掌握更多的技能。这样思考的工夫，我的意识又渐渐模糊起来。不，我应该先想想再遇到今天这种情况应该怎样面对。要怎样使用“省略”和“延长”咒语呢？省略……延长……

正当我游移在现实与梦境之间时，我突然想到了“一件事”。那件事与我刚刚的思绪相差甚远。我想到的是“省略”和“延长”咒语，与刚被命名的“第一古代赛缇语”之间的关系。

古代璐璐语系的每种语言中，只要是具有一定长度的语句，便都会存在这样一个部分，“不管是省略这个部分还是重复这个部分后，其文字全体依然是同种语言的文字”。而在古代库普语系中，这样的部分会分为两段存在于一句话中。只要在语句中识别出这样的片段，就可以对其使用“省略”和“延长”咒语。

现在还无法得知这样的部分是否也存在于“第一古代赛缇语”中。但我意识到，即使“第一古代赛缇语”中同样存在着这样的部分，也与古代璐璐语和古代库普语有所区别。比如，“第一古代赛缇语”的○○○●●●○○○这个句子中，既找不到单个片段也找不到两个片段符合“不管是省略这个部分还是重复这个部分后，其文字全体依然是同种语言的文字”这个标准。

我利用了“只有我知道的方法”，重新证实了尤斐因先生和布恩先生得到的结论。刚刚的郁闷心情消失不见，我被奇妙的安心感包围，再次进入了梦乡。

第二天下午，我们在奇亚弗先生和其他几人的带领下，顺着山路上山。从迦札明旅馆所处的村落走了差不多三小时后，我们到达了一个不太陡峭的山顶。

“这里曾是杰乌山最高的地方，但十年前的火灾让对面将这里超了过去。”

我顺着奇亚弗先生手指的方向望去，在我们所处位置的北侧，山脊相连的地方有一座山峰高高隆起。山上没有树木。虽然那座山遮蔽了北面的风景，但其他方向的视野依然十分辽阔。凯亚里亚海在我眼前铺展开来。我走向能看到西面的位置，凝视着远方。从这里恐怕很难看到米拉卡乌吧？那又能否看到我的故乡呢？遗憾的是，我的视线中只有云雾缭绕中的群山。我一想到父亲和其他家人都在那个方向，胸中就涌现出一丝暖意。而老师，现在在哪里呢？

我们被带到一个围着栅栏的地方，那座塔便位于栅栏深处。正如布恩先生所说，塔是一座石制的低矮建筑。要说有哪里与众不同，便是正面那扇圆形石门了吧？不知情的话，恐怕会认为这是一座仓库。

奇亚弗先生和其他几人念诵起祈祷的经文来，我们三个默默跪在后面。祈祷声消失的时候，正好日落。奇亚弗先生催促我入塔。

“进入塔内之后就将文字序列输入进去，小心不要输错。”

“好的。”

究竟要输入哪些文字，昨天我和布恩先生、尤斐因先生、奇亚弗先生商讨之后已经做出了决定。奇亚弗先生说，自己想要看到的事物的规模，与文字序列的长度“相契合”非常重要。考虑到目前的情况，商讨的结论是“○○●●○○”这样的长度较为适合。弄清楚输入这组文字之后塔会如何运行，对布恩先生和尤斐因先生的研究工作也十分重要。我向他们二人保证，一定把塔内发生的情况全部刻在脑子里。

推开圆形门进入塔内后，不安突然涌了出来。塔很高，但是很逼仄，也只将将够我躺成一个大字形，并且十分寂静，连从山顶吹来的风声都听不到。我面向左侧，墙壁上果然写有“○”和“●”两个文字，这就是用来输入文字的按钮。我将商讨好的文字序列慎重地输入后，便朝着门坐了下来。

差不多有一分钟的工夫，什么都没有发生。我以为是哪里出了问题，正想站起来时，房间隐约变得更亮了些。而与此同时，我面前的门开始发出白光。看来开始了。尤斐因先生和布恩先生一定正在外面密切关注着塔的变化。从外面看，塔恐怕已经变成了这样。

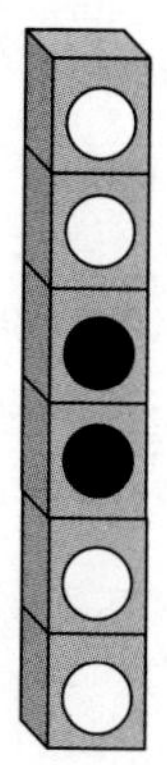

为了把从现在起发生的一切都记下来，我绷紧了神经。我紧紧盯着眼前的门，竖起耳朵捕捉所有动静。随着脑袋里的杂音渐渐消失，环境中微小的变化我也能够捕捉得到。忽然，我好像听到了什么“声音”。

（1 月：若是看到白色的满月，变成了黄色，然后向上升。时间变为 2 月。）

这是那首诗最开始的部分，这究竟是谁的声音呢？还是说其实是我自己根据记忆在心中将诗念了出来？终于，眼前的白门开始转变为黄色。门完全变成黄色后，开始沉入地面之下。不对，该说是我所在的房间开始向上升才对。若是看到白色的满月，变成了黄色，然后向上升……

（这便是“1 月”吗？）

虽然我这样思考，但“1 月”指的究竟是什么，我依然没有思路。如果“现在的过程”指的是“1 月”的话，那接下来会发生的就是“2 月”了。因为当白色的满月变成黄色并向上升之后，时间会变为“2 月”。“2 月”里会发生什么来着？

（2 月：若是看到白色的满月，或是紫色的新月，向上升。）

诗句应该是这样。但好像到这里还没结束，我赶紧继续回忆。

（若是看到黑色的新月，变成了紫色，然后向上升。时间变为 3 月。）

新的门出现在塔顶附近，停在我的正前方。我到达了二层，眼前的门是白色的。但那扇门没发生任何变化，房间便继续向上升。一会儿，我看到了三层的黑门。黑门变成了紫色，房间继续向上升。若是按诗中的描述，接下来就应该是“3 月”了。

（3 月：若是看到浅绿色的满月，或是黑色的新月，向上升。）

停在四层的黑门前之后，我所在的房间又继续向上升，在五层的白门前停了下来。五层的白门在我的注视之下渐渐变成了浅绿色，而房间则与刚才相反，开始向下降。我记起了“3 月”的后半部分内容。（若是看到白色的满月，变成了浅绿色，然后向下降。时间变为 4 月。）那下面就是“4 月”了。“4 月”是……

（4 月：若是看到白色的满月，或是浅绿色的满月，向下降。若是看到黑色的新月，或是紫色的新月，向下降。）

（若是看到黄色的满月，向上升。时间变为 1 月。）

我所在的房间越过了四层的黑门、三层的紫门和二层的白门，一直向下降到一层。一层的门是黄色的。在那里停留了一会儿后，房间终于再次开始向上升。根据“4 月”后半部分的内容，这之后会再次来到“1 月”。

当房间在二层停留时，面前的白门变成黄色，房间接着向上升。“2 月”即将来临。我从三层紫门前经过，在四层的黑门前停了下来。当黑门变成紫色时，房间又开始向上升。接下来是“3 月”了。经过五层的浅绿门后，房间停在了六层的白门前。这应该是顶层了。白门变成浅绿色后，房间又开始向下降。这就是“4 月”啊……到目前为止，一直在“1 月”到“4 月”之间重复，和之前基本相同。

经过五层的浅绿门后，又通过了四层和三层的两扇紫门，在终于看到二层的黄门时，房间停止向下降，再度开始向上升。这是第三次经历“1 月”了。房间就这样停在三层的紫门前。我记得如果在“1 月”看到“紫色的新月”的话，后面的动作会有所不同。我回想着“1 月”的后半部分内容。

（若是看到紫色的新月，向上升。时间变为 5 月。）

原来是这样，之后便会是“5 月”。这将是第一次进入“5 月”。

（5 月：若是看到紫色的新月，或是浅绿色的满月，向上升。）

就像诗句中所描写的一样，房间一气越过了四层的紫门和五层的浅绿门。连同六层的浅绿门也一并越过之后，也没有停止向上升。房间最后来到了塔顶。

塔顶比我想得要高。从塔上勉强能看到塔周围的栅栏，但完全看不到现在正等在塔周围的人。视线像是被薄雾遮蔽了一般。房间就这么停住不动了，这之后会发生什么呢？“5 月”的后半部分应该是……

（若是看到虚无，向下降。时间变为 6 月。）

“虚无”……指的是看不到门吗？不过房间确实开始向下降，在最高层的门前停了下来。之后便是“6 月”了。

（6 月：正确的人，在这里停留。）

正确的人，在这里停留……

突然，我看到了像珍珠释放出来的温柔光芒。那光芒最终将我包围，我的视野变成了苍白一片。

小孩子在哭。

午后的蓝天中，黑烟和煤灰在肆意飞舞着。从高耸的山崖向下望去，能看到被烈火包围的村庄。一座座民宅被烧毁，树木也变成了焦炭。

站在山崖上的，是一对衣服几乎被烧焦的兄弟。正在哭泣的应该是弟弟，哥哥正护着弟弟，呆呆地注视着村庄。

我想向那两人走去，却提不起脚步。就算想走，我也没看到自己的身体，看来我并不存在于眼前的这个世界。但是，我的视野很清晰，视线也可以移动，甚至能看清周围 360 度的全景。为什么我会看到这样的景象呢？

太阳西斜。一直哭泣的弟弟，似乎是哭得累了，蹲坐在了地上，而哥哥依然看着村庄一动不动。弟弟呢喃道：

“哥哥……”

“什么？”

“爸爸和妈妈怎么样了呢？”

“死去了。”

“琦艾阿姨呢？狗狗缇塔呢？”

“也死去了。”

“死了之后会怎么样呢？”

“我也不知道。”

“还能吃饭吗？”

“应该是不能吃饭了吧？”

“夜里还能睡觉吗？”

“应该不能睡觉了吧？”

“还能说话吗？”

“恐怕，不能了。”

“那，妈妈已经听不到我说话了呢！我再怎么努力帮忙做家务，也不会得到爸爸的夸奖了……”

“是啊！”

“……死去的人，是没有想法，也不会思考了吧？”

“……肉体已经不存在了，不知还能不能思考。”

“谁知道呢……”

“……”

两个人再次陷入了沉默。他们周遭正逐渐被黑暗包围。肩并肩的小小背影，面对着黑暗显得更加无力。在那之后，场景切换。那两个孩子和他们周围的世界都从我眼前消失了。

现在在我眼前的是夕阳下的道路，两个年轻男人正在走着。

看样子他们正在漫长的旅途中，衣服已经磨得破破烂烂。一个男人拄着拐杖，看起来十分艰难地拖动着脚步，而另一个男人一边关照着他一边前进。过了一会儿，看起来十分痛苦的男人停住脚步坐在了地上。另一个男人开口说：

“你还好吗？今天我们就在这附近休息吧。”

坐着的男人勉强地回答道：

“……不，哥哥，我还能坚持一会儿。”

“别逞强，你身体本来就弱。再说你不是刚从流行病中恢复过来？咱们果然不应该这么快出发。”

“我……从村庄被烧毁那天开始，就一直是哥哥的累赘。”

“你说什么呢？”

“我已经不想再这样下去了。哥哥，你别管我了，你先走吧，拜托了。”

“你为什么突然说这种话？”

“其实我已经考虑了很久，我没什么能力，不像哥哥那样聪明，我还体弱多病。因为胆小，一直在给哥哥添麻烦。哥哥有使命在身，而我却什么忙也帮不上，反而一直拖你的后腿。你就把我放在这里吧。”

哥哥将手搭在了弟弟的肩上。

“莱赞，你听好了。这个使命可不是只赋予我一个人的，是要我们兄弟二人合力完成，不然便没有任何意义。”

“但是……我……”

“你知道为什么神将使命赋予你我二人吗？”

“……”

“那是因为你具备我所欠缺的美德。虽然你认为自己愚笨又胆小，但那并不是事实。在关键时刻你总能作出准确的判断，这一点难能可贵。我们之前也多次陷入窘境，你不也都能在最后冷静下来，作出正确的选择吗？神其实了解这些。”

“哥哥……”

“来，我们一起走吧。”

弟弟在哥哥的搀扶下站起身来，再次迈开脚步。两人越走越远，我的视野渐渐变暗，眼前又出现了一个新世界。

深夜，带着一丝绿色的月亮挂在暗紫色的夜空中。影影绰绰地能看到前面高悬的山脉的阴影。山脉绵延不绝……就像完全将这个地方包围一般。

一座奇异的建筑出现在我眼前，是一座塔。那座塔如象牙般光滑，高度令人窒息，塔尖隐没在雾中我无法看见。塔身笔直地从地面冲入云霄，简直像一根从天而降插入地面的针。

塔旁似有人影。仔细一看，一个男人倒在地上，而另一个男人一边摇晃着倒地的男人一边哭泣。

“哥哥！库修哥哥！”

是刚才的那对兄弟。但距离上一个场景似乎又过去了数年，兄弟俩都已经上了些年纪。

“哥哥，求求你，快把眼睛睁开吧！”

哥哥一动不动，已经停止了呼吸。弟弟大声哭喊起来，他的叫喊声响彻山脉，最终消失在空气之中。

不知过了多久，忽然，一束白光照在他的身上。接着，我听见了不知从哪里传来的声音。

（他犯下过错，这是对他的惩罚。）

弟弟将脸朝向光的方向。

“哥哥已经完成了他的使命。然而……为何竟会……”

那光照亮了弟弟布满泪痕的脸。

（你说他已经完成了使命？）

“是……”

（你的哥哥确实将我要求的东西建造了出来，但是，并没有完成使命。）

“我不明白你的意思……”

（你们要向我证明，接下来要在这世界生存的人们值得我的“救赎”。做到这一点才能算是完成了使命。然而，你的哥哥却失败了。）

“……”

（这样就结束了，我要将塔破坏。）

“请等一下！求您了！”

弟弟用沙哑的声音拼命嘶喊，一脸狼狈地请求着。

“拜托您了，不要破坏哥哥建造的塔。哥哥他……哥哥和我将人生全部献给了这座塔。”

弟弟趴跪在地上。

“请您一定不要破坏这座塔……求求您了……”

沉默片刻后，那束“光”开口了：

（那就由你来证明吧。）

“什么……”

（就由你来证明你们人类值得我的拯救。你能修复被你哥哥破坏的“信赖”吗？）

那束光亮越来越强，将弟弟以及哥哥的尸骸全部包裹了起来。我的视野也变得纯白一片，什么也看不到了。

“话说，结果得到了什么结论呢？”

老板娘为深夜归来的我们端上了温热的食物和饮品。借此恢复了精神的我们，开始就今天发生的事情交换意见。

“尤斐因，你说的结论是哪个问题的结论？是关于杰乌山的塔的？还是关于魔术师大人所在位置的？”

“虽然两个问题的答案我都想知道，但咱们还是先说说那座塔吧。”

“我也这么想。我先把加莱德从塔内出来后失去意识的那段时间里，我和尤斐因的对话简单说一下吧。”

正如布恩先生说的，我从塔内出来后，曾晕过去一会儿。听说是奇亚弗先生背我下的山。

“加莱德所在的那个房间的运转情况，在塔外也看得一清二楚。那座塔的外壁会发出些许光亮，因此只要外面够暗就能看到里面的情况。”

“原来是这样啊！”

“所以，我和尤斐因将你所在房间的运转情况和塔中各层门的颜色变化，与诗文进行了比较。门的颜色似乎是这样变化的。”

门的颜色变化

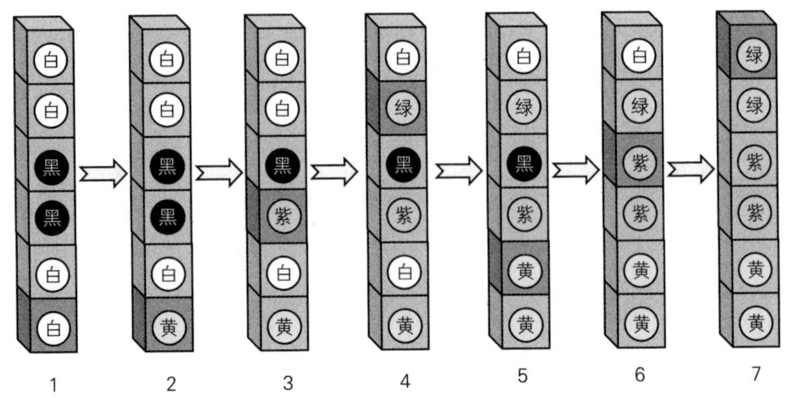

“门的颜色只有当你所在的房间在那一层停留时才变化。尤斐因说，房间简直就是为了给门打上‘检查完毕’的记号才让门的颜色发生变化的。是这样吧？尤斐因。”

“是，我确实是那么想的。看了房间的运转情况后，我觉得它是在检查门的排列……也就是在检查下方一组○、中间一组●和最上方一组○的数量是否相同。

“图 2 到图 4 的变化，是在‘检查’每一组门中最下方那扇对应的文字是否正确，而图 5 到图 7，是在检查每一组门中下方第二扇门对应的文字。

“那间房间，对于更长的文字序列，为了检查最开始的○组、中间的●组和最后的○组是否含有相同的文字个数，会先检查每一组最下方第一个文字是否正确，接下来检查每一组的第二个文字，然后是每一组的第三个、第四个……而后来我意识到，门的颜色发生变化，就意味着‘检查完毕’。”

“这样啊！进入房间时，我并没有意识到房间是为了这样的‘目的’而运行的。我每次只能看到一扇门，而且房间又上又下的，渐渐就忘记自己位于第几层了。”

布恩先生微微探出身子。

“我认为这才是重点。恐怕，对于‘房间’来说，一次只能看到一扇门，而且，‘房间’对于自己现在面对的门在第几层，是否是在黑色的文字序列上方这些信息都全然不知。”

我不明白布恩先生为何如此确信。若是对于房间来说一次只能看到一扇门，却要以全体为“目的”运行……也就是说，“检查”文字序列整体是不是巨人族的语言‘第一古代赛缇语’，就非常困难了。我把这个想法说出来后，布恩先生回答我：

“线索就在那首诗中。我和尤斐因就塔和诗的关系，建立了一个假说。”

“是什么样的假说呢?”

“我们在想，诗中的‘1 月’和‘2 月’，是不是表示着房间‘状态’呢?”

“状态?”

“怎么说呢？除了‘状态’我们也找不到其他更好的说法了。我们认为那个房间会变化为‘六种状态’。”

我想起了自己在塔内时，一直在拼命思考“现在是几月”，虽然我并不清楚为什么会变为这个“月份”。我大概能明白布恩先生所说的“房间的状态”指的是什么。布恩先生继续说：

“状态不同的话，房间的运作也会不同。状态从‘1 月’开始，你进入塔内时，应该也是从‘1 月’开始的。房间的状态为‘1 月’时，会像诗中所说，当面前的门是白色的话，会变成黄色，接着房间向上升。而这时，房间的状态会转变为‘2 月’。”

这与我入塔后最初的想法是一致的。

“房间的状态处于‘2 月’时，如果面前的门是白色则会继续向上升，房间的状态不会改变。正是对应诗中所写的‘若是看到白色的满月，或是紫色的新月，向上升’这句。如果看到黑门的话，就会按‘若是看到黑色的新月，变成了紫色，然后向上升。时间变为 3 月’这句诗进入‘3 月’的状态。而当房间进入‘3 月’的状态后，会直接经过面前的黑门，最初看到的白门会变为浅绿色，并向下降。这样状态就会变为‘4 月’。”

尤斐因先生插话进来：

“这么听起来……果然像是‘1月’在检查最下方一组○中的第一个文字，‘2月’在检查中间一组●中的第一个文字，‘3月’负责检查最上方一组○中的第一个文字啊！”

布恩先生回答：

“我觉得就是这样。而‘4月’是为了之后检查每组从下方起的第二个文字做准备，因此暂时向下降。”

参照诗的“4月”部分，房间不管是看到“白色的满月”“浅绿色的满月”“黑色的新月”或是“紫色的新月”中的哪一个，都会径直向下降。而当遇到“黄色的满月”——也就是已经“检查完毕”的黄门——时，会向上升转变为“1月”的状态。布恩先生继续说道：

“确认每一组的第二个文字是否一致时，状态和之前相同，会按‘1月’→‘2月’→‘3月’这样的顺序变化。而最上方的白门变为浅绿色的时候，会再次向下降转变为‘4月’，而遇到黄门后即会向上升变为‘1月’。而这时……”

我接过话头：

“面前的门是紫色的对吧？因此依照‘若是看到紫色的新月，向上升。时间变为5月’这句诗，会转变为‘5月’。”

“确实是这样。状态变为‘5月’，恐怕就意味着最下方的一组○已经全部检查完毕了。而接下来确认中间的●组和最上方的○组都已经完成了检查后，房间会继续向上升，之后来到塔顶——也就是看到没有门的‘虚无’这一阶段——变为‘6月’。如果房间的状态转变为‘6月’的话，也就表明塔已经接受了输入的文字序列。”

尤斐因先生问道：

“若是输入了○○●●●○○或是○○●●○○○这样的文字序列会怎么样呢？”

“那样的话，房间的状态到‘5月’为止都会和刚才一样顺利进行变化。但如果是○○●●●○○这种情况，在到达对应着最右边的●这扇黑门时，或在○○●●○○○这种情况下到达最后的○对应的白门时，房间都会停止运行，不会进入‘6 月’这个最终状态。”

“原因是什么呢？”

“这首诗‘5 月’这部分，前半部分是‘若是看到紫色的新月，或是浅绿色的满月，向上升’，后半部分是‘若是看到虚无，向下降。时间变为 6 月’。诗句中指出了当门是紫色、浅绿色，或是没有门的时候应该如何运行，但并没有就门是黑色或是白色的情况进行说明。这就表示面对这样的情况房间‘毫无办法’，无法进行下面的动作。”

“到那个时候，房间中的人就会被塔驱逐出去吧。”

布恩先生一口喝干加入了香草的红酒，这样说道：

“让我十分钦佩的是，若是将房间运行中的每一个步骤拆开来看，会发现其实都异常简单。房间的运行模式只有以下三种。

“第一种，面前的门变为其他颜色或不变色。

“第二种，向上运动或是向下运动。

“第三种，转变为其他状态或是维持现在状态。

“而采取哪种行动是由‘房间现在的状态’和‘面前门的颜色’这一组合共同决定的。若是相同组合，房间就会采取相同行动。非常简单。不仅如此，这些行动都为了完成检查门的排列——也就是文字序列的形态——这一目标。并且，不管文字序列有多长，只要时间允许，检查都可以完成。”

尤斐因先生也喝下一口红酒，有感而发：

“建造这座塔的人绝对是伟大的天才，就是加莱德看到的那对兄弟——是叫库修和莱赞吧？”

我想起在塔内看到的情景。尊敬兄长的弟弟和认同弟弟的哥哥，为建造塔而奉献了一生的悲惨命运。

“虽说如此，但加莱德看到的情景又和魔术师大人现在的位置有什么关系呢？”

“我也在思考这个问题……”

“能再讲一遍你最后看到的情景吗？”

我尽可能详尽地回忆着。

“我最先看到的是……山脉。四周全都被高耸的山脉包围，真是不可思议。而正中央则是一座高塔……”

尤斐因先生陷入了沉思。

“我没有听说过这样的地方，布恩你呢？”

“我虽然经常四处旅行，但类似的地方不曾听闻。”

这时，老板娘迦札明又拿来了红酒。

“怎么了，三个人想得这么入神？”

“老板娘，你有没有听说过哪个地方周围被高耸的山脉所包围，而且建有一座高度异乎寻常的塔？”

老板娘想了想。

“虽然没听说过哪里有高塔，但‘被高耸的山脉所包围的地方’我好像有印象。”

“那是……”

“这座杰乌山对我们来说是一座圣山，但传说东方也有一座圣山。在遥远的过去，那座山据说曾燃起过大火，山的上半部分全被烧毁了，而留下的圆形边缘便宛如山脉一般。当然这些都是传说。那个地方的名字叫作……索阿。”

“索阿？”

我们三人互相看了看。而这时，奇亚弗先生进来了。

“老爷们，加莱德少爷，多少恢复一些了吗？咱们上山的空档，从法加塔有信寄来，是寄给加莱德少爷的。”

我接过信之后急忙开封。是校长写来的。

致加莱德：

我想让你见一个人，这个人和奥杜因有些关系。你、尤斐因老师和布恩老师一起尽快赶回法加塔。

第 14 章
问 题

收到校长来信的第二天，我们同奇亚弗先生和他的伙伴们一起，带着大量行李下了山。正巧遇到从法加塔到这里来购买腌肉和水果的商人，可以让我们乘他的马车。

“布恩老爷，尤斐因老爷，加莱德少爷，你们改日一定要再来，你们来的话，我随时欢迎。”

奇亚弗先生递给我们每人一个包裹，让我们“饿的时候吃”，好像是老板娘为我们准备的。我们同奇亚弗先生紧紧握手之后便乘上了马车。直到马车驶出视野，奇亚弗先生一直在向我们挥手。我们也一直凝视着他，向他挥手，直到那巨大的身影渐渐变小，直至消失。

一时间，我们三人谁都没有说话。摇晃的马车中，尤斐因先生和布恩先生各自思考着。尤斐因先生时而翻阅着《莱赞的诗集》，像是要在书上开洞一样盯着书页。他手中拿着的并不是我带去的原版，而是自己的“手抄本”。他在获得了我的许可之后，便飞快地誊写了下来。

布恩先生则一直盯着画在纸上的图。我从旁边看了看，是下面这样的图。

“布恩先生，这是什么呢？”

“这个啊，是我按照自己的思路整理杰乌山上塔的‘运行’画出的图。”

“这张图要怎么看呢？”

“图中每个圆对应着一种房间‘状态’。‘状态’从‘1 月’开始到‘6 月’结束，共有六种。”

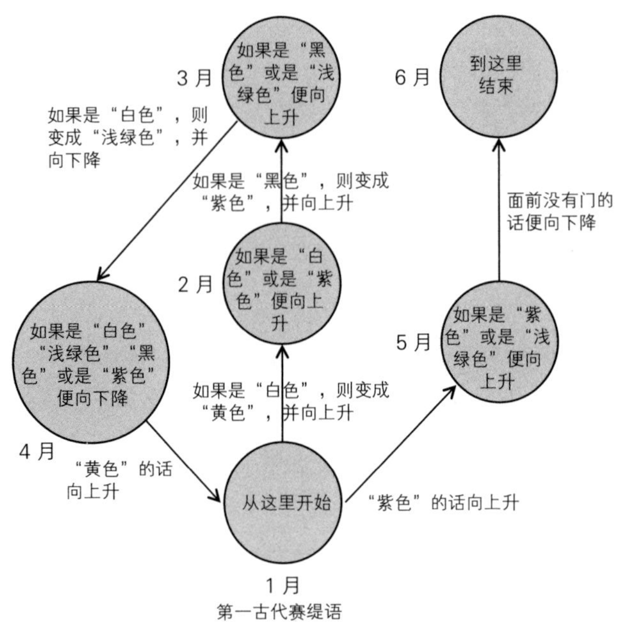

第一古代赛缇语

我感到有些惊异，这张图看起来非常熟悉。

“这和古代璐璐语、古代库普语的遗迹有些类似呢！”

布恩先生突然停住不动。

“加莱德，你刚才说什么？”

“啊？哦，我刚才说这张图很像古代璐璐语和古代库普语的遗迹设计图。”

布恩先生一言不发地思索了一会儿。那沉默让我怀疑自己是不是说错了什么。最后他终于开口说：

“加莱德，我现在有一个不得了的想法。”

“什么想法？”

“我在想，是否存在一座建筑，可以再现世间所有‘装置’的运行？”

布恩先生的话究竟是什么意思呢？一直埋头于书本的尤斐因先生突然抬起头来。

“布恩，难道你在说‘拉库里·卡·旦旦楠库鲁’吗？”

布恩先生没说话，只是点了点头。而尤斐因先生则瞪大了眼睛。

“你们两人到底在说什么啊？”

布恩先生回答了我。

“从很久以前起学者间就有一个传言。说是在这个世界的某处，存在着唯一一个可以表现全部古代璐璐语和古代库普语的‘装置’。在古麦鲁库语中，这个装置被称为‘拉库里·卡·旦旦楠库鲁’——翻译成现在的语言就是‘万能装置’的意思。”

“万能装置……”

“虽然有很多学者在寻找它，但至今都没有任何发现。虽然也有人尝试设计这样的装置，但都以失败告终。穷尽一生都在研究万能装置的学者大有人在。而现在，人们普遍认为那样的装置并不存在，也无法设计。但是……”

“也许能够建造出来呢？那样的装置。”

布恩先生点了点头，小声嘟哝着：

“若是……将‘房间’替换成‘状态’的话……说不定……”

看到这种情形的尤斐因先生这时开口说：

“布恩，加莱德，我在誊写这本书的时候，有件事令我很在意。或许和你们正在考虑的问题有所关联。”

尤斐因先生边翻动着书边说：

“加莱德同意我誊写的这本书中，我目前读到的内容都与那首诗十分相似。每首诗都写有‘若是看到白色的满月’‘变成了黄色’‘向上升’‘变为 2 月’这样的内容……而且，全部是用伪库普语书写的。”

“真的吗？”

“嗯，我一直在想，这本书是为何而作的呢？这些诗想表达什么呢？”

“那你明白什么了吗？尤斐因。”

“虽然不彻底解读就不能确定，但这本书中的内容，恐怕并不只针对‘第一古代赛缇语’，还对应着其他很多种语言。这是为了让类似于杰乌山上的塔的装置，能够表现各种语言。所以，这些诗一定是为了表现包含古代璐璐语系和古代库普语系在内的，所有基于○●这两个文字的语言的

‘塔的运行方式’。”

布恩先生用少见的兴奋语气说：

“原来如此……这真是令人感兴趣。设计杰乌山上的塔的人——库修和莱赞——很可能已经完成了‘万能装置’的构想。”

我听着两人的对话，脑海中浮现出了一个疑问。

“我有件事不明白。这本书中所有的诗，为什么都是用‘伪库普语’写成的呢？想要写明塔会如何运行，用设计者当时使用的语言书写就可以，为什么要特地选用只有○和●两个文字这样不方便的‘伪库普语’书写呢？”

“加莱德说得也有道理，这是为什么呢？”

我们再次思索起来。沉默了一会儿后，尤斐因先生小声嘀咕道：

“……输入。”

“什么？”

“加莱德，你在杰乌山上的塔内，‘输入’了○○●●○○这样的文字序列对吧？那时，使用的是塔内已经备好的‘○’和‘●’这两个按钮。”

“是的。”

“如果用同样的机制，能否将塔的动作——也就是塔的运行步骤——输入进去呢？这样的话，不就可以建成能够完成这套动作的塔了吗？”

布恩先生瞪大了眼睛。我虽然不太明白详细的情况，但也能感觉到尤斐因先生的话语中包含着不得了的信息。布恩先生向尤斐因先生深深地点了点头。

“尤斐因，加莱德，我有一个请求。能不能请你们尽快开始翻译这本书的其他诗文？我要再思考一下装置的设计。”

“我明白了。加莱德，咱们赶紧开工吧。”

太阳渐渐向道路尽头的地平线靠近。即使天色暗了下来，我们也没有停止工作。最终，饥饿感向我们袭来，我们便打开奇亚弗先生送给我们的包裹。里面装着用杰乌山上的盐腌制的肉干、葡萄干和无花果制成的面包。我们一边填饱肚子一边默默工作，一路渐渐向等在法加塔的校长靠近。

◇

我们在第二天清晨回到了法加塔。校长的仆人帮我理好了头发，我还换上了华丽的服饰。这之后我就要同校长、尤斐因先生和布恩先生一起出门了。差不多准备好时，校长进来了。

“加莱德，看来你已经准备好了。尤斐因老师和布恩老师也已经到了，咱们出发吧。”

“今天要去哪里呢？”

“正像我信中所写，我们要去见一位重要人物。”

“是一位与老师有关的人吧？”

“是的。你来到法加塔之后，我便和那人取得了联系，希望她能和你见面。虽然一开始遭到了拒绝，但当我告诉她你去了杰乌山时，她便同意了这次会面。”

“这个人究竟是谁呢？和老师又有着怎样的关系？”

“她是上一代‘守塔人’，是你老师的老师。”

从校长的家中乘坐私人马车出发，差不多一个钟头后，我们来到了法加塔郊外的神殿。那是在一片广阔的空地中央矗立着的一座石造建筑。建筑的前面有一池泉水，正喷出水花，泉的左右各有一条细长的水道，像是连着建筑内部。

我跟在校长身后走进建筑，尤斐因先生和布恩先生身着正装并排紧随我们身后。中央的天花板高大敞亮，寂静的空气充满了整座建筑。房间中部有一块地方比别处要高一些，放有椅子。澄净的流水形成的水路，呈几何形状将那里包围起来。我注意到有一个身材娇小的人正坐在那椅子上。

那是一位女性。虽然年事已高，但看起来竟像少女一般。校长恭敬地低下了头。

“查菲达大人，我将加莱德带过来了。”

我被校长敦促，上前打了招呼。之后，神殿中响起了清澈的声音。

“你就是伦浓的加莱德啊？欢迎你来到提玛古的神殿，我是查菲达。我在这里侍奉着知识与语言之神。”

“能和您见面是我的荣幸。”

由于太过紧张，连说出这句话都费了我好大力气。查菲达看向我的后面。

“站在后面的，是法加塔高等学校的老师，库斯的尤斐因和奇立玛的布恩吧？”

他们两人从我身后翩翩上前，姿态优雅地行了礼。

“我从校长那里听说你们去了杰乌山。能请你们讲一讲在那里看到了些什么，听说了些什么，思考了些什么吗？”

布恩先生和尤斐因先生讲述了在杰乌山上的调查结果，我讲述了在塔内的见闻，此间，查菲达一直侧耳倾听。在我们将全部内容报告完毕后，她向我说出了下面的话：

“加莱德，我一直犹豫该不该见你一面。其实就算奥杜因有让你成为后继者的想法，而你也有成为他后继者的意愿，但只要错过了向他表明心迹的机会，你就已经与我们的使命无关了。

“但是你亲自来到法加塔向适合的人寻求帮助，最后经人指引登上了杰乌山，而在那里你亲眼看到了那对‘兄弟’，也亲耳听到了神提出的问题。我认为这是伟大的指引。因此，虽然并无先例，但我在这里认可你成为奥杜因的后继者。

“有些话我必须向你交代，而尤斐因和布恩，在我讲话之时，你们也有在场的权利。”

“加莱德，你知道这个世界曾经被居住在森林中的精灵与居住在海中的矮人所支配这段历史吧？”

“是的。”

“人类——也就是我们的祖先——曾在大海与森林间仅有的土地上默默生存。虽然居住在高地的巨人也是如此，但当时几乎没有人知道他们的存在。

“那时，精灵中的一族，建造出了今天被你们称为‘遗迹’或‘装置’的建筑。虽说是没有‘灵魂’的‘物体’，但建筑物能‘识别’精灵祈祷或诅咒时使用的语言，并能大幅增强栖息在语言中的魔力。其他部族的精灵和矮人也建造了类似的建筑物。久而久之，新的力量催生出野心，而野心继而催生出多疑和恐惧……最终，战争席卷了整个国家。

“持续了近百年的战乱，后来被我们称为‘语言战争’。在战争中牺牲最多的，就是不具有力量的人类。因无力抵抗，他们的家被烧毁，生命被夺走，就算勉强活下来也只能受尽苦难。你见到的那对幼小的兄弟——孩童时代的库修和莱赞——也是如此。”

我想起了在杰乌山上的塔内看到的两个弱小的背影。

“莱赞在他晚年的作品中曾写道，他们之所以能够活下来，全靠哥哥库修的才能。库修知识渊博，就算只有只言片语，他也能理解并从中获取大量信息。他的记忆力也十分惊人，自幼时起他的才能便露出麟角。而且他还极具行动力，总是勇敢地守护着弟弟。他们兄弟二人从小便向提玛古神许下愿望，期盼战争尽早结束，并为了那愿望立下奉献一生的誓言。

“而某天，他们终于接受了神赋予的使命。那个使命是让他们建造一座‘塔’。奇立玛的布恩，你已经知道那是一座怎样的塔了吧？”

布恩先生冷静地回答：

“是的。那恐怕是……拉库里・卡・旦旦楠库鲁，就是人们常说的‘万能装置’。”

查菲达点了点头。

“你说得没错。这世上已经存在和可能存在的一切古代璐璐语、古代库普语，都要被一座建筑表现出来。这就是库修和莱赞被赋予的使命。”

我提出了问题：

“这和让战争结束，有什么关系呢？”

“如果能建造出万能装置，就能削弱其他‘装置’的力量。战争就是由‘力量’引发的，而那些装置又是力量的源头。最令装置的持有者恐惧的，便是敌人知道了自己装置的结构，并依此建造相同的建筑。这样的话，装置中的力量就会被敌人夺走。被神选中的人如果能建造出万能装置，便能将分散在世间的‘力量’集中起来，让神具有最大的影响力。而与此同时，看似要永远持续下去的战争，也能在那一瞬间宣告结束。

“库修和莱赞在世界各地流浪，即使其间数次身陷险境也没有放弃调查和研究，但一直没有设计出符合神的意愿的建筑。有一次，在兄弟二人险些丧命之时，杰乌山上的巨人救了他们，并同他们成为了朋友。巨人的诚实和对和平的渴望令兄弟俩深铭肺腑，于是便为他们建造了能表现巨人族语言的‘装置’。以那个装置完成为契机，他们也向着使命的实现迈进了一大步。”

这时，查菲达再次向布恩提出了问题。

“布恩，你能不能再和我详细说一说，是什么让你觉得兄弟俩建造的，就是万能装置呢？”

“好的。一切都还要从我画的杰乌山上那座塔的运行示意图说起。我先是将塔的六种‘状态’用图形来表示。然后我将房间状态间的转变、房间的门是何种颜色时会发生移动，并且，移动时房间是向上升还是向下降这些信息全部标注在了示意图中。而那时，加莱德提醒我说，那张图和古代璐璐语、古代库普语的遗迹设计图十分相似。于是，我便想到，要是将古代璐璐语和古代库普语遗迹中的房间看作‘状态’的话，是不是就能建造出可以表现璐璐语系和库普语系中所有语言的‘塔’呢？

“就是说，设置几个处于不同状态的房间，而房间的状态和面前门的颜色相组合，会自动决定房间接下来会向哪个方向移动，还是会转变为其他状态，抑或是门的颜色会如何改变。一旦存在一个这样的装置，就可以表现所有璐璐语、库普语，也能表现被我们命名为‘赛缇语’的巨人族的语言。而目前，我们已经证明，想要表现第八古代璐璐语和第一古代库普语的话，只要分别建造出以下面的方式运行的‘塔’便可以了。”

“但这样，就需要针对璐璐语系、库普语系中的每种语言，都分别建造一座塔。如果想只用一座塔表现所有语言，就必须要求塔可以从表现一种语言的运行方式自由切换为表现另一种语言的运行方式。

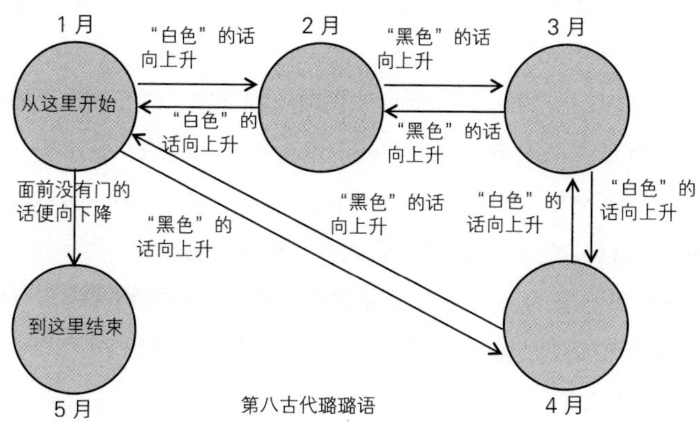

第八古代璐璐语

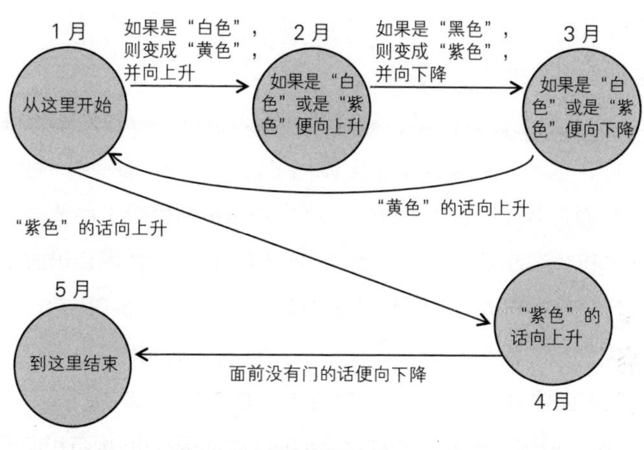

第一古代库普语

“这时，被应用在杰乌山上的塔内的‘输入文字序列’这种机制给了我提示。对于这一点，尤斐因考虑得更加周全。”

查菲达转向尤斐因先生。

“库斯的尤斐因，你来讲讲你的想法吧。”

“好。在杰乌山上的塔内，可以利用塔内部的按钮‘输入’文字序列。在输入完成后，塔就可以利用每一层的门将这串文字表现出来。在这之后，房间会遵循一定的规则移动，以‘检查’这列文字。如果最终检查完成——也就是房间进入被称为‘6月’这个最终状态的话——这串文字就被认可为巨人族的语言。

“至于杰乌山上的塔，是如何读取被输入的文字，以及如何将被输入的文字以门的排列表现出来的，我们还不得而知。但我想，既然能以○和●这样的形式将塔需要‘检查’的文字序列输入进去的话……说不定，也能以○和●这样的形式将‘房间的运行方式’输入进去。

“杰乌山上的塔内，只设有输入需要被检查的文字序列这一种机制。但，库修和莱赞所构想的‘万能装置’中，恐怕除此以外，还设有输入房间的运行方式这种机制。因此我猜测，记载在《莱赞的诗集》当中的全部诗文，其实都是可以输入进‘万能装置’中的房间的运行方式。就是说……”

尤斐因先生调整了一下姿势。

“库修和莱赞想建成的塔，具有两种输入机制。一种是输入待检查的‘文字序列’，另一种是输入指示塔如何‘运行’的‘命令’。他们使用伪库普语作为输入命令时使用的语言，塔中应该设有接受伪库普语书写的命令并执行的机关。那机关，应该类似于我们‘翻译’伪库普语时采取的步骤……这就是我的结论，也是我和布恩设想中的‘万能装置’。”

尤斐因先生讲完后，大家都没说话。查菲达闭着眼睛，像是在思考。而后，她将眼睛睁开，将温柔的目光投向尤斐因先生和布恩先生。

“库斯的尤斐因，奇立玛的布恩，你们的调查和分析太精彩了。塔的守护者在这世上出现已近千年，但只有你们如此接近真相。”

受到了查菲达的褒奖，尤斐因先生和布恩先生谦恭地低下了头。

“兄弟俩之后离开了杰乌山，去到了一个名叫索阿的地方，并在那里完成了万能装置的建造。那座塔，具备了你们所预想的全部特征，因此能够重现精灵和矮人所建造的装置的全部动作。

“而这座装置的完成，也为世界带来了和平。相互斗争的精灵和矮人的部族几乎全失去了势力，舍弃了居住的土地，向遥远的地方迁移。虽然在战争中执拗地保持中立的伊奥岛上的矮人和杰乌山上的巨人留了下来，但人类依然变为了最强大的势力。持续至今的‘人类的时代’就此拉开序幕。”

我思及那对兄弟，在那座塔完成的时候，他们该是多么喜悦啊！然而这时，我的头脑中却浮现出在杰乌山上看到的、伏在哥哥的遗体上痛苦哭泣的弟弟的身影。事情怎会变成那样呢？查菲达继续说道：

“也是在那个时刻，命运的齿轮开始错位。而事情的起因是库修意识到了‘塔’中蕴藏着巨大力量……不，也许是当他们选择将‘塔’建在索阿时，命运便已注定了吧。”

我想起迦札明旅馆的老板娘讲过的索阿的故事，说是巨大的火舌将山的上半部分全数吞没了……

“索阿是位于这个国家中心的山地，曾经是一座巨大的火山，在三十万年前爆发过一次。那次爆发将山的上半部分吞没，剩余的部分则形成了一个巨大的火山口。而那个火山口的中央地带——不知是火山爆发的结果，还是什么原因——成为连接地底深处和地面高处的异次元。”

“异次元吗？”

“是的。兄弟俩决定将塔建在那里，正是基于那片土地常人不易接近以及其特殊性。两兄弟需要建造一座可以判断任何长度的文字序列是否属于某种特定语言的塔，而索阿的这片区域正好满足了他们的需求。而后，一座‘拥有无限高度的塔’——准确地说，是一座‘可以上下无限延展的塔’——便诞生了。”

“可以无限延展……”

我想象那如同连接着天地的柱子一般的塔。

“由于塔具有了无限的高度，便具备了连天才的库修都不曾预料的能力。除了古代璐璐语系、古代库普语系和你们所命名的古代赛缇语系之外，塔还能表现其他更多语言。在察觉到塔拥有的这种恐怖能力后，库修犯下了过错。他触怒了神，丢掉了性命。”

“他犯下了什么样的过错呢？”

查菲达闭起了双眼，轻轻说道：

“库修曾说出了这样的话，‘我建造的塔是万能的，连神的语言都可以表现出来’。”

大家一时间全说不出话来。

“谁也不知道那位头脑聪慧、从不犯错的库修，为什么最后竟会犯下如此大的错，只能认为他被自己亲手建造的‘塔’蒙住了心神。当看到作为那个时代最优秀人类的库修都失败了的时候，神便就此判断‘人类并没有被拯救的价值’。

“神在夺取库修的生命后，想将那座塔也破坏掉。但他接受了弟弟莱赞的请求，改变了心意。神向他提出了一个‘问题’，与他约定若是他能将这个问题解答出来，便不会破坏那座塔。

“才能不及哥哥的莱赞历尽艰辛，终于通过了试炼。但故事没有到此结束。神提出了要求，莱赞的后继者每四十年需接受相同的试炼。而莱赞的后继者，便是我们这些‘守塔人’。”

“这样说的话，加莱德也要被问到相同的‘问题’吗？”

“是的。加莱德，你在杰乌山上的塔内，看到过回答神的‘问题’的莱赞的身姿吧？”

“看是看到了，但是我没有听清‘问题’的内容。”

“那也没有关系，‘问题’一般由前一代魔术师提出，之后我会将问题告诉你。而你要找到问题的答案，前往索阿，并在神的面前回答出来。期限就在三天后。”

我不禁叫了出来：

“您说是在三天后吗？！”

“没错。三天之后，距离上一次‘提问’就整整过去四十年了，正好是约定之日。”

“但想在三天之内到达塔的所在地索阿都很困难，不是吗？”

“你不用为此担心，这座神殿中有一扇连接着索阿的门，瞬间便可以移动过去。因此，加莱德，你只要潜心找到答案便可。”

“那……如果我没有找到答案又会如何呢？”

“如果没有找到‘守塔人’的后继者，抑或是‘守塔人’的后继者没能找到答案，责任便由现任‘守塔人’承担。如若你真的没能将问题回答出来，奥杜因便会以命相抵，将塔从神的手中拯救出来，与塔融为一体……”

我一时间说不出话来。我的失败便意味着老师的死亡。

“但是，加莱德，我现在可以告诉你的是，我的后继者奥杜因，本就没有教育弟子的打算。比起培养一位自己的后继者，奥杜因更希望将自己的生命献给那座塔。因此，就算奥杜因因此失去生命，那其实也和他当初的打算毫无二致。”

尤斐因问道：

“那奥杜因又为什么要将加莱德收为弟子呢？”

“原因只有奥杜因自己知道。加莱德，你听好，不管怎样，奥杜因丢下你独自前往索阿，便意味着他已经清楚地知道自己之后的命运，所以你也无须多想。”

我其实很想说，这些话并不能安慰我，但最终我放弃了。我已经别无选择。

“我将在里面的房间向你提出‘问题’。校长、尤斐因、布恩，我在其他房间为你们准备了食物，请你们在那里稍等片刻。”

里面的房间，白色的光线从高处的圆窗照射进来。房间左右各立有一座男性的雕像。我很快便意识到，左边那座是库修，而右边那座是莱赞。房间中央的祭坛上放有一面巨大的圆镜，从那纯洁无瑕的表面上，我看到了自己。

“准备好了吗，加莱德？你要站在那里，目光绝不能从镜子中移开。无论被问到什么问题，你都要回答‘是’。”

向我交代完这些之后，查菲达面向镜子，闭目念起祷文来。我可以从镜子中看到查菲达的面容。

一会儿，查菲达将祷文念完，睁开了眼睛，但她的声音依旧没有停止。我正觉得奇怪，才发现念完祷文的是镜子中的查菲达，而站在镜子面前的——真正的查菲达——依旧在闭着眼睛吟诵。

镜子中释放的光在逐渐变强，除了查菲达外，其他什么都无法映照出来。镜子中的查菲达开口向我说：

“我认识你。”

那并不是查菲达的嗓音。

“你那个时候就在‘塔’内。仅以‘眼睛’的形式存在于那里的你，看到了‘我’和那对‘兄弟’。你是那位弟弟的后继者，前来‘修复被破坏的信赖’吗？”

“是。”

“那我便向你提出一个问题。在由○和●这两个文字组成的语言中，你需要找到一种即使是我让‘兄弟’俩建造的‘塔’也无法表现的语言。而且，你还需要回答它为什么不可以被‘塔’表现。”

“是。”

“三天后，我会在索阿听取你的回答。”

之后，镜子中的查菲达便将眼睛闭了起来。镜子中的光芒也随即消失，房间的样子再次于镜子中显现出来。查菲达回过头问我：

“你已经听清‘问题’的内容了吧，加莱德？”

我这才放下了心，拼命回忆起问题的内容来。

“要在由○和●这两个文字组成的语言中，找到一种绝不可能用‘塔’表现的语言，还要说明理由……”

“正是这样。你还有其他疑问的话，我都可以回答你，当然不包括刚才问题的答案。”

我需要其他线索，所以拼命思索可以提出的问题。

“那个……虽然不知道这样问合不合适，但我要找到的那种语言，是真实存在的吗？就是说，是这个世界中被实际使用的语言吗？”

“这可不一定。这个问题的答案，并不局限于目前已经被人们所了解的语言，未知的或是有可能被实际应用的想象中的语言也会被认可。”

“想象中的语言也可以吗？这不就表示什么都可以吗？”

“并非如此。即使是想象中的语言，你也要明确说明什么样的文字序列是这种语言的文字，什么样的文字序列不是这种语言的文字。”

这下，我反而不知该从何入手了。

“加莱德，你知道吗？想要得到这个问题的答案，就要重新明确‘语言’的意义。平时被我们称为‘语言’的东西到底是什么呢？”

“我想想看……语言大概就是具有意义的发音或是文字的序列……可以用它向他人传达信息，也可以用它将需要的东西记录下来。”

“一般意义上，‘语言’确实就意味着这些。但这个问题中的‘语言’，具有更大范围的意义。它是‘○和●形成的文字序列的集合’。”

“‘○和●形成的文字序列的集合’？”

“没错，问题中的‘语言’便具有这样的意义。而在这个集合中包含的每一组文字序列，便被称为这种语言的‘语句’，而不属于这个集合的文字序列，则不是这种语言的‘语句’。你至今接触过的古代璐璐语、古代库普语和古代赛缇语，都可以被看作这样的集合。”

我想起初次学到的第一古代璐璐语。那是一种被西边森林中的遗迹所接受的，只由五个句子组成的语言，其中每个句子都只由○和●组成。那种语言确实可以被认为是“○和●形成的文字序列的集合”。而其他语言——像是第八古代璐璐语、第四十七古代璐璐语或是第一古代库普语等——都包含由无限多个文字序列构成的语句。这样的语言，还能被称为“集合”吗？我这样问查菲达后，她回答道：

“这里所谓‘集合’，不仅可以包含有限个数的元素，还可以包含无限个数的元素。”

如果是这样的话，那第八古代璐璐语、第四十七古代璐璐语和第一古代库普语，也可以被看作“○和●形成的文字序列的集合”了。

“这么说的话，我的工作便是从所有‘○和●形成的文字序列的集合’中，找到一个不能被库修和莱赞建造的‘塔’所表现的集合。”

虽然话是这么说，但我依然没有思路。我开始用力思考。根据刚刚尤斐因先生的分析，库修和莱赞的塔，可以通过输入莱赞写下的“诗”来改变运行方式，从而改变塔可以表现的语言。换句话说，莱赞的诗与塔可以表现的语言应该是一一对应的。

“那……可以认为莱赞的诗无法表现出来的语言，塔便绝对无法表现吗？”

查菲达的表情稍稍舒展了些。

“你发现了重点呢！你的想法是正确的，那座塔完全依照莱赞的诗运行。因此，可以认为塔只能接受莱赞的诗可以表现的语言。”

“那我只要找出无法被莱赞的诗表现的语言就可以了吧？”

“正确来说，是找到一种不管怎样组合莱赞的诗中所描述的运行方式，也绝不可能被表现出来的语言，并不是单纯找出‘莱赞的诗集’中没有提及的语言。”

“我明白了。”

“从现在起到约定的日期，你要留在这座神殿思考答案。没问题吧，加莱德？”

第 15 章
诗　集

两天时间被我白白耗费了。我在神殿的一个房间中，闭门不出绞尽脑汁，却没有找到一点儿线索。我的头脑中，全是因为我的失败，老师痛苦死去的画面，睡觉时做的也净是这样的梦。梦中，逝去的库修和在库修旁边哭泣的莱赞，变成了老师和我。

即使如此我还是奋笔疾书。我思考了几种像样的语言——相对复杂，塔似乎无法表现的“○和●形成的文字序列的集合”。但之后，我便一一想到了可以表现出这些语言的“塔的运行方式”。而就算有些语言我找不到与之相对应的“塔的运行方式”，我也不敢确定运行方式是真的不存在，还是我的能力不足。究竟要怎么做，才能正确找到无法被塔表现的语言呢……我果然还是做不到吧？

窗外已是深夜。到明天夜里的规定时间为止，只剩一天了。从听到“问题”那天开始，我便没怎么吃东西。这样的状态令思考变得更加困难。我从桌边起身，倒在了床上。就算我蜷起身体闭上双眼，脑海中纷乱的思绪就如同暴风雨中的旋涡，无论怎样都令人无法平静。

眼前出现了父亲的身影。也许，我再也无法见到父亲了。父亲隐瞒了自己的不适，一直硬撑着，最终病倒。若是我早点儿回到故乡，替父亲分担一些工作，也许他现在就能康复了吧？父亲病倒全是我的错。而现在，同样是因为我，老师说不定也要被夺去生命。

等回过神来，我才发现自己正放声大哭，身体止不住地颤抖。

（觉得自己可怜所以哭了……因可怜自己落泪的家伙，我没什么能教他的。）

曾几何时，老师确实对我说过这样的话。要是看到现在的我，老师恐怕也会如此训斥我吧？我流泪的确只是因为自怜，因为这一切太艰辛、太痛苦了。为什么只有我要如此烦恼？我究竟做错了什么？

原来如此……我明白了。我根本不应该对我能成为魔术师这件事抱有一丝希望。稍微想一想便能知道，我怎么可能成为像老师或是查菲达那样的人呢？就因为我没有自知之明，盲目自大，现在才会如此痛苦。

（觉得自己办得到，真是大错特错。）

这样的想法在头脑中重复了几次，心情竟不可思议地变得舒畅起来。从今以后，我便要活在无法拯救老师的懊恼之中。而这，就是我看错自己的代价。我已无能为力。我将一直背负着这个重担，余生中无论做什么都不会再感受到真正的快乐。这也是我自作自受。

令人难以理解的是，脑海中越是浮现出黑暗的未来，我的心情竟越是轻松。我渴望被黑暗无尽吞噬。只要我不再认为自己“能做到”便可以了，要是觉得自己“能做到”，不就会被要求拿出实际成果吗？从一开始认为自己“做不到”就没事了。今后，我都要想着自己“做不到”，这样就“不必非要去做”了。没错，那样最好，落得一身轻松。因为我本就无能，是个无用之人……

……我没什么能力，不像哥哥那样聪明……我却什么忙也帮不上……

诶？这的确是……

我睁开了眼睛。刚刚我回想起来的，是莱赞曾说过的话。我在杰乌山上的塔内，曾看到莱赞总是在兄长身边哭泣，诉说着自己的无能。在听到神的“问题”时，他一定也没有自信能找到答案吧？但他作出了正确的回答，这又是为什么？

几乎是条件反射般，我从床上起来，走到了房间外。通过神殿大厅后，我又来到了两天前接受“问询”的房间。

微弱的月光从圆窗中照进来，烛台的火光映照着房间两侧的兄弟雕像。左侧的库修一脸苦闷，面向天空祈求着宽恕。右侧的莱赞手持书册紧闭双目。与我曾见过的不同，他的身姿在这房间中显得更沉着稳健，能让人感觉到坚定的意志。

（……你要镇定下来。）

我清楚地听到脑海中有声音响起。我注视着莱赞的雕像。那声音又继续说：

（镇定下来之后，自然就能找到解决问题的方法。能让你镇定下来的，只有你自己。）

我模仿莱赞的雕像，将眼睛闭了起来。从刚才开始盘踞在我脑中的，老师、父亲，还有我自己……这些“思绪”发出的杂音此起彼伏。我在想象中将它们一一拾起扔进箱子。箱子满了，就在箱子外面捆上绳索，四处敲击让它们“安静”。箱子被我沉入海底，陷入“沉默”，我的头脑终于被清空，我逐渐“镇定”下来。

空寂一片的脑海中，有风景浮现出来。

“喂，莱赞，你‘输入’一下试试。我想想，‘运行方式’选择第八古代璐璐语，‘文字序列’为●○○●。”

“哥哥，稍等一下。”

周围回响起两个男人的声音。这里是白天的索阿。夜晚时被阴影覆盖住的山脉，现在却是一片赤褐色。塔在过午时分阳光的反射下，闪着炫目的光辉。仔细一看，塔建在一块稍微隆起的沙丘之上，被周围巨大的湖泊所包围。

哥哥库修将绳子系在自己身上，贴在塔壁上工作。弟弟莱赞将塔的门打开，进入了塔内。塔内的房间里，左侧和右侧各有一组“○”和“●”的按钮。莱赞打开书，一边看一边开始按右侧的按钮。应该是在“输入”某一首“诗”。过了好一会儿，他还在输入。

“莱赞，还没好吗？”

“再稍微等一会儿。我刚把‘运行方式’输入，现在开始输入文字序列。”

“这次可能还会失败，你要小心不要受伤。”

“没事的，我已经习惯了。”

莱赞转身面向左侧的按钮，输入了“●○○●”，之后，塔的一层到四层正面的墙壁上，就出现了排列成“●○○●”的门。莱赞所在的房间，像是对门逐个确认一样在塔的内部移动。库修依然贴在塔壁上，密切关注着塔的动作。当塔停止运行时，莱赞倏地出现在了塔前方的地面上。莱赞仰头看着库修说：

“哥哥，莫非……我们成功了？”

库修感慨地说道：

“看来是这样……”

“哈哈……总觉得没有那么兴奋呢！”

“是啊……好了，总之我们抓紧将它完成吧。”

兄弟俩再次默默开始了作业。每当他们让塔运行一次，世界就会发生一次明显的变化。

海边的村落，隐匿在灯塔地下的神殿内部，蠢动的龙开始挣扎，最后飞入墙壁化作“壁画”。

修建于某片原野中的遗迹外壁坍塌，突然开始风化。遗迹周围没有面孔的精灵渐次倒下。

在丘陵地带的一角建造的两座祠堂，失去了耀眼夺目的光芒。正在祠堂前奋勇作战的矮人指挥官察觉到了异变，急忙转身。

索阿的塔正从遍布国内各地的遗迹中汲取力量。战火渐渐减小，终于熄灭。

库修喃喃自语：

“是‘万能’的……”

“嗯，看来是呢……”

“莱赞，这座‘塔’真的太神奇了。我在想它会不会还蕴藏着其他可能性。”

“你是说除了辨识精灵和矮人的语言之外？”

“是啊！特别是你创作的那些表示‘塔的运行方式’的诗，让我充满兴趣。你的诗本身也是由○和●所组成的文字序列，我总觉得这其中隐藏着一个天大的秘密。”

“嗯……既然哥哥你这样说，那恐怕十有八九。”

并排站在塔前的兄弟二人渐渐远离了我的视野，我又来到了一间光线昏暗的简陋小屋中。我能听到一个男人的哭泣声。而那声音的主人，正是莱赞。

莱赞蹲在地板上，之前那本诗集在他面前打开着。莱赞双手抱头，五官痛苦地扭曲着。

“我做不到……我绝对做不到……要是哥哥的话还有可能，而我这样的人……”

莱赞急得在地上打滚，那副样子太可怜了。

“没希望了。对不起，哥哥……塔会被破坏，战争又会卷土重来。只因我找不到答案，我们所做的一切都成了徒劳……如果死掉的不是哥哥，而是我就好了。”

这和刚才的我一模一样。莱赞一定是太过苦恼了，才会说出这般胡话。我开始同情起一边不知是呜咽还是抽泣，一边颤抖的莱赞来。

出乎意料的是，莱赞突然停下了动作，抽泣也止住了。这种状态持续了一会儿后，莱赞慢慢站起身来。

莱赞的神情与刚才简直判若两人。他脸上的痛苦表情消失了，双眼像是在眺望远方，又像是什么也没在看，让人不可思议。莱赞拿起笔，哗啦哗啦地翻阅诗集，开始书写起什么。写完后，他又翻到其他页继续书写。当全部写完后，莱赞将诗集拿在右手，闭上了眼睛。在我看来，有什么想法正在他脑海中诞生，慢慢成形，并最终成长为应有的姿态。

莱赞又变回了雕像，被月光照耀的神殿的房间在我周围渐渐显现出来，我终于回过神来。

我急忙返回自己的房间，翻开《莱赞的诗集》。这两天里，我并没怎么认真读过这本诗集，觉得即使看了也无济于事。因为写在这本“诗集”中的，都是可以被塔表现出来的语言。而在刚才的幻象中，莱赞却在“诗集”中记录着什么。我有种直觉……他一定是在确认他的想法。

翻阅诗集后，我发现其中几页上留有笔记，一定是莱赞留下的。整本诗集中留有笔记的页数并不算多，然而我读不懂。那些笔记是用我没有见过的文字书写的，这一定是莱赞惯用的语言。我必须先将这些翻译出来。这座神殿的书库中，一定有这种语言的字典吧……也许直接问尤斐因先生会更快。但我不能出去，信也只能到早上才能寄出，一定来不及。果然还是只能我自己去查阅字典。

正当我拿着诗集准备离开房间时，神殿的侍者来了。

“加莱德大人，法加塔高等学校的校长大人来访。”

我急忙赶到会客室，校长正等在那里。

“加莱德，我就是过来看看你怎么样了。目前情况如何？”

“虽然目前我还没有找到答案，但多少看到一些希望了。”

“你果然可靠。事情发生得这么突然，想必你也觉得任务艰巨，但我相信你可以办到。毕竟，就连一开始不想收徒的奥杜因，最后都想让你成为他的后继者了。我希望你能尽力，将奥杜因救出来……就算是为了我。”

“为了校长您？”

校长深深点头。

“其实……当初是我劝奥杜因成为魔术师的。奥杜因本想潜心钻研学问，当时他已经取得了不少研究成果，却不能被其他学者所理解，甚至一直被刻意无视。厌倦了这种局面的奥杜因，便放弃了成为普通学者的志向。

“魔术，也被人称为‘特殊的学问’。想成为魔术师，除了普通的知识之外，对其他很多门类的知识和个人能力都有极高的要求，而这正好适合在各方面都有很高造诣的奥杜因。最后，他成为查菲达的弟子，出色地答出了‘问题’，成了一位优秀的魔术师。

“但奥杜因刚一成为查菲达的继承人，便宣布‘不会招收弟子’。在我看来，他大概是已经厌倦了这世上所谓‘优秀人才’。当时那么多被视为天才的人，其天资也远不及奥杜因。奥杜因太过出众，反而也导致他不能被他人接纳。我觉得这也是他基本不相信他人天资的原因。那种情况下，也难怪他不愿意教育别人，帮助别人成长。老师和学生的关系若想成立的话，不仅需要学生对老师的信赖，也需要老师相信学生。”

“是这样啊？可校长您不是向老师推荐过很多年轻人吗？”

“是啊！当奥杜因说他不准备招收弟子的时候，我和查菲达都很震惊。不……倒不如说最震惊的那个人是我。因为是我将他推荐给查菲达的，而且是代替我自己……”

“代替自己？”

“是的，本该是由我成为查菲达的后继者。其实，查菲达是我的叔母。”

“是这么回事啊……”

“我的双亲，在我幼时就和我的叔母约定日后让我成为‘守塔人’的后继者，但我并不想成为魔术师。我不喜欢做学问，对魔法也没有兴趣。从儿时起我就想成就一番事业，比起魔法，我更希望能依靠金钱、人脉和政治力行走于世间。而遇到奥杜因时，我便感到，比起我，他那样的人更适合成为叔母的后继者。

“在奥杜因决定不收弟子时，我觉得自己责任重大。如果没有弟子，那奥杜因一定会在下一次‘问询’之际被夺走生命。于是，我开始不断向他推荐优秀的学生。而正如你所知，几乎所有的尝试都失败了……

“当听说奥杜因收你为徒时，我才觉得自己终于得到了解脱。可一想到我之前的那些操劳，又多少有些气恼。而现在，我很庆幸他选择了你。”

校长一边说，一边从行李中取出一本厚厚的书交给了我。

“这是尤斐因和布恩两位老师托我带给你的。他们既不知道你会被问到什么问题，也不知道你准备如何作答。但他们觉得这样东西说不定能派上用场。”

我打开书，发现这是《莱赞的诗集》的注释本，所有的内容全部附有译文。不仅如此，书中还注明了每首诗所对应的语言。当我们从杰乌山回来的时候，诗集的翻译才完成了不到两成。况且，想确定每首诗对应着何种语言也困难重重。而那之后，注释本居然这么快便完成了。

“那两个人这两天来不眠不休地工作，希望能对你有所帮助。这封信也一并交给你。”

校长交给我的信上这样写道：

致加莱德：

《莱赞的诗集》已经全部翻译完成，这就给你送去。翻译工作是由我负责的，而布恩则负责找到每首诗分别对应着哪种语言。诗集中，除了用伪库普语书写的诗句外，有一些地方还留有用古玛迦赛阿文字书写的笔记。根据这种文字被使用的年代推测，恐怕写下这些笔记的是莱赞本人。虽然不知道他写下这些笔记的意图，但我还是将它一并翻译出来了。另外，莱赞还在某些诗句下面画线标记，这些信息我也写在了注释当中。

虽然不知道这个注释本能起到多大作用，但我期望它能为你的试炼提供帮助。

你的朋友 尤斐因

致加莱德：

明明受过你许多照顾，但很遗憾在这么关键的时刻帮不上你的忙。我们能做的也只有这些了，祝你一切顺利。

你的朋友 布恩

我的眼眶湿润了，这正是我现在需要的东西。

“居然为了我，完成了这么繁重的工作……”

“他们俩都十分感激你。没有你的出现，他们就不可能向着重要的事实迈进这么大一步。本来也是靠着你的力量，才让他们二人能够同心协力。

之前，奥杜因让你进行的论证，你也完成得很好，这次一定也没有问题。我这就回去了，你先好好休息。”

“校长先生，实在是太感谢您了。”

我向校长深深鞠了一躬。

校长走后，我开始翻阅尤斐因先生和布恩先生完成的译文版《莱赞的诗集》。我的目光停留在下面这一页上。这一页上的诗，表现了将由偶数个○和偶数个●组成的句子视为语句的第八古代璐璐语。

（布恩注：下面这首诗表现了第八古代璐璐语。）

●●○●○（1 月：）

○○○●○○○●○○●○●●○●●●●○○●●（如果看到白色的满月，向上升。）●●○●○●●○●○●○●●○●○（时间变为 2 月。）[①]

●●●●○●●●○○●○●●○●●●●○○●●（如果看到黑色的新月，向上升。）●●○●○●●○○●○●○●●○●○（时间变为 4 月。）

○○○○○●○○●○●●●○○○●●●○○（如果看到虚无，向下降。）●●○●○●●○●●○●○●●○●○（时间变为 5 月。）

●○●○●○（2 月：）

○○○●○○○●○○●○●●○●●●●○○●●（如果看到白色的满月，向上升。）●●○●○●●●○●○●●○●○（时间变成 1 月。）

●●●●○●●●○○●○●●○●●●●○○●●（如果看到黑色的新月，向上升。）●●○●○●●●●○●○●●○●○（时间变为 3 月。）

---

① 因中文与日文的语序不同，故中文译文不能跟●○所表示的词语一一对应。此问题全书相同。——译者注

●●●○●○（3月：）

○○○●○○○●○○●○●●○●●●●○○●●（如果看到白色的满月，向上升。）●●○●○●●○○●○●○●●○●○（时间变为4月。）

●●●●○●●●○○●○●●○●●●●○○●●（如果看到黑色的新月，向上升。）●●○●○●●○●○●○●●○●○（时间变为2月。）

●○○●○●○（4月：）

○○○●○○○●○○●○●●○●●●●○○●●（如果看到白色的满月，向上升。）●●○●○●●●●○●○●●○●○（时间变为3月。）

●●●●○●●●○○●○●●○●●●●○○●●（如果看到黑色的新月，向上升。）●●○●○●●●○●○●●○●○（时间变为1月。）

●○●●○●○（5月：）

○○○○○○●○○○●●●●●●●●○●（正确的人，在这里停留。）

（尤斐因注：下面是用古玛迦赛阿文字书写的笔记。意义尚不明确。）

○ 174 ● 236 故而将其移除

……“故而将其移除”？

这意味着什么？而且这之前的“○ 174 ● 236”又是什么意思？

我又翻找了一下，发现有笔记的页数很少。比如，表现只包含●●○、○●○○●、●○○●、○●●○、○○●●这五个句子的第一古代璐璐语这一页上，就没有任何笔记。另外，表现将所有以●○开头的文字序列视为语句的第三古代璐璐语、将在一个以上的○后面有相等数量的●这样的文字序列视为语句的第一古代库普语、将由偶数个文字组成的回文视为语句的第三十三古代库普语以及作为杰乌山上巨人语言的第一古代赛缇语这些页面上，全都没有笔记。

再次出现的笔记，是写在下面这页上。这是一首表现将所有以○●作为结尾的文字序列视为语句的第四十七古代璐璐语的诗。

（布恩注：下面这首诗表现了第四十七古代璐璐语。）

●●○●○（1 月：）

○○○●○○○●○○●○●●○●●●●○○●●（如果看到白色的满月，向上升。）●●○●○●●○●○●○●●○●○（时间变为 2 月。）

●●●●○●●●○○●○●●○●●●●○○●●（如果看到黑色的新月，向上升。）

●○●○●○（2 月：）

○○○●○○○●○○●○●●○●●●●○○●●（如果看到白色的满月，向上升。）

●●●●○●●●○○●○●●○●●●●○○●●（如果看到黑色的新月，向上升。）

●●○●○●●●●○●○●●○●○（时间变为 3 月。）

●●●○●○（3 月：）

○○○●○○○●○○●○●●○●●●●○○●●（如果看到白色的满月，向上升。）

●●○●○●●○●○●○●●○●○（时间变为 2 月。）

●●●●○●●●○○●○●●○●●●●○○●●（如果看到黑色的新月，向上升。）

●●○●○●●●○●○●●○●○（时间变为 1 月。）

○○○○○●○○●○●●●○○○●●●○○（如果看到虚无，向下降。）

●●○●○●●○○●○●○●●○●○（时间变为 4 月。）

●○○●○●○（4 月：）

○○○○○○●○○○●●●●●●●●○●（正确的人，在这里停留。）

（尤斐因注：诗的最后两个文字“○●”下面划有横线。横线下写有以下笔记。）

故而将其移除

◇

又是“将其移除”，诗的最后两个文字下面还被划上了线。

莱赞标有“将其移除”的这些诗，拥有某种共性的可能性很高。第八古代璐璐语和第四十七古代璐璐语之间，究竟有什么……

我想这个问题入了神，而这与明天我必须回答的“问题”究竟有无关系，我都还不清楚。我只能在这种可能性上赌一把了。我为了寻找莱赞的笔记再次翻书，便看到了下面这页。

（布恩注：下面这首诗表现了第三十一古代璐璐语。）

●●○●○（1 月：）

●●●●○●●●○○●○●●○●●●●○○●●（如果看到黑色的新月，向上升。）●●○●○●●○●○●○●●○●○（时间变为2 月。）

●○●○●○（2 月：）

●●●●○●●●○○●○●●○●●●●○○●●（如果看到黑色的新月，向上升。）●●○●○●●●●○●○●●○●○（时间变为3 月。）

●●●○●○（3 月：）

○○○●○○○○●○●●●●○●●●○○●○●●○●●●●○○●●（如果看到白色的满月，或是黑色的新月，向上升。）

○○○○○●○○●○●●●○○○●●●○○（如果看到虚无，向下降。）

●●○●○●●○○●○●○●●○●○（时间变为 4 月。）

●○○●○●○（4 月：）

○○○○○○●○○○●●●●●●●●○●（正确的人，在这里停留。）

（尤斐因注：诗的开始两个文字“●●”下面划有横线，文字上方有用古玛迦赛阿语写下的笔记。）

将其移除

第三十一古代璐璐语，是将所有以“●●”开始的文字序列视为语句的语言。虽然我没有进入过表现这种语言的遗迹，但在课上学习时，因为这种语言与米拉卡乌的遗迹表现的语言——第三古代璐璐语——很相似，所以我印象很深。

莱赞在这首诗开头两个文字下面划了线，在旁边记录“将其移除”。这里是最开始的“●●”，而第四十七古代璐璐语中，最后的“○●”还有附带理由的“将其移除”。难道说……我想起了库修说过的话。

……你的诗本身也是由○和●所组成的文字序列，我总觉得这其中隐藏着一个天大的秘密……

难道说莱赞将一首诗中包含的标题与诗句相连后，将它们看成了一个完整的“文字序列”？因此，表现第四十七古代璐璐语的诗句本身，就可以看成第四十七古代璐璐语的语句。表现第三十一古代璐璐语的诗，其本身也是第三十一古代璐璐语的“语句”。这两者虽然都是较长的文字序列，但都满足了各自语言的条件。

我又将书翻回到写有表现第八古代璐璐语的诗的那一页。这首诗应该也可以按相同的思路考虑吧？将这首诗的全部内容看成一个文字序列的话，这个文字序列是否也是第八古代璐璐语的“语句”呢？

我数了数这首表现第八古代璐璐语的诗中所包含的“○”和“●”的个数。发现○有 174 个，●有 236 个。这两个数字都是偶数，也就满足了第八古代璐璐语的条件。所以，莱赞在这里写下了“○ 174 ● 236 故而将其移除”这样的笔记。

我就此确定了。莱赞只在整首诗可以被看作其表现的语言的“语句”这种情况下，才在那首诗标注“将其移除”。

我转念一想，第一古代璐璐语和第一古代库普语的页面上没有这样的笔记，也就是没有被“移除”也能说得通。就拿第一古代璐璐语来说，这种语言只包含五个短句，其中哪一句也无法单独成为表现这种语言的诗句。第一古代库普语是用下面这首诗表现的，而整首诗显然不符合“在一个以上的○后，连接着相同数量的●的文字序列”这一条件，说明它并不是第一古代库普语的语句。

◇

（布恩注：下面的诗表现了第一古代库普语。）

●●○●○（1 月：）

○○○●○○○●○○●○●●○●○●●○●○○●●●○●●●●○○●●（如果看到白色的满月，变成黄色，向上升。）●●○●○●●○●○●○●●○●○（时间变为 2 月。）

●○●●○●●●○○●○●●○●●●●○○●●（如果看到紫色的新月，向上升。）●●○●○●●○○●○●○●●○●○（时间变为 4 月。）

●○●○●○（2 月：）

○○○●○○○○●○●○●●○●●●○○●○●●○●●●●○○●●（如果看到白色的满月，或紫色的新月，向上升。）

●●●●○●●●○○●○●●●○●●●○●○○●●●●○○○●●●○○（如果看到黑色的新月，变成紫色，向下降。）

●●○●○●●●●○●○●●○●○（时间变为 3 月。）

●●●○●○（3 月：）

○○○●○○○○●○●○●●○●●●○○●○●●●○○○●●●○○（如果看到白色的满月，或紫色的新月，向下降。）

○●○●○○○●○○●○●●○●●●●○○●●（如果看到黄色的满月，向上升。）●●○●○●●●○●○●●○●○（时间变为 1 月。）

●○○●○●○（4 月：）

●○●●○●●●○○●○●●○●●●●○○●●（如果看到紫色的新月，向上升。）

○○○○○●○○●○●●●○○○●●●○○（如果看到虚无，向下降。）

●●○●○●●○●●○●○●●○●○（时间变为 5 月。）

●○●●○●○（5 月：）

○○○○○○●○○○●●●●●●●●○●（正确的人，在这里停留。）

可“将其移除”究竟代表着什么呢？将其移除……移除……移除就意味着不被包含在内。不被包含在哪里？

不知不觉间，我竟趴在桌子上进入了梦乡。即使在梦中，我依然被那些文字纠缠。我现在寻找的语言令人捉摸不透，塔——那座没有灵魂的建筑物——所不能表现的语言。语言是文字序列的集合。我必须找到由○和●所组成的文字序列的集合。而什么样的文字序列被包含在内，什么样的文字序列不被包含在内，必须有切实的理由。我所寻找的集合，某种文字序列被包含在内，某种文字序列则被移除在外。被移除在外……将其……

……故而，将其移除……

我猛然从桌子上抬起了头。在已然分不清梦境与现实的头脑中，我得出了结论。莫非……不，一定是这样。但是，为什么……

窗外的天空开始泛白。终于来到了约定的日期，胜负即将揭晓。

第 16 章
回　答

风卷起尘埃。四面被山脉包围的土地上，望向哪里看到的都是相同的景色。这就是深夜的索阿。

我站在塔旁，越看越觉得这里是一片不毛之地。一眨眼工夫便从法加塔郊外的神殿到达这里的我，一时还无法接受这样的落差。这座光滑的象牙色高塔，是这片土地上唯一能让人感到有生气的地方。是因为这座塔像是在智慧的驱动下进行运作呢，还是因为老师可能正处于这座塔的某处呢？不管怎么说，如果没有这座塔存在于此，身处这样一个“研钵”之底，像我这样的异物，只需瞬间就会粉身碎骨吧？

我反复在头脑中确认着相同的内容。一边确认一边思考，停不下来。满月照亮了紫色的夜空，并慢慢移动。和那个时候一样，带着少许绿色的满月。我等待了很久。等待虽令人痛苦，但同时我又希望那个时刻永远不要到来。渐渐地，我也搞不清自己的想法了。

满月的光芒慢慢变强。约定的时间到了。光芒变得更加耀眼，照在我的身上。我迎着光芒站了起来。

（莱赞的后继者。）

光芒发出了声音。我的眼睛开始晕眩，无法直视那道光芒。光芒仿佛直达我头脑深处。

（来说说你的答案吧。你找到一定无法被这座塔表现的语言了吗？）

“我找到了。”

（那是一种什么样的语言呢？）

我气沉丹田，深深地吸了一口气才回答道：

“我找到的，是从包含由○和●所组成的所有文字序列的集合中，移除拥有某种特征的文字序列而形成的新集合，并由这个新集合构成的语言。”

（那“拥有某种特征的文字序列”又是什么呢？）

“在描述塔的运行方式的文字序列中，有一些文字序列本身也是其描述的运行方式所表现的语言中的‘语句’。把这类文字序列从集合中移除，剩余文字序列所组成的集合，便是不能被塔表现的语言。”

这就是我找到的唯一答案。将莱赞标注有“将其移除”的诗整体看成是一个文字序列的话，那它们都可以被视为按照诗运行的塔所表现的语言中的“语句”。比如表现第八古代璐璐语的诗，其本身也是第八古代璐璐语的语句。表现第四十七古代璐璐语的诗，其本身也是第四十七古代璐璐语的语句。表现第三十一古代璐璐语的诗也同样如此。

把这样的文字序列移除后，其余的文字序列所组成的集合中就只剩下两类文字序列了，其中一类是无法描述塔的运行方式的文字序列。另一类，虽然可以描述塔的运行方式，但自身不是其描述的运行方式所表现的语言中的语句的文字序列。这就是我找到的，“塔无法表现的语言”。

那道光继续问道：

（为什么这种语言无法被塔表示呢？）

“理由嘛……是因为‘如果这样的语言能被塔表示的话，就会产生矛盾’。”

得到这个答案，才最耗费我的心力。我凭借着莱赞在诗集中留下的笔记找到了这种语言。但解释原因才是真正困难的工作，我从早晨一直苦思到深夜。

（会产生什么样的矛盾呢？）

我没有马上回答，而是再次深呼吸。与光对话的时间里，我的头逐渐发沉。

“首先，让我们假设塔可以表现这种语言。”

我尽可能说得很慢，这样才不至于丢了思路。

“如果塔可以表现这种语言，那就必然存在一首规定‘塔的运行方式’

的‘诗’。这首诗自然也是由○和●组成的文字序列。因此，将这首诗的全部内容看作一个文字序列的话，那它要么是自己所表现的语言中的语句，要么就不是。”

我暂时中断了说明。每次面向那道光说话，我的呼吸就会紊乱，身体也会变得沉甸甸的。我再一次调整呼吸，继续回答问题。

“如果……这首诗其自身就是它所表现的语言中的语句，那么这首诗便不会被这座塔所接受吧？这是因为，按照这首诗运行的塔，现在可以接受的，只能是‘无法描述塔的运行方式的文字序列’或‘虽然可以描述塔的运行方式，但自身不是其描述的运行方式所表现的语言中的语句的文字序列’这两者之一。

“这显然是一个荒谬的结论。‘不能被塔接受’其实就意味着‘这首诗不是其表现的语言的语句’，也就是说，这组文字序列既是这种语言的语句，同时又不是这种语言的语句……”

我感到有些喘不上气。即使奋力进行说明，那道光也毫无反应。我不安起来。稀里糊涂地得出这个结论的人虽是自己，但我也十分困惑。然而，我只能硬着头皮解释到最后了。

“其次……我们再来考虑与刚才相反的情况，就是这首诗不是自己所表现的语言中的语句。在这种情况下，塔将会接受这组文字序列。一旦塔将其接受，这组文字序列就又会被认定为其所表现的语言中的语句。这里也会产生这组文字序列既是这种语言中的语句，同时又不是这种语言中的语句这样的矛盾。”

我的力气全部用尽了，喉咙深处发出的声音仿佛不是自己的。我的双腿哆哆嗦嗦地，几乎无法站稳。

“……最后……”

我尽全力说出了最后的结论。

“塔……是无法表现这种语言的。”

身体一侧传来因撞到塔壁而产生的痛楚，嘴里进了沙子。在意识到自己跌倒的同时，我失去了意识。

◇

温暖的光芒照在脸上，我睁开了双眼。朝阳从山脉的一角探出来，天空是深蓝绿色的。我对清晨日出时分的索阿着了迷。山脉赤褐色的表面，迎着朝阳的映照显露出平滑的斜面。眼前是一片宽阔的湖水，湖水延展到山脉的山裾，湖边附近呈黄色，随着湖水加深又逐渐呈现出绿、蓝、紫这样的变化。

我站起来寻找塔。我明明是倒在了塔的旁边，但现在它矗立在离我有段距离的小山丘上。大概是我在"回答"完毕后晕倒，就这么滚下山坡倒在水边吧？一定是这样，我浑身酸疼。

我拖着身体，再次登上山丘向塔的方向走去。每走一步脚都会陷进沙子中，同时，太阳下的塔也在眼前渐渐变大。

塔的正面，有一个人影，正闭着眼睛端坐在那里。

我停下了脚步。我明明对那副面孔如此熟悉，现在看到却像初见一般。我虽然张开嘴，但想说的话被梗在喉咙中发不出声音。

那人慢慢睁开眼睛，向我说道：

"你来啦？"

我一时感慨万千，终于说出了话。

"老师。"

我几乎是无意识地向老师走去，紧紧抱住了他，眼泪不受控制地流了下来。老师的声音在我头顶上响起。

"真是，净做这种多余的事……"

我可能确实是多管闲事了，但我怎么样都没关系。老师宽大的手掌轻柔地抚摸着我的头，我还是哭个不停。

"但你做得很好，加莱德。"

◇

我在塔前面向老师坐了下来，向老师讲述了至今为止的经历。虽然和老师分别是在一个月前，但我觉得有好几年那么久，毕竟其间发生了那么多事。老师饶有兴致地听我讲述了我和尤斐因先生一起翻译诗句，尤斐因先生和布恩先生从杰乌山上塔的构造推测出万能装置的存在，在他们两人的帮助下我才找到了问题的“答案”。

“原来如此。有那样的人帮助你，看来运气也站在你这一边啊！”

“是啊！只靠我自己是办不到的……我很遗憾不能凭借自己的力量渡过难关。”

在因通过试炼而感到喜悦的同时，我的内心也有一丝愧疚。这次的试炼明明是为我准备的课题，我却是在尤斐因先生、布恩先生、校长、杰乌山上的人们、查菲达和库修与莱赞兄弟的帮助下才找到答案。我果然依旧是个半吊子。我正这么想着，老师笑了笑，对我这样说道：

“笨蛋。”

“啊？”

“你是不是在想如果有其他人参与，就不能算是自己完成的了？这是小孩子的想法，成年人不会这样认为。无论是什么样的人，都会有自己不擅长的方面。需要完成的工作越庞杂，就越无法凭借一己之力完成。那时，就要冷静地判断自己需要什么，还有哪里存在不足，并用正确的方法去拜托合适的人。并且，为了能在别人有所托付时不负期待，还要不断磨练自己。要考虑自己力量的界限和自己与他人的分工，日日精进，这才是成年人应有的模样。”

我无法判断这次自己的行动能否算得上“成熟”。但听了老师的话后，我觉得这样便好。

“但既然现在涌现出了像你的朋友那样前途无量的年轻人，你来这里说不定是个正确的决定。”

“这又是为什么？”

老师仰望着塔说：

“莱赞之所以想保住这座塔，理由有三个。第一，为了不再发生像语言战争那样的战乱。第二，他想证明提玛古神和人类之间的信赖是可以保持的。第三，他想将这座塔作为未来学者的研究对象。”

“研究对象？”

“是的。莱赞在他哥哥建造的这座塔中，看到了某种可能性。那便是，这座塔明确了什么事是物体可以做到的，而什么事是物体不可以做到的。”

“物体能做到什么和不能做到什么？”

“借用莱赞本人的话说，就是‘明确了肉体和灵魂的界限’。莱赞幼年时便经历了亲人的死亡。人死后会发生什么？失去了肉体后会怎么样？这些疑问一直伴随着他的成长。

“肉体就是物体。从物质构成这一点上看，我们和周遭的其他物体并无区别。但为什么我们可以对话，可以思考呢？莱赞亲眼目睹了哥哥建造的塔可以识别语言，便对解决这个虚无缥缈的疑问抱有了希望吧？”

我忆起儿时的莱赞曾说过的话。

……死去的人，是没有想法，也不会思考了吧……

这些问题一直困扰着他。

“那莱赞他最后找到答案了吗？”

“没有，他只凭一己之力是无法将塔了解透彻的。他希望后世之人能解开更多塔的秘密，而到那一天到来为止，他希望他的后继者能一直守护这座塔。”

“原来是这样啊！”

“如果这次我死去的话，这座塔便无法再作为研究对象存在了。我将会与塔融为一体，我变为塔的一部分，塔也会变为我的一部分。虽然塔会免于神的破坏，但相对的，之后也没有人能再接近这座塔了。”

“但老师您不是本来就是这样打算的吗？”

“算是吧。我当时觉得，比起教育一个不知道能否信赖的陌生人，还不如将自己的生命献给塔，对这世界还有些益处。但现在的结果也算很好了吧！”

老师的嘴角绽开了笑容。看到那笑容，我才真正感到了与老师重逢的喜悦。老师一边站起身子一边说：

“咱们差不多该回法加塔了吧？我的老师和她的侄子怕是正在等着我们。你的朋友一定也在那里。”

尾声

从法加塔返回米拉卡乌的途中，老师让我绕道回家乡看看。当我身处杰乌山和神殿的时候，校长替我询问了父亲的情况。令我开心的是，父亲恢复得十分顺利。

我一大早到达了村子，我的思绪再次回到了那个与父亲告别的清晨。我家外面有一个人。天色依然灰暗，那人坐在石地上，出神地望着开在地面的花。我靠近一看，那人竟是父亲。父亲发现我后，一脸惊讶。

“加莱德！你怎么突然回来了？”

我向父亲走去。父亲虽然看起来仍有些憔悴，身边还放着拐杖，但眼中闪着光。

“父亲，您能够起身了？”

“是啊，托大家的福。之前让你挂念，但现在我已经没事了。再多花些时间练习，活动的时候能更轻松。”

“太好了……”

父亲凝视着我的打扮。

“你变得这么神气了啊！”

我从索阿回去后，在提玛古的神殿中，正式举行了“守塔人”的继任仪式。作为身份的证明，我从查菲达大师那里接过了黑色的长袍和权杖，这也意味着，我现在已经是一名新人魔术师了。我给父亲讲述这一个月来我经历的种种事件，其间父亲不住点头。

“居然有这样的试炼啊……但你还是通过了，你亲自证明了当时我向魔术师大人说的话是事实。”

我不太明白父亲在说什么。

“父亲您向老师说过什么？”

父亲瞬间显得十分惊讶，但转眼好像就明白过来了。

“是我向魔术师大人推荐你时曾向他说过的话，我以为你已经知道了。不过，依魔术师大人的性格，什么都没对你说也不奇怪。

“当你母亲在米拉卡乌的远亲提起将你‘送入魔术师大人门下’时，我没太在意。可以的话，我其实更想让你继承家业。但是，若是族人中——不，要是村子中——能出现一位魔术师，那可是无上的荣誉。所以我将自己的想法和盘托出，将一切都交给命运，而与魔术师大人见面的时候，我是这样说的。

“‘我家犬子，虽在家乡算得上优秀因而备受期待，但他绝算不上资质非凡。他性格有些优柔寡断，意志也不坚定，因为不谨慎，所以很容易被骗；因为不懂世故，所以很容易得意忘形，有时也会骄傲。身体虽然健康，但没什么体力。’”

我大惊失色。

“父亲，就算这再怎么是事实，你也不能这么推荐我啊！”

“哎呀，你先听到最后。最后，我说：‘但犬子只有一个优点，就是总能在最后关头作出正确的判断。如果这是成为魔术师的必要素养，那我便希望犬子成为魔术师。’

“我这样说了之后，魔术师大人就同意将你收为弟子了。”

我脑海中浮现出来的，是在杰乌山的塔顶上听到的对话。那时，库修也是这样形容莱赞的。

“是这样啊……”

我也不知道这究竟是偶然还是命运。但老师从某种偶然中看到了命运，我的人生齿轮便开始转动。活在过去的人和我之间的呼应，虽不像遗迹和语言之间的呼应那样美好，却将如此多的故事交织在一起。从现在开始的故事会如何发展，则完全取决于我自己。

我与父亲约定近期还会回来看望他，便离开了村子。辽阔的湛蓝天空，像是要落到地面般触手可及。我策马向前，朝有老师等待着的米拉卡乌疾驰而去。

（完）

解　说

什么是自动机理论和形式语言理论

自动机理论和形式语言理论，是信息科学、数学、语言学、其他认知科学等诸多领域的重要基础理论。许多大学中，与信息科学相关的专业会开设这两种理论的相关课程。

自动机理论中的“自动机”，广义上我们可以理解为“抽象化的计算机模型”。既然是一个“抽象化模型”，因此，“自动机”便不可能以我们能够看得见、摸得着的具体机器的形式存在。相反，我们可以将以计算机为代表的，像是自动贩卖机、自动门、活动人偶等机器的“运行方式”和我们人类的“按步骤进行的动作”中共同的“计算特性”筛选出来，用这样的方式来表现它。

在自动机教学的第一课或是教科书一开始，恐怕都会把下面的图作为“自动机的一例”介绍给大家。这张图中，“带着标签的圆”是自动机的“状态”，而“箭头”表示“从一个状态向另一个状态转变”，“箭头上标注的记号”表示“输入自动机的字符”。

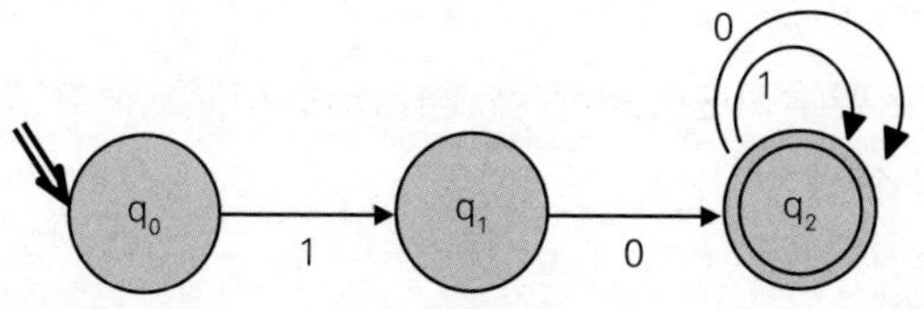

像上面这样，自动机一般都具有几种“状态”，而其中包含一个“初始状态”和一个“终结状态”。向自动机输入“字符”后，自动机的“状态”

将发生变化（被称为“状态转移”）。在最简单的自动机中，凭现在的“状态”和“输入字符”的组合就能决定自动机之后会进入到哪个状态中。

我相信读完前面故事的读者，已经察觉到故事中出现的“遗迹”其实就相当于这种自动机。故事中，遗迹的各个“房间”表示“状态”，“入口房间”表示“初始状态”，“出口房间”表示“终结状态”，而输入的字符则是用“门”来表示的。

形式语言理论中的“形式语言”，其实就是“文字序列的集合”。而“文字序列”就像它的名字一样，指的就是“字符串”，比如“a i u e o”[①]或“wojintianqushangxuele”[②]这样的汉语拼音，抑或是“abcdef”“iwenttoschooltoday”这样的英文字母，也可以是阿拉伯数字 0 和 1 组成的“111111”“10101011000”这样的字符串。这些字符串之所以被冠以“形式语言”这个名称，是因为它与日语、英语等不同，不能被用来表达我们的想法或是向他人传递信息。它具有何种意义，与在哪个国家使用并无关系。只要是特定字符的集合，都可以被看作“形式语言”。

在前面的故事中，出现了很多种只由“○”和“●”两个文字构成的“语言”，像是只有五个句子的“第一古代璐璐语”、所有语句都由偶数个“○”和偶数个“●”的文字序列构成的“第八古代璐璐语”、由最后必定以“○●”结尾的文字序列构成的“第四十七古代璐璐语”、由数个“○”后连接着相同数量的“●”这种文字序列构成的“第一古代库普语”、只包含偶数个文字组成的回文的“第三十三古代库普语”，等等。这些都是由“○”和“●”这两个文字组成的字符串的集合，也就是“形式语言”。

我们为什么要学习这些知识呢？与自动机和形式语言密切相关的“问题”，有下面几个。

1. 什么是“运算”？

---

① 原文为あいうえお，为日语五十音图中的五个元音。——译者注
② 我今天去上学了。原文为日语，为便于理解，此处译为汉语拼音。——译者注

2.“运算器”能够做到和不能做到的界限在哪里？

3. 如果把人脑看作一种“运算器”的话，怎样才能说明我们拥有的语言能力？

关于自动机的研究，始于现代计算机诞生前的 20 世纪 30 年代。英国数学家阿兰·图灵构想出一台名为“图灵机”的抽象机器，为上述的问题 1 和问题 2 找到了答案。图灵机是由一条无限长的“纸带”和一个可以读取纸带上的字符，并将其转换成其他字符的“读写头”这两部分组成的简单机器。图灵将这台机器能完成的工作称为“运算”。图灵机被认为和现代计算机具有等同的计算能力。因此，问题 2 又被进一步发展为“运算器‘理论上可以实现’的功能，在现实中能否实现的界限在哪里”。若想对这个问题进行讨论，图灵机这一理论上的装置是不可或缺的。

在 20 世纪四五十年代，比图灵机更加单纯的运算器模型被设想出来，而其中最简单的机器，便是像刚才的图中所示拥有数种状态，现在的状态和输入的字符的组合可以决定机器之后的状态。这样的机器被称为“有限状态自动机”。这种机器如果和一种叫作“栈”的记忆装置结合，就能形成“下推自动机”。另外，还有包含可读取有限长度纸带的记忆装置的“线性有界自动机”，这种自动机中的纸带如果长度变为无限的话，就会变为“图灵机”。在那段时期，不同种类的自动机所拥有不同特征的“字符串的集合”，也就是不同种类的形式语言，以及可以生成对应种类形式语言的“文法”也被明确下来。

自动机的种类	形式语言的种类	形式语言的文法
有限状态自动机	正则语言	3 型文法（正则文法）
下推自动机	上下文无关语言	2 型文法（上下文无关文法）
线性有界自动机	上下文有关语言	1 型文法（上下文有关文法）
图灵机	递归可枚举语言	0 型文法（短语结构文法）

20 世纪 50 年代，美国语言学家诺姆・乔姆斯基将这种思想引入人类语言的研究，以回答出前述第三个问题为最终目标，提出了语言学的全新框架。被人们称为“生成文法”的这一框架，在认同人脑具备的语言机能是一种运算器的基础上，意在探明人类如何识别某种文字序列是“自己母语中的句子”或“不是自己母语中的句子”。这将为以人类智能为研究对象的众多研究领域都带来深远影响。

本书以上表中呈现的自动机与形式语言的对应为中心，每章的基本主题均与此相关。但因为范围极为有限，大多数说明只能以直觉的形式保留，希望对自动机理论、形式语言理论有兴趣的读者，可以多阅读一些更详尽的入门书来进行学习。为方便大家参考，我在下面列出了一部分已经出版的相关书目。

（按出版顺序[①]）

[1] John Edward Hopcroft，Jeffrey D. Ullman.《语言理论与自动机》. 1971 年 .

[2] 富田悦次，横森贵 .《自动机・语言理论》. 1992 年 .

[3] 西野哲朗，石坂裕毅 .《形式语言的理论》. 1999 年 .

[4] Michael Sipser.《计算理论导论》. 2000 年 .

[5] 守屋悦朗 .《形式语言与自动机》. 2001 年 .

[6] Efim Kinber，Carl Smith .《计算理论入门——自动机・语言理论・图灵机》. 2002 年 .

[7] John Edward Hopcroft，Rajeev Motwani，Jeffrey D. Ullman.《自动机理论、语言和计算导论》. 2003 年 .

[8] 米田政明，大里延康，广濑贞树，大川知 .《自动机・语言理论的基础》. 2003 年 .

[9] 岩间一雄 .《自动机・语言与计算理论》. 2003 年 .

[10] 丸岡章 .《计算理论与自动机语言理论——计算机原理说明》. 2005 年 .

[11] Michael Sipser.《计算理论导论——自动机与语言》. 2008 年 .

① 出版年份均为书籍日语版发行年份，并省略了原文中的日文译者与日本出版社。——译者注

[12] Michael Sipser.《计算理论导论——计算可能性理论》. 2008 年 .

[13] Michael Sipser.《计算理论导论——复杂理论》. 2008 年 .

[14] 五十岚善英，山崎浩一，舩田真理子，F.Lewis.《自动机与形式语言基础》. 2011 年 .

[15] 大川知，广濑贞树，山本博章 .《自动机 · 语言理论入门》. 2012 年 .

本书在撰写过程中，主要参考了上述参考文献中 [7]、[8] 以及 [4] 这几本书，其中，[7] 是被广泛应用的教科书，[4] 和 [8] 中的说明非常简明易懂，适合入门者。而 [5] 这本书中，阐述了自动机与形式语言相关的历史进程及对今后的展望。

黑白之门——各章主题解说

下面，我将为大家就各章的主题进行简单的说明。

序幕、第 1 章、第 2 章——正则语言与有限状态自动机

在序幕中就被引入的“古代璐璐语系”这一语言群，其实就相当于正则语言。第 1 章出现的“只包含五个句子的第一古代璐璐语”，第 2 章出现的“只包含由偶数个○和偶数个●组成的语句的第八古代璐璐语”，都是属于正则语言类的形式语言。

所属正则语言类的语言，是依据有限状态自动机定义的。换言之，普遍认为可以“接受”这种语言中包含的各个字符串的有限状态自动机是存在的。所谓“接受”，就是在输入字符串后自动机可以从初始状态到达终结状态。本书中，“可以被自动机接受的字符串”是用“从遗迹入口到出口的开门顺序”表现出来的。第 1 章的“食人岩”其实就是可以接受属于第一古代璐璐语的字符串的有限状态自动机，而第 2 章中“灯塔下的神殿”是可以接受属于第八古代璐璐语的字符串的有限状态自动机。

本书虽然将字符串称为“文字序列”，有时也将属于特定形式语言的字符串称为“句子”，但很多科普读物将字符串称为“语句”。本书中之所以

多采用“句子”这种说法，是为了与“老师”在第 2 章中所提及的“人类语言中的‘句子（语句）’”作对比，另外，我也想让第 12 章“人工语言的‘句子（语句）’”这一主题能更好理解一些。

第 3 章——有限状态自动机的确定性、非确定性与正则表达式

对于自动机来说，有时凭目前状态和输入的字符这两者决定进入的下一个状态是“唯一的”，而有时则不是。我们将前者称为“确定性自动机”，将后者称为“非确定性自动机”。到第 2 章为止所有的“遗迹”，每一座都具有“门的移动终点是确定的，并不会随着时间或周遭情况而改变”这一特征，而这就相当于“确定性有限状态自动机”。

在第 3 章中，加莱德一开始绘制的设计图，遗迹中门的移动终点有多个“候选”，因此是“非确定性有限状态自动机”的一个例子。一切非确定性有限状态自动机，都可以被转换为接受相同正则语言的确定性有限状态自动机。在这一章中，虽然加莱德踏踏实实地通过从短句开始验证的方法设计出确定性有限状态自动机，但其实可以用一种名为“幂集构造”的方法将非确定性有限状态自动机转换为确定性有限状态自动机。关于这种方法的详细内容，大家可以参阅之前列出的相关书籍。

这一章的另一个主题是“正则表达式”。这是一种使用“·”“+”“*”这样的“记号”表现特定字符串的方法。“·”表示将字符（串）连接起来（合并）；“+”表示取并集操作；“*”表示“将内容重复 0 次或多次”。下面就是可以表现第四十七古代璐璐语的正则表达式。读者朋友不妨试试，能否看出这两个表达式分别表达了什么。

(○ + ●)* · ○ · ●

(●* · ○ · ○* · ●)*

另外，虽然在这里没有指出，但非确定性有限状态自动机中其实还包含着即使没有输入也会产生状态转移的“有 ε- 移动的非确定性有限状态自动机”。这种自动机将会在第 5 章登场。

第 4 章——有限状态自动机与实际机械

之前的章节，讨论的都是利用接受或拒绝输入的字符串来定义特定形式语言的有限状态自动机。我们日常所见的机器，其实有的也拥有相同的性质。在这一章登场的“奇妙的房间”，就是一种类似“自动贩卖机”的机器。我们可以把自动贩卖机看作输入“金钱”，而在到达终结状态后会输出“商品”的有限状态自动机。在相关书籍中，还列举有通过遥控开关开闭的门（丸岡章（2005）[10]）等机器实例。

第 5 章、第 6 章——上下文无关语言与下推自动机

包含上述“正则语言”在内的语言种类中，还有一种语言叫作“上下文无关语言”。在第 5 章、第 6 章登场的“古代库普语系”这一语言群，就属于“上下文无关语言”，而不属于“正则语言”——换句话说，这种语言无法由有限状态自动机定义。

属于上下文无关语言类的语言所包含的字符串，可以被“下推自动机”接受。在有限状态自动机上装入一个名为“栈”的记忆装置就可以将其变为“下推自动机”。栈是一种可以将“最先输入的字符最后读取”“最后输入的字符最先读取”的装置，相当于故事中那个“透明的筒”。下推自动机的下一个状态，除了受现在的状态和输入的字符控制之外，还同时由栈最开始的记号决定。在向下一个状态转移的时候，对应着向栈中追加记号、从栈中读取记号以及不改变栈这几种操作方式。

第一古代库普语所对应的“试炼之屋”、第三十三古代库普语对应的“妹之祠”中，都有“兑换券”和“兑换负责人”登场。这里进行的“兑换”，就是伴随着“ε- 移动（不因字符输入发生的状态转移）”的栈操作。特意导入“兑换券”这一系统，是为了与第 9 章以后出现的“上下文无关文法”保持对应，具有“兑换券”机制的遗迹与不具有这种机制的遗迹在本质上并无区别。

关于第 5 章出现的“失败的设计图”和“试炼之屋”的构造，大家可以参阅米田政明等人著（2003）[8] 一书中的第 6 章。

第 7 章、第 8 章——对于正则语言和上下文无关语言的泵引理

第 7 章、第 8 章主要介绍了正则语言和上下文无关语言的“泵引理”这一特性。正则语言的泵引理和上下文无关语言的泵引理分别有如下叙述方式（摘自 John Edward Hopcroft 等人著（2003）[7] 第 140 页及第 303 页）。

$|w|$ 表示字符串 w 的长度，ε 表示由 0 个字符组成的字符串（空字符串），y^k 表示将字符 y 重复 k 次，$w \in L$ 表示字符串 w 属于语言 L。

正则语言的泵引理

设 L 为正则语言，则存在一（依存于 L 的）常数 n，对于语言 L 中每个满足 $|w| \geqslant n$ 的字符串 ω，存在一组 x，y，z 使得 $w = xyz$，且

1. $|y| \neq \varepsilon$；
2. $|xy| \leqslant n$；
3. 任意 $k \geqslant 0$，字符串 $xy^kz\ \varepsilon\ L$。

上下文无关语言的泵引理

设 L 为上下文无关语言，存在常数 n，若 z 是长度大于 n 的 L 的字符串，则存在 u，v，w，x，y 使得 $z = uvwxy$，且

1. $|vwx| \leqslant n$，这表明中间部分的长度较短；
2. $vx \neq \varepsilon$，v 和 x 为重复部分，两个重复部分至少一个不为空；
3. 对任意 i，有 $uv^iwx^iy \in L$，也就是说，v 和 x 这两个字符串，同时重复 0 以上任意次后得到的字符串依然属于 L。

老师告诉加莱德的“可以使用‘省略’和‘延长’咒语的部分”便相当于第一个引理中的 y 和第二个引理中的 v、x 这些部分。

泵引理是用来证明某个语言“不属于”正则语言或是上下文无关语言的重要引理。这样我们就可以理解在第 8 章中加莱德发现第一古代库普语不满足古代璐璐语具有的特点（正则语言的泵引理），以及第 13 章中第一古代赛缇语不满足古代库普语具有的特点（上下文无关语言的泵引理）的

原因了。

第 8 章中，对于○○○●●●这样的一个字符串，可以被“省略”和“延长”的组合，老师举出了两个例子：（左起）“第一个和第六个字符”及“第二个和第五个字符”。在故事中，念咒语的人依据“兑换券的兑换规则”（第 9 章以后被称为“替换规则”），最终找到了古代库普语的句子中可以被“省略”和“延长”的部分。在第 8 章中，加莱德回忆起在“试炼之屋”中央房间中看到过的“规则”从而使用了魔法，但如果思考时依据的，是同样可以表现第一古代库普语的其他规则群，那么可以被“省略”和“延长”的部分也将会发生变化。举例来说，如果我们参考下面这两个规则群，便会得出（左起）“第一个和第五个字符”“第二个和第六个字符”可以被“省略”和“延长”的结论。

规则群 1：(1) S →T ●　(2) T →○　(3) T →○ T ●
规则群 2：(1) S →○ T　(2) T →●　(3) T →○ T ●

第 9 章、第 10 章——上下文无关文法与下推自动机的等价性

这两章描绘了一场“规则派”与“装置派”的争论。正如老师所说明的那样，规则派所谓“规则”就是下面这样“一连串的替换规则”。

(1) S →○ T　(2) T →●　(3) T →○ TU　(4) U →●

这样的规则，像 S、T、U 这些“可以被转换成其他字符串的记号（非终端符号）”的集合，以及像○和●这样“不能再被替换的记号（终端符号）”的集合，这三者结合起来就可以构成“文法”。文法与自动机一样，可以定义特定的语言，或者说定义特定的字符串集合。在文法中，从开始符 S 起可以生成属于特定语言的全部字符串的情形，常被称为“从文法中生成语言”。

具有“→左侧有唯一一个非终端符号”，而“→右侧可以是非终端符

号、终端符号或两者皆有（也有没有符号的情况）”这种性质的文法被称为“上下文无关文法”或“2 型文法”。依据“上下文无关文法”生成的语言，与下推自动机可以接受的语言，都是“上下文无关语言”。通过上下文无关文法可以构造下推自动机，和通过下推自动机可以构造上下文无关文法这两种思路都可以用来证明上下文无关文法与下推自动机的等价性。这个方法大致就同加莱德在第 10 章中给出的论证差不多，更详细的内容，大家可以参阅米田政明等人著（2003）[8] 中的 6.2 节和 Sipser 著（2000）[4] 中 2.2 节第 117 页以后的内容。

另外，虽然在本书中并未提及，但有限状态自动机与正则文法（3 型文法）、线性有界自动机与上下文有关文法（1 型文法）、图灵机与短语结构文法（0 型文法）都是等价的。

第 11 章、第 12 章——上下文无关语言的句法分析

在这两章中，我们试译了用“伪库普语”写成的诗。而翻译的关键，便是生成伪库普语的规则群。伪库普语也是一种上下文无关语言。

第 12 章中加莱德与尤斐因所做的工作，即判断每个句子是从怎样的规则中如何生成的这一过程，被称为“句法分析”。句法分析是为了明确语句中的词语出现的顺序和语句的整体结构。对于了解语句的意义来说，这是一项非常重要的工作。计算机对日语、英语等自然语言或是编程语言等人工语言进行句法分析时，可以应用很多方法。详情可以参阅田中穗积的《自然语言解析基础》等自然语言处理的相关图书（第 12 章的句法分析中，基于逻辑上的考量，为了尽可能高效缩减可能性的范围，使用了不太合规的方法）。

第 13 章——上下文有关语言与线性有界自动机、图灵机

这一章的主题是上下文有关语言和与之等价的线性有界自动机。巨人族所使用的“第一古代赛缇语”就是一种上下文有关语言，也是上文中的下推自动机与上下文无关语言所无法定义的语言的其中一种。这种语言，

可以被与杰乌山顶的“塔”具有类似特征的“线性有界自动机”所接受。

线性有界自动机就是在有限状态自动机上加入一条“可以读取的纸带”，并将“读写头”的可移动范围控制在输入字符串的长度。纸带被分成一个一个“小方格”，自动机每次可以读取一个方格中的字符，如果取消对“读写头”移动范围的限制的话，自动机就会变为“图灵机”。如前文所述，图灵机是由“纸带”和可以读取纸带上字符的“读写头”两部分组成的机器。图灵机及线性有界自动机状态间的转移，是由“读写头”的当前状态与“读写头”正在读取的纸带上的字符共同决定的。在状态发生转移时，“替换目前读取的方格中的字符”并“向左或向右移动读写头”。

在本书中，线性有界自动机及图灵机是利用一个类似升降机的装置展现的。升降机停靠的每一层相当于纸带上的一个方格，门相当于方格中的符号，房间相当于读取纸带的“读写头”。

第 14 章——万能图灵机

从有限状态自动机到图灵机，可以模拟全部自动机的机器被称为“万能图灵机”。“万能图灵机”其实就相当于整个故事最后的，可以模拟全部“遗迹”的“索阿之塔”。万能图灵机可以接受描述其模拟的自动机的字符串，也可以接受被模拟的自动机可以接受的字符串。

为了将图灵机用字符串描述，我在故事中定义了一种单独的上下文无关语言（“伪库普语”），但这并不是被广泛使用的方法。John Edward Hopcroft 等人著（2003）[7] 的第 9.1.2 节详细介绍了图灵机的状态、纸带符号、读取头的移动方向（右或左）分别相当于哪些二进制整数（只用 1 和 0 表示的数），以及如何表示状态与状态间转移的方法。

第 15 章、第 16 章——对角线语言与不可判定性

第 15 章和第 16 章主要介绍了图灵机无法表现的语言——对角线语言。正如加莱德在这两章中发现的那样，可以描述图灵机的字符串（《莱赞的诗集》中的诗），分为自身可以被所描述的图灵机接受，与自身不能被接受两

种。在全部可以输入图灵机的字符串中，将前者移除后形成的集合，也就是由“不描述图灵机的字符串”及“自身不能被所描述的图灵机接受的字符串”组成的集合叫作“对角线语言”。

可以定义对角线语言的图灵机是不存在的。不存在的原因就如第 16 章中加莱德的“回答”中利用反证法所证明的那样，“假设这样的语言如果可以被图灵机接受（或不能被图灵机接受），就会产生矛盾”。这个结论又进一步转化为图灵机无法判断“一种语言是否属于对角线语言”的问题（不可判定问题）。这一问题的存在，也显示出运算或者说计算机并不是万能的。

这里向大家展示的不可判定性，既可以借此证明其他问题的不可判定性，也可以用它来区分一个问题是否可以通过计算机高效解决。因此，它正逐步发展成一个无论在理论还是在实用性上都很重要的问题。但这些话题已经超出了本书的讨论范围，还请大家参阅相关书籍。

谢　辞

对于在本书的撰写和出版过程中，东京大学出版会的丹内利香女士所做的巨大努力和对我的鼓励，我致以深深的谢意。一位匿名审稿人给我提出了很多兼顾理论和故事两方面的宝贵意见，令我醍醐灌顶。御茶水女子大学的博士生增子萌女士对本书进行了出色的校对。另外，本书的大部分内容是我在东京下北泽的一家名为 COFFEA EXLIBRIS 的咖啡店中，一边品尝着美味的咖啡和甜点一边写出的，在这里我表示由衷的感谢。

在本书出版之际，我无比尊敬的研究者新井纪子老师还为本书撰写了推荐语。承蒙您在繁忙日程中还抽出宝贵时间，我深表感谢。

我还要向从一开始便劝我创作本书，并在写作时给了我许多宝贵建议的丈夫大介和婆婆静子，还有远在家乡支持我的母亲千惠子及妹妹明子，表示由衷的感谢。

最后，祈祷我在天堂的父亲也会喜欢本书。

版 权 声 明